空天科学技术系列教材

空间机器人基础

主　编　孟中杰

西北工业大学出版社
西　安

【内容简介】 空间机器人随着航天技术发展而快速兴起。作为空间机器人方向的一本基础教材，本书内容重在系统性与基础性。在概述空间机器人的特点、发展历程的基础上，本书从驱动与机构、感知技术、运动学建模、路径规划、动力学建模、控制技术、地面试验技术等七个方面对空间机器人进行了全面的介绍，并穿插介绍了机器人运动学基础和机器人路径规划技术等基础知识。

本书可作为高等学校航空航天工程、飞行器设计与工程、飞行器控制与信息工程等专业的高年级本科生教材以及相关方向的研究生教材，同时也可供该方向的科研人员阅读参考。

图书在版编目(CIP)数据

空间机器人基础 / 孟中杰主编. -- 西安:西北工业大学出版社，2024.7. --ISBN 978-7-5612-9355-3

Ⅰ. TP242.4

中国国家版本馆 CIP 数据核字第 2024XJ7346 号

KONGJIAN JIQIREN JICHU

空 间 机 器 人 基 础

孟中杰 主编

责任编辑:	张 潼 成 瑶	**策划编辑**:	杨 军
责任校对:	杨 兰	**装帧设计**:	高永斌 李 飞
出版发行:	西北工业大学出版社		
通信地址:	西安市友谊西路 127 号	邮编:	710072
电 话:	(029)88491757，88493844		
网 址:	www.nwpup.com		
印 刷 者:	陕西向阳印务有限公司		
开 本:	787 mm×1 092 mm		1/16
印 张:	13.375		
字 数:	334 千字		
版 次:	2024 年 7 月第 1 版		2024 年 7 月第 1 次印刷
书 号:	ISBN 978-7-5612-9355-3		
定 价:	69.00 元		

如有印装问题请与出版社联系调换

前　言

地球是人类的摇篮，但人类不会永远待在摇篮里。从首次仰望星空开始，人类便迈开了探索宇宙的步伐。1957 年 10 月 4 日，苏联成功发射了人类历史上第一颗人造卫星“斯普特尼克 1 号”，标志着人类正式进入了航天时代。1970 年 4 月 24 日，我国首颗人造卫星“东方红 1 号”成功升空，成为了我国航天发展史上的一个重要里程碑。随着航天技术的发展，人类逐步实现翱翔太空的梦想，大量卫星发射，月球、火星探测，空间站建立等等在数十年间全部成为现实。据统计，2021 年，我国航天发射次数首破 50，位居世界第一；2022 年，我国完成 64 次发射任务，再创新高，其中包括 2 次货运飞船、2 次神舟飞船、1 次问天实验舱、1 次梦天实验舱发射共 6 次载人航天重大任务；2023 年，我国完成航天发射 67 次，涉及载荷数百个。未来我国还将继续开展探月工程四期和行星探测工程等一系列航天重大工程。在这些正在和即将开展的任务中，由于太空环境恶劣，航天员舱外作业十分危险，需要庞大复杂的保障系统的支持。

空间机器人是工作或应用于宇宙空间的一类特种机器人。用空间机器人代替或辅助航天员，不仅可以降低航天员在恶劣太空环境作业时的危险性和减少其受到的伤害，还可以节约成本，提高工作效率。

近年来，多个发达国家在空间机器人方面进行了大量研究工作，研制了多种空间机器人系统。随着我国航天事业的蓬勃发展，我国的空间机器人研究成果也不断涌现，并走向实用化。相较于地面固定基座或其他类型的机器人，空间机器人工作环境特殊、系统构成复杂、可靠性要求高、地面验证难度大。特别是在微重力状态下，基座自由漂浮，机械臂运动与基座位姿高度耦合，相关运动学、动力学建模、规划、控制等与地面也有很大差别。

作为空间机器人方向的一本基础教材，本书内容重在系统性与基础性。本书是在原有讲义、电子讲稿等的基础上，参考借鉴大量空间机器人方向专著和论文，并结合长期教学实践编写而成的。书中内容注重由浅入深、循序渐进，理论推导与工程实例相结合。全书共分 10 章：第 1 章是绪论；第 2 章介绍了空间机器人驱动与机构；第 3 章介绍了空间机器人感知技术；第 4 章介绍了机器人运动学基础；第 5 章介绍了空间机器人运动学建模；第 6 章介绍了机器人路径规划技术；第 7 章介绍了空间机器人路径规划；第 8 章介绍了空间机器人动力学建模；第 9 章介绍了空间机器人控制技术；第 10 章简要介绍了空间机器人地面试验技术。各章末均设置了习题，帮助读者掌握重点内容。

在编写本书的过程中，笔者参考了大量的国内外空间机器人方向的研究成果、学术论文、专著等，在此向其作者表示衷心的感谢。

由于水平有限，书中难免有不妥之处，敬请广大读者批评指正。

编　者

2024 年 1 月

目　录

第 1 章　绪　　论

随着航天技术的发展，人类在太空中的活动越来越多，人类翱翔太空的梦想逐步成为现实，如大量卫星的发射，对月球、火星的探测，空间站的建立，等等。在这些空间任务中，空间站的维护，在轨失效卫星的维修与燃料加注，月球、火星等地外星体的探测等任务需求越来越迫切。由于太空中的微重力、高真空、大温差、强辐射和照明差等极端恶劣环境，如果所有这些工作都依靠航天员来完成，其成本十分昂贵，而且非常危险。另外航天员的舱外作业需要庞大复杂的环境控制系统、生命保障系统、物资供给系统、救生系统等的支持，这些系统不仅具有很高的技术难度，而且成本巨大。因此，用空间机器人代替航天员作业，不仅可以降低航天员在恶劣太空环境作业时的危险和减少其受到的伤害，还可以节约成本，提高完成任务的效率。与航天员相比，空间机器人的最突出的优势是具有更强的抗高低温和抗辐射能力，不需要复杂、耗资巨大的环境控制系统、生命保障系统、物资供给系统和救生系统。

空间机器人技术涉及机械、电子、力、通信、控制、人工智能等多个领域，极具应用价值和技术展示度。近年来，多个发达国家在空间机器人方面进行了大量研究工作，研制了多种空间机器人系统。随着我国航天事业的蓬勃发展，我国的空间机器人研究成果也不断涌现，并应用于实际。本章主要对空间机器人的概念、分类、发展历程等进行简要介绍。

1.1　空间机器人的定义

“机器人”这个词是存在于多种语言和文字中的新造词，它体现着人类长期以来的一种愿望，即创造出一种像人一样的机器，以便能够代替人进行各种工作。

虽然“机器人”这个词诞生不久，但是其概念已存在近三千年。据传说，在西周时期，巧匠偃师曾献给周穆王歌舞机器人，鲁班制作了自由飞翔的木鸟；公元前 3 世纪，古希腊发明家戴达罗斯用青铜为克里特岛国王塑造了一个青铜卫士塔罗斯。近代，瑞士钟表匠德罗斯父子三人设计了三个和真人相类似的机器人：写字偶人、绘图偶人和弹风琴偶人。三者均是由凸轮控制和弹簧驱动自动机器构成的，至今仍作为国宝保存于瑞士纳切特尔市艺术和历史博物馆内，这标志着人类在实现机器人梦想的漫长道路上前进了一大步。1893 年，加拿大的摩尔设计了一个以蒸汽为动力、能行走的机器人“安德罗丁”。进入 20 世纪，捷克剧作家卡雷尔·凯培克首次提出了“robotnik”这个词，描述了这种由人类制造出来的人形工作机械，该词源自 robota(强制劳动、苦工、奴役)。各国对该词的翻译大多也来自 robota 的发音，例如英文中的 robot，我国将其翻译为机器人。

1950 年，美国著名科幻小说作家阿西莫夫在《我是机器人》中，提出了有名的“机器人三守则”：

(1)机器人必须不危害人类，也不允许它眼看人类即将受到伤害而袖手旁观；

(2)机器人必须绝对服从于人类，除非这种服从有害于人类；

(3)机器人必须保护自身不受伤害，除非为了保护人类或人类命令它做出牺牲。

这 3 条守则，给机器人赋予了伦理性，并使机器人概念通俗化，更易于被人类社会所接受。1954 年，美国人乔治·德沃尔设计了第一台可编程的工业机器人，并于 1961 年获得了该项机器人的专利。1962 年，美国 Unimation 公司第一台机器人 Unimate 在美国通用汽车公司首次投入使用，这标志着第一代机器人的诞生。

国际机器人联合会对机器人的定义：机器人是一种半自主或全自主工作的机器，它能够完成有益于人类的工作。它包括应用于工业生产过程的工业机器人、应用于家庭或服务的服务机器人以及应用于特殊环境的特种机器人等。

空间机器人(Space Robot)是工作或应用于宇宙空间的一类特种机器人。在施普林格出版社(Springer)出版的《机器人手册》的空间机器人章节中这样介绍空间机器人：在空间，任何无人航天器均可称作机器人航天器，但空间机器人是能力更强的空间系统，它能够作为航天员的助手为其完成在轨操控、装配、服务等任务，或作为替代人类的开拓者，进行遥远星球的探索开发。世界技术评估中心组织的《国际机器人研发评估》报告中介绍：空间机器人是一类可以在严酷的空间环境中生存一定时间，用于执行勘探、装配、建造、维修、服务或其他任务的具有普遍用途的机器新产品。2017 年，世界机器人大会发布了中国电子学会标准《空间机器人通用技术要求》，该标准将空间机器人定义为应用于地球大气层以外的宇宙空间(包括航天器舱内及舱外、地外天体)的机器人。图 1-1 为两种典型的空间机器人示意。

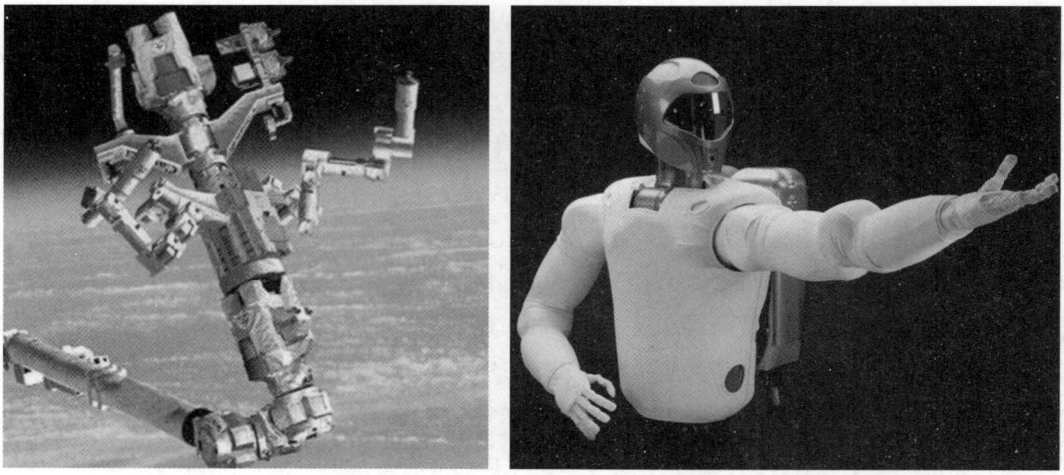

图 1-1　典型的空间机器人示意

1.2 空间机器人的特点及分类

1.2.1 空间机器人的特点

由于空间机器人应用环境的特殊性，与地面机器人相比，空间机器人具有鲜明的特点。

(1)工作环境特殊。空间机器人工作在地外空间，需要考虑包括真空、高低温、强辐照、微重力等条件，在地外天体上工作的空间机器人还要考虑特殊地形、特殊重力等因素。此外，空间机器人大多需要考虑发射等特殊环境。

(2)系统构成复杂。空间机器人需要承担多种操作任务，对象多变，任务复杂。这也导致空间机器人的系统组成十分复杂，其至少包括传统机械系统、感知系统、控制系统、人机交互系统等。而且上述系统需要满足质量、功耗、包络等多种约束，以适应地面发射、空间环境等。

(3)可靠性要求高。空间机器人长期在地外空间工作，且工作过程中维护可能性低，对其可靠性要求极高。

(4)地面验证难度大。在地面重力环境下，大范围物理验证困难。真空、微重力/低重力、高低温等环境耦合在地面环境难以充分验证。

1.2.2 空间机器人的分类

根据不同的标准和原则，空间机器人有很多分类方法。按照用途的不同，空间机器人可以分为舱内/舱外机器人、星球探测机器人和自由飞行机器人三种。

1.2.2.1 舱内/舱外机器人

作为空间站舱内使用的机器人，舱内机器人主要用来协助航天员进行舱内科学实验以及空间站的维护。舱内机器人可以降低科学实验载荷对航天员的依赖性，在航天员不在场或不参与的情况下也能对科学实验载荷进行照管。舱内机器人要求质量轻、体积小且具有足够的灵活性和操作能力。作为空间站或者航天飞机舱外使用的机器人，舱外机器人主要用来提供空间在轨服务，包括小型卫星的维护、空间装配、加工或科学实验等。空间环境是非常恶劣的，如强辐射、大温差和超真空等，这些环境因素给航天员在太空的生存和活动带来了很大的影响和威胁。因此，舱外机器人必不可少。同时，这也对舱外机器人提出了极高的可靠性要求。另外，由于舱外机器人任务限制，其长度和质量一般都比舱内机器人大得多。

1.2.2.2 星球探测机器人

星球探测机器人是工作于地外天体表面，开展星表巡视、样品采集与分析、星球基地建设等任务的机器人。目前，最为经典的星球探测机器人是月球车和火星车，分别工作于月球表面和火星表面，其具有轮式、履带式甚至腿式等底座，并携带多功能机械臂，以完成探测任务(例如：着陆地点探测，科学仪器放置，样品收集分析等)。由于工作地点离地球很远且通信条件恶劣，为满足探测任务要求，星球探测机器人应具有很强的自主性，能够在较少的人为干预下完成各项任务。

1.2.2.3 自由飞行机器人

自由飞行机器人是指自由飞行无人航天器上搭载机械臂组成的空间机器人系统，可用于执行卫星捕获、维修、轨道垃圾清理等各种在轨服务任务，甚至在未来的空间战争中，可用于攻击敌方卫星。自由飞行机器人由基座（无人航天器）、机械臂（单臂、多臂等）组成，其运动学和动力学是强耦合的。按照任务过程中基座是否受控，可将该类机器人分为固定基座（基座位置、姿态均控制）、自由飞行（基座位置无控、姿态控制）、自由漂浮（基座位置、姿态均无控）三种模式。固定基座模式自由飞行机器人与传统地面机器人比较类似，自由飞行、自由漂浮两种模式自由飞行机器人与地面机器人区别较大，且自由漂浮模式自由飞行机器人最为复杂。

1.3 空间机器人的发展历程

1.3.1 舱内/舱外机器人的发展

1.3.1.1 早期的空间机械臂

飞行遥控机器人服务器（Flight Telerobotic Servicer，FTS）是美国最早的空间机器人项目，如图 1-2 所示，其由两个 7 自由度的机械臂和一个 5 自由度的定位腿组成，其机械臂末端装有力/力矩传感器，是类人机器人，工作于遥操作模式下。该项目开始于 1986 年，主要目的是设计能够在空间站执行装配、维修、服务和视觉监测等任务的空间机器人，原计划在航天飞机上进行桁架结构装配、导线连接、太阳电池装配、轨道替换单元（ORU）更换、视觉监测等实验。但 1991 年 9 月，该项目被停止了资金支持。

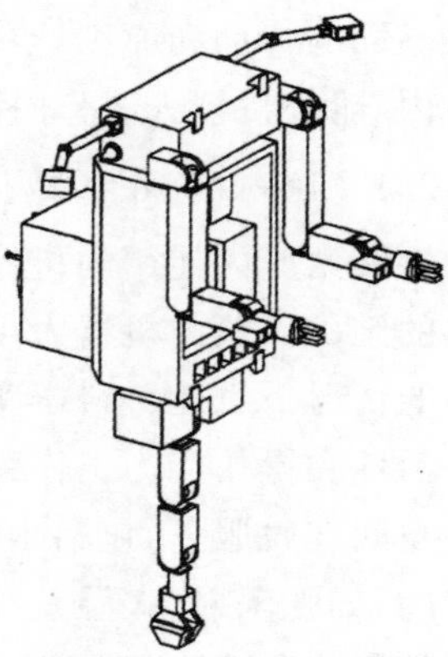

图 1-2 FTS 空间机器人概念图

Ranger 是由美国国家航空航天局（NASA）资助，为了满足哈勃望远镜（HST）机器人服务的要求，由马里兰大学负责研制的灵巧空间机器人系统。它将所有 HST 需要更换的器件集成在一个自由飞行本体上，并在该本体上安装机器人（如 Ranger），通过消耗型运载器（如火箭）携带发射升空，然后在地面的监控下，自由飞行本体与 HST 对接，再由Ranger的灵巧机械臂执行服务功能，例如更换陀螺、蓄电池或者科学仪器。基于上述思想所设计的机器人（The Ranger Telerobotic Flight Experiment，RTFX），缺少免费的运载。1996 年，Ranger 研发小组对系统进行重新设计，开发了基于航天飞机演示任务的飞行硬件（The Ranger Telerobotic Shuttle Experiment，RTSX），如图 1-3 所示，降低了原来的自由飞行能力，但保持了机械臂的基本功能和构型。

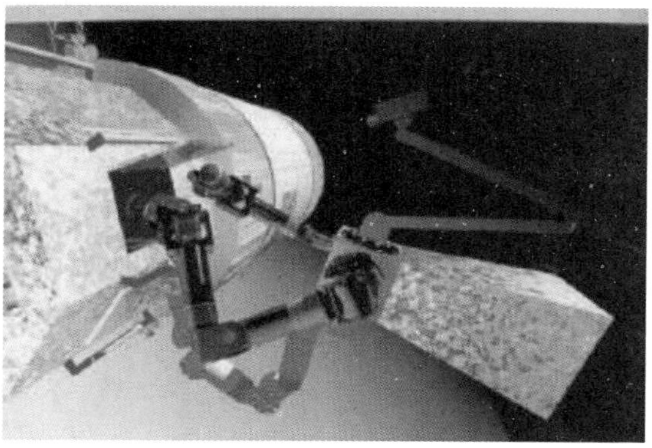

图1-3 RTSX概念图

1981年，加拿大根据早期空间计划合同，为美国航天飞机设计并制造了卓有成效的空间机械臂，即SRMS(Shuttle Remote Manipulator System)，随美国哥伦比亚号航天飞机完成首次飞行。该机械臂也称为加拿大机械臂(Canadarm)，由加拿大MD Robotics公司设计制造，它由一个肩关节、肘关节和腕关节组成，肩关节有2个自由度，肘关节有1个自由度，而腕关节有多达3个自由度，总长度为15.2 m，质量为410 kg。它是世界上第一个实用的空间机械臂，主要用于将卫星放入合适的轨道、拯救(抢修)失效卫星，它还执行过修理哈勃太空望远镜的任务。该机械臂共研制了5套，于2011年全部退役。

1.3.1.2 国际空间站机械臂

1.空间站移动服务系统

机械臂-移动服务系统(MSS)由加拿大研制，该系统在国际空间站(ISS)的建造过程中发挥了非常重要的作用。MSS由三大主要部件组成：空间站遥控机械臂系统(SSRMS，又称Canadarm2)、专用灵巧机械臂(SPDM，又称Dextre)、移动基座系统(MBS)，如图1-4所示。其中，MBS作为SSRMS和SPDM作业的稳定平台。根据不同的场合，SPDM和Canadarm2可独立工作，也可串联成宏-微机械臂系统的形式开展工作。MBS可沿国际空间站上的桁架移动，使机械臂到达合适的位置执行相关任务。

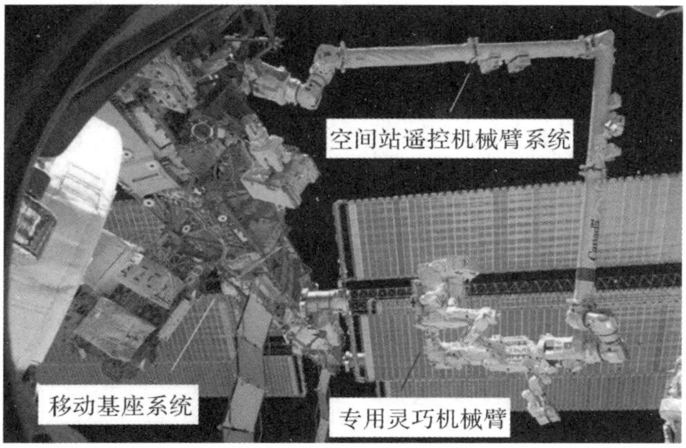

图1-4 机械臂-移动服务系统

Canadarm2 是一个长 17.6 m 的 7 自由度机械臂，关节配置模拟人类手臂的构造，即由肩部[3 自由度(DOF)]、肘部(1DOF)及腕部(3DOF)组成，臂的两端各装有一个自锁型末端执行器(Latching End Effector，LEE)，其中一端与移动基座相连，另一端抓持载荷或特殊用途灵活操纵器(SPDM)，其外形如图 1-5 所示。

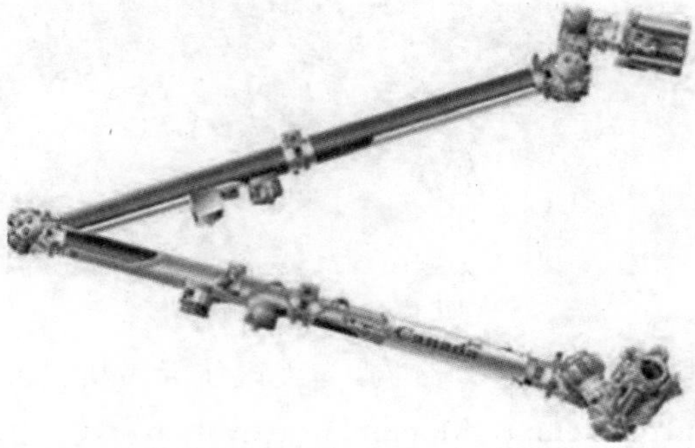

图 1-5　Canadarm2 外形

SPDM 是用于执行灵巧操作的双臂机器人，共有 15 个自由度，其中每个机械臂各有 7 个自由度以及 1 个本体旋转关节(BRJ)，BRJ 可与 SSRMS 的端部相连。SPDM 可用来装卸或搬运小型有效载荷、执行精细操作等，其外形如图 1-6 所示。

MBS 是一个可以沿着跨整个 ISS 横梁移动的工作平台，为 Canadarm2 提供横向的移动能力。MBS 上装配有 4 个功率数据抓持机构和 1 个自锁末端执行器。

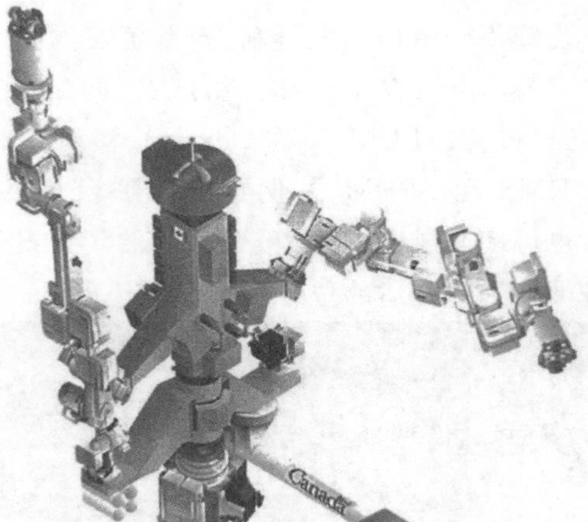

图 1-6　SPDM 外形

2. 日本实验舱遥控机械臂系统

“希望号”日本实验舱(JEM)，由日本宇宙航空研究开发机构(JAXA)制造，是国际空间站上最大的实验舱，主要包含加压模组(PM)、暴露设施(EF)、实验后勤模组(Experiment Logistics Module，ELM)、实验舱遥控机械臂系统(JEMRMS)等 4 个模组。日本实验舱的组成如图 1-7 所示,其中,JEMRMS 是一个用于空间操作的机器人系统,由两套机械臂[主臂(MA)和小型精细操作臂(SFA)]和控制柜组成。主臂和小型精细操作臂(简称小臂)可组成宏-微机械臂的形式,也可独立开展工作。

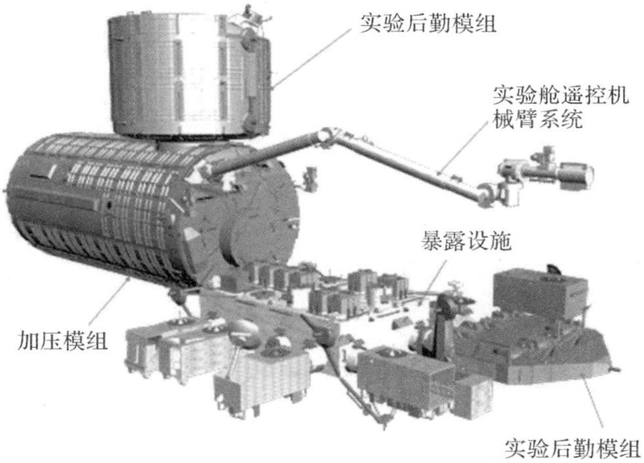

图 1-7　日本实验舱的组成

3.欧洲机械臂系统

欧洲机械臂系统(ERA)是由欧洲空间局资助、福克公司作为主合同方开发的机械臂,是一个类人的、可重定位的、完全对称的操作臂,有 7 个自由度。工作时,该机械臂其中一端固定(作为足),另一端则作为手执行操作任务;两端完全对称,手、足可以交替,通过抓持安装于舱体外的手柄(ERA 驻点)实现自由行走。

ERA 可以工作于自主模式、预编程模式或者遥控模式,于 2011 年 12 月由美国的航天飞机运送到国际空间站上并安装在俄罗斯舱体外,由俄罗斯航天员使用。ERA 的臂型如图 1-8 所示。

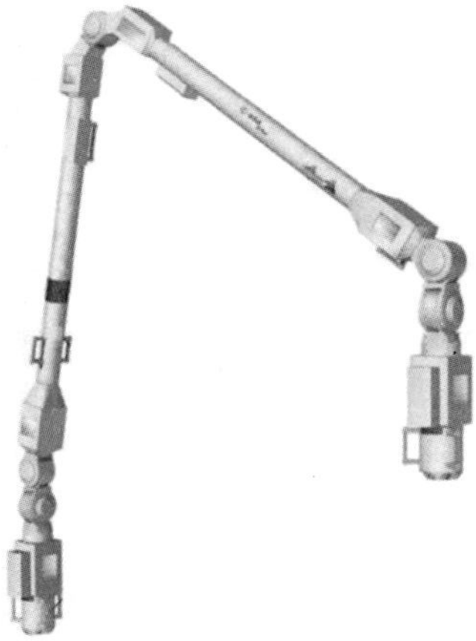

图 1-8　ERA 的臂型

1.3.1.3　国际空间站舱内机器人

作为大型、载人的航天器，空间站为空间机器人演示验证提供了得天独厚的先天条件，目前包括 Robonaut 2、KIROBO、Skybot F-850 相继进入国际空间站开展了技术验证。

罗克韦斯(ROKVISS)项目于 2004 年在国际空间站上进行了飞行试验。ROKVISS 项目包括两个关节、立体相机、控制器等，如图 1-9 所示。ROKVISS 项目主要验证了德国宇航局(DLR)的高集成度、模块化、轻量化关节，演示验证了自动控制、力反馈遥操作等不同控制模式。

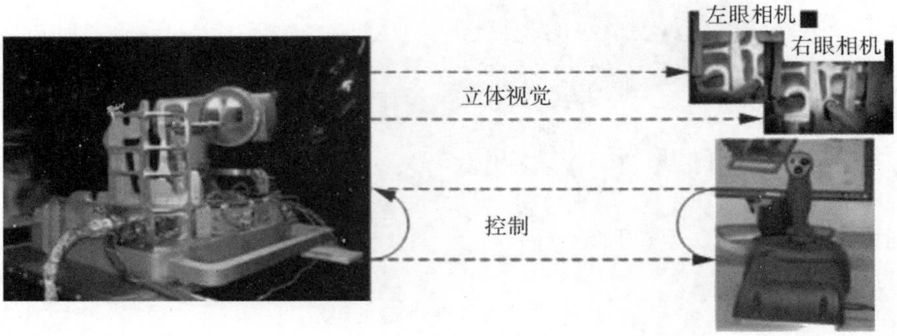

图 1-9　ROKVISS 项目

2011 年 NASA 与通用公司(GM)联合研制的第二代机器人航天员 R2(Robonaut 2)进入国际空间站，如图 1-10 所示，主要开展了任务面板上操作验证。R2 集成了视觉相机、红外相机、六维腕力传感器、接触力传感器、角度及位移传感器等 300 多个传感器，是典型多传感器集成的复杂系统。R2 在 2014 年配置了双腿，腿的末端配置了扶手抓取工具，如图 1-11 所示，使之具备出舱服务的移动能力。

图 1-10　机器人航天员 R2 在国际空间站

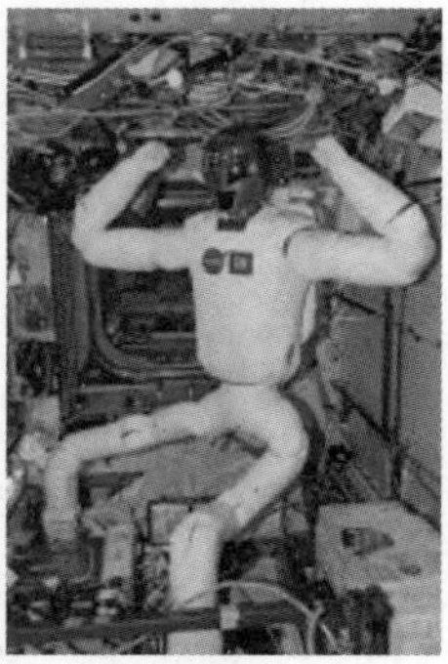

图1-11　升级爬行双腿的机器人航天员 R2

2013 年 8 月，日本"鹳"号货运飞船搭载发射了小型机器人航天员"KIROBO"，如图 1-12 所示，其身高约 34 cm，质量约 1 kg，可以与人进行交流并且具有肢体语言，其主要任务是与国际空间站的日本航天员对话，消除航天员的在轨寂寞感。

2019 年 8 月，俄罗斯"联盟号"飞船搭载发射人形机器人 Skybot F-850 至国际空间站，它是费多尔(Final Experimental Demonstration Object Research, FEDOR)研究计划的成果。Skybot F－850 是具备四肢即双臂双腿的空间仿人机器人,如图 1－13 所示,具备模仿航天员作业的能力。在国际空间站约半月的测试中,Skybot F－850 进行了开启舱门、传递工具、模拟舱外活动等试验。

图 1－12　小型机器人航天员"KIROBO"

图 1－13　Skybot F－850 在国际空间站

1.3.1.4　中国空间站机械臂系统

2016 年 9 月,"天宫二号"机械臂系统成功发射入轨。该机械臂系统具有 6 自由度柔性机械臂、五指仿人灵巧手、手眼相机等部分。2016 年 10 月,"天宫二号"与"神舟十一号"对接成功后,航天员与机械臂共同完成了抓取物体、在轨辨识等试验任务。"天宫二号"机械臂系统科学试验如图 1－14 所示。

中国载人航天空间站在建造阶段配备的核心舱、实验舱机械臂系统,如图 1－15 所示。核心舱机械臂于 2021 年 4 月发射,主要用来完成空间站舱段转位与辅助对接、悬停飞行器捕获与辅助对接、支持航天员舱外活动(EVA)等,如图 1－16 所示;实验舱机械臂于 2022 年 7 月发射,主要用以暴露载荷照料、光学平台照料、载荷搬运、支持航天员 EVA 等活动。核心舱机械臂和实验舱机械臂展开长度分别约为 10 m 和 5 m,最大在轨载荷分别为 25 000 kg 和 3 000 kg,均具有 7 个自由度,转动关节的配置采用"肩 3＋肘 1＋腕 3"方案。肩部和腕部设置两个末端执行器,可实现“爬行”功能。两个机械臂可独立工作,也可以协同工作,还可以串联组成组合臂共同完成空间站的维修维护任务。

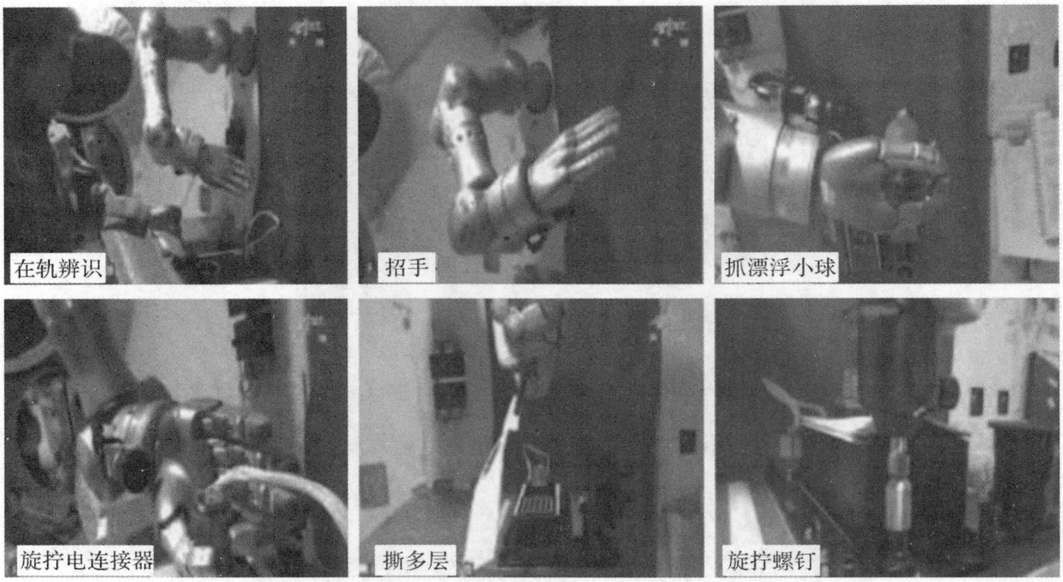

图 1-14　天宫二号机械臂系统科学试验

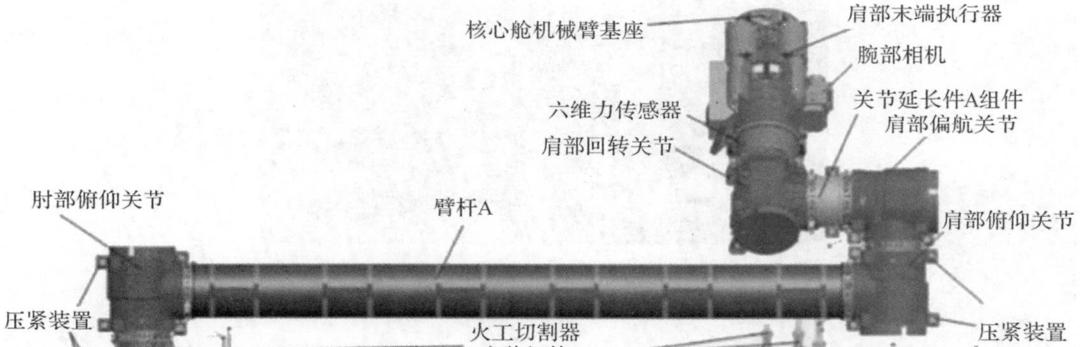

(a)

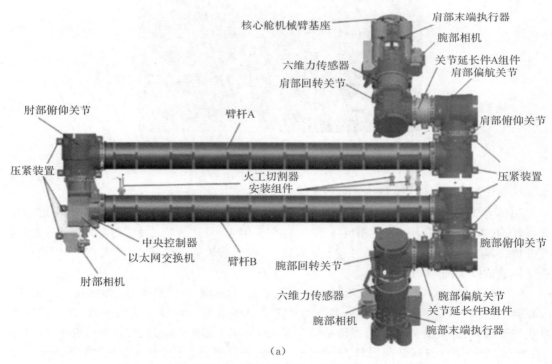

图 1-15　中国载人航天空间站的核心舱和实验舱机械臂系统

(a)核心舱机械臂

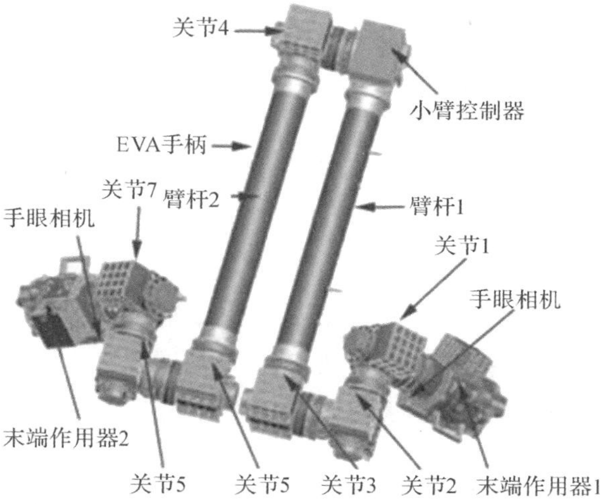

(b)

续图 1-15　中国载人航天空间站的核心舱和实验舱机械臂系统

(b)实验舱机械臂

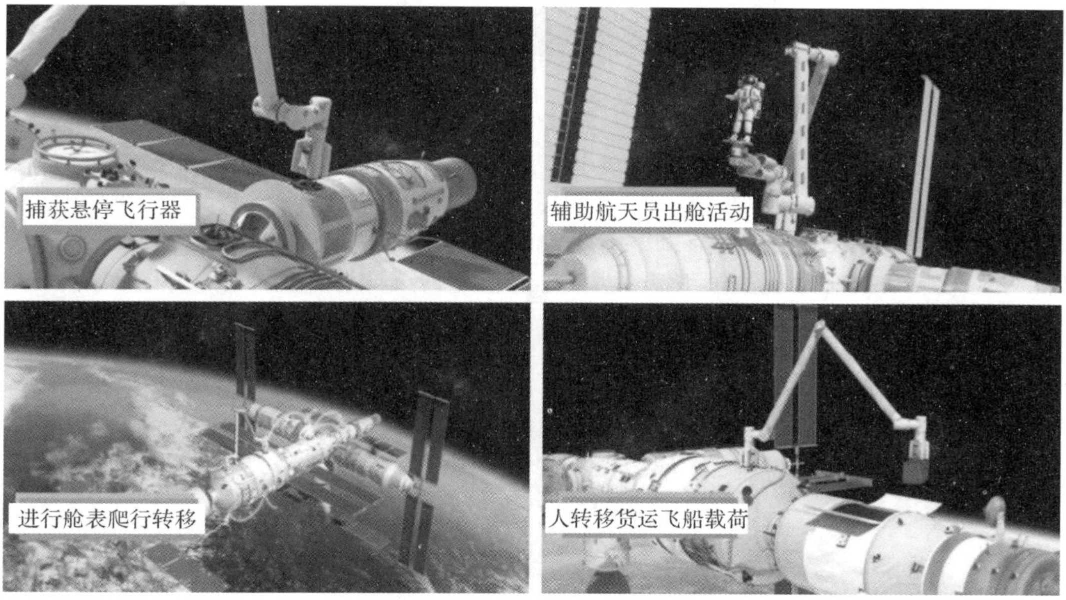

图 1-16　中国空间站核心舱机械臂部分功能

1.3.2　星球探测机器人的发展

公认的世界上第一个星球探测机器人是美国于 1967 年 4 月发射的“勘探者-3”月球探测器。该探测器质量为 280 kg，中心结构是 1 个 3 条腿的支架，上面装载各种探测仪器。之所以被称为“机器人”，是因为它具有一个活动机械臂，臂的末端有一把铲子，它在地面遥控下可挖取月面土壤，掘进深度约为 18 cm。探测器能对取出的土样进行分析，测定月面土质的硬度，以便为“阿波罗”载人飞船登月选择合适的着陆地点。

1.3.2.1　月面机器人

1970 年，苏联发射 Luna 17 探测器，其主要有效载荷为月球车 1 号(Lunokhod 1)，如图 1－17 所示。Lunokhod 1 是历史上第一辆月球车，其主要任务为月面移动勘察和月面精细探测，质量为 756 kg，长 2.94 m、宽 1.96 m，8 轮独立驱动。月球车工作 11 个地球日，共行走 10.54 km，实际运动速度为 0.14 km/h，可登上 30°斜坡，越过 0.4 m 高的障碍物和 0.6 m 宽的沟壑。

图 1－17　月球车 1 号

美国 NASA 的阿波罗月球车(Lunar Rover Vehicle，LRV)，如图 1－18 所示，分别搭载在 Apollo15(LRV－1)、Apollo16(LRV－2)和 Apollo17(LRV－3)上，也是唯一由航天员驾驶的月球车。LRV 车长 3.1 m、轮距为 1.83 m，车轮直径为 0.82 m，具备 2 名航天员的承载能力。LRV 发射时处于折叠状态，到月球表面后由航天员手动安装展开。移动系统全轮驱动、独立转向，移动底盘采用 4 套扭杆式悬架系统，多个独立悬架通过扭杆弹簧和载荷平台固连。

图 1－18　阿波罗月球车

2013 年 12 月，中国“嫦娥三号”月面巡视器“玉兔号”成功落月并完成月面巡视探测任务，如图 1－19(a)所示。2019 年 1 月，“嫦娥四号”月面巡视器“玉兔二号”成功落月并实现月背原位探测和巡视勘察任务，如图 1－19(b)所示。月面巡视器包括移动、结构与机构、导航制导与控制、综合电子、电源、热控、测控数传和有效载荷共 8 个分系统，设计质量为 140 kg。移动分系统采用主副摇臂悬架方案，由车轮、摇臂和差动装置等组成，6 个车轮采用独立驱动方式，并利用 4 个角轮实现转向，具备在月面前进、后退、转向、爬坡和越障能力。移动系统最大运动速度为 200 m/h、爬坡角度为 30°、越障高度为 200 mm。“玉兔号”月面巡视探测器配置了 3 自由度机械臂，配置了全景相机、测月雷达、红外成像光谱仪、粒子激发 X 射线谱仪等科学载荷。

(a)　　(b)

图 1－19　“嫦娥三号”及“嫦娥四号”月面巡视器
(a)“嫦娥三号”月面巡视器；(b)“嫦娥四号”月面巡视器

1.3.2.2　火星机器人

索杰纳(Sojourner)是“火星探路者”携带的火星巡视探测器，于 1997 年 7 月着陆在火星表面，如图 1－20 所示。索杰纳在“火星探路者”附近 100 m 的范围内进行了科学实验。索杰纳质量为 10.5 kg，体积为 660 mm×480 mm×300 mm，采用 6 轮摇杆悬吊式结构，轮子直径为 130 mm、轮宽 60 mm，设计速度最大为 10 mm/s。角上的 4 个轮子有独立的驱动和控制能力。索杰纳工作 50 个火星日，搜集了火星表面环境、岩石、地貌结构等数据，完成了轮壤作用、导航试验及巡视器工程性能的验证。

图 1－20　索杰纳火星巡视探测器

“勇气号”(MER－A)与“机遇号”(MER－B)为一对孪生探测器，于 2003 年发射，2004 年到达火星，科学目标和探测器结构相似，如图 1－21 所示。机遇号/勇气号高 1.5 m、宽 2.3 m、长1.6 m，其质量为 180.1 kg。机遇号/勇气号继承了索杰纳 6 轮摇臂式结构，移动机构新增了可折叠的功能，使悬架能够收回到四面体着陆器中。MER 在坚硬平直表面上的最大设计速度为 50 mm/s，实际运行速度为 10 mm/s。MER 配置 5 自由度机械臂，其主要作用是部署各种设备仪器，并且安放在火星表面。

(a) (b)

图 1-21 “勇气号”和“机遇号”火星巡视探测器
(a)“勇气号”火星巡视探测器；(b)“机遇号”火星巡视探测器

“好奇号”是 NASA 火星科学实验室（Mars Science Laboratory，MSL）的巡视探测器，于 2011 年 11 月发射，2012 年到达火星表面。“好奇号”巡视探测器结构很大程度上继承了“勇气号”“机遇号”，但尺寸增大，质量为 890 kg，极大地提高了科学载荷携带能力。MSL 配置了样本获取、样本处理和传递系统，具有强大的采样和样本在线处理能力，其由 5 自由度机械臂、转台、转台上的工具和科学仪器组成，可完成样本检测、取样、样本加工和样本传递等动作。在能源方面，MSL 巡视器采用核电池供电，取消了 MER 车身上的太阳能阵列板。

2020 年 7 月 23 日，中国首次火星探测任务“天问一号”火星探测器成功发射入轨。2021 年 5 月，“天问一号”成功着陆火星乌托邦平原，随后“祝融号”火星车成功驶离着陆器，开展火星表面巡视探测以获得巡视区形貌与地质构造，分析巡视区土壤、岩石类型与相关特性，探查其巡视区域是否存在水冰。如图 1-22 所示，“祝融号”火星车质量为 240 kg，高度约为 1.85 m，采用独立悬架，6 个车轮独立驱动、独立转向，能够实现前进、后退、转向、蟹行运动等。当地形条件松软时，火星车可以利用主动悬架实现尺蠖运动，避免车体发生沉陷。即使车体发生沉陷，车体也可以主动升降，配合车轮适当抬起完成自主脱困。

图 1-22 中国“祝融号”火星车

1.3.3 自由飞行空间机器人的发展

ETS-Ⅶ(Engineering Test Satallite-Ⅶ)是世界上第一个舱外自由飞行空间机器人，是日本宇宙开发事业集团(NASDA)主导研制的实验卫星，如图1-23所示。该空间机器人于1997年11月28日成功发射，它具有地面遥操作和在轨自主控制的能力，主要进行自主交会对接和空间机器人操作实验，完成了漂浮物体抓取、ORU更换和燃料补给、视觉监测、目标星操作与捕获等实验，为空间在轨服务积累了宝贵的经验。但是，由于目标被对接机构限制在200 mm范围内，未完全自由，所以，ETS-Ⅶ的目标捕获实验未获得国际认同。

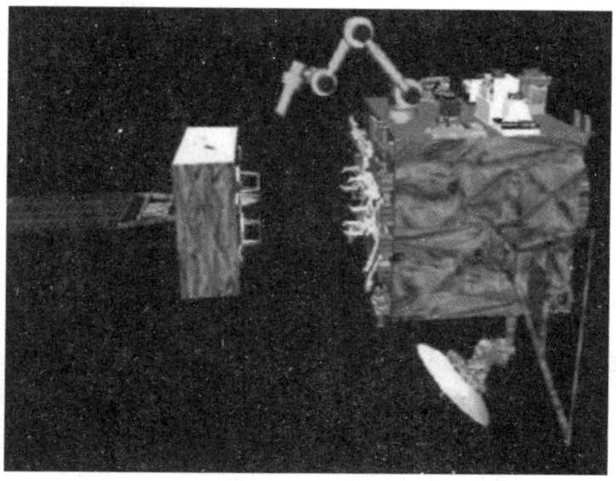

图1-23 日本ETS-Ⅶ示意图

美国的“轨道快车”(Orbital Express)计划于1999年公布，并于2007年3月8日发射，7月完成基本实验，如图1-24所示。该项目共由两个部分组成：追踪星(ASTRO)和目标星(NEXTSat)。ASTRO安装有6自由度的机械臂，臂长为3 m，质量为71 kg，用于目标的捕获、ORU更换等。NEXTSat质量为224 kg，外形尺寸为2.51 m×0.98 m。“轨道快车”在验证在轨捕获技术中所涉及的操作大体上可以分为以下几类。

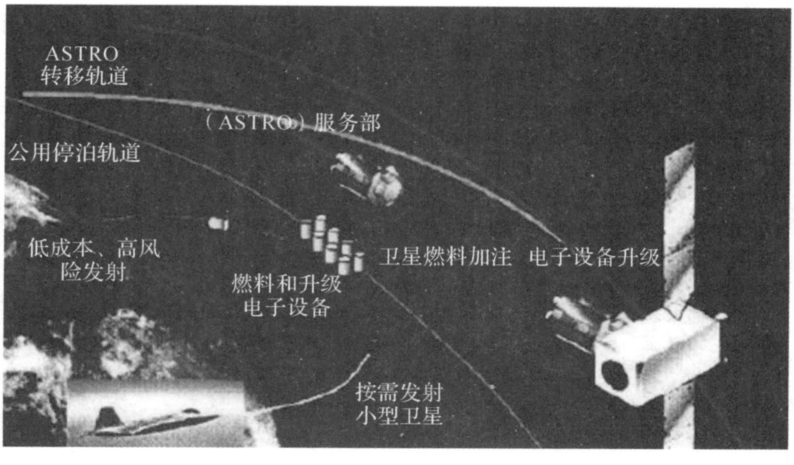

图1-24 美国“轨道快车”计划示意图

(1)自主捕获卫星:ASTRO在靠近NEXTSat时利用机械手前端照相机获取的图像,自主捕获NEXTSat,甚至在相对运动速度和初始偏差很大的情况下仍然能够顺利完成任务;

(2)自主定位及对接:ASTRO靠近NEXTSat将其捕获,用机械手进行定位,并可靠地对接;

(3)自主视频监测:对接以后,对卫星将要进行机械操作的位置进行视频监测,监测点包括旋转机械装置、天线、接口界面、相机和太阳电池板等;

(4)自主更换组件:标准备件如电池、飞行计算机、科学仪器以及其他可替换的组件等,在被损坏或需要更新的部件被替代后,开始实际的维修操作。

机器人燃料加注实验(RRM)由美国国家航空航天局与加拿大航天局(CSA)联合实施,戈达德太空飞行中心(Goddard Space Flight Center)具体执行机器人在轨服务演示验证实验,旨在演示验证用机器人为在轨卫星提供服务和加注所需的技术、工具和工艺。该机器人于2011年7月由亚特兰蒂斯航天飞机发射升空,2012年3月完成试验。RRM任务执行情况及未来地球静止轨道(GEO)实现在轨服务实用化示意图如图1-25所示。

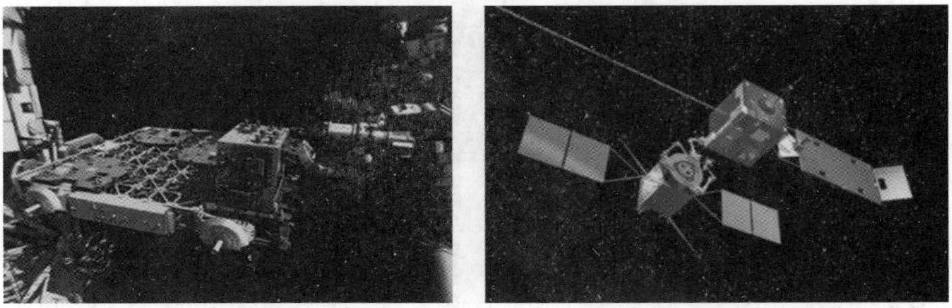

图1-25　RRM任务执行情况及未来GEO在轨服务实用化示意图

“凤凰”计划是由美国国防部高级研究计划局(DARPA)启动的一项新的空间技术研究项目,旨在开发联合回收技术,重新利用在轨退役或无法正常工作的卫星上仍可发挥功能的部件,以低廉的成本将这些部件集成到新的空间系统中,显著降低新型空间设备的开发成本,具有巨大的商业价值,如图1-26所示。同时,该计划中涉及对GEO轨道非合作目标的监测、绕飞、捕获、维修和变轨等多项关键技术。2015年,该计划经重新论证,将服务对象从退役卫星转移到在轨运行的高价值航天器,重新命名为“地球同步轨道卫星机器人服务项目”。

图1-26　“凤凰”计划示意图

据公开文献报道，2013年7月20日，我国发射试验七号空间机器人，通过试验完成了交会对接、视觉监测、目标捕获、遥操作等试验。这些任务均是在有效测控弧段、有限测控精度、有限通信带宽下完成的，难度很大。

2016年6月，“遨龙一号”飞行器由长征七号运载火箭发射成功，是全球第一个主动的轨道碎片离轨清除项目。如图1-27所示，该飞行器装载了一个6自由度机械臂，充分融合了机械、力学等多学科技术，具备定点停留、确保机械臂的力度适中等能力。最终，“遨龙一号”飞行器圆满地完成了抓取废弃卫星及太空碎片的实验，验证了碎片清除的关键技术。

图1-27 “遨龙一号”飞行器的机械臂

1.4 空间机器人的应用前景

从构型上看，星球探测机器人与舱内/舱外机器人、自由飞行机器人差别较大，后两者均处于轨道飞行状态，星球探测机器人处于星表运行状态。本书以处于轨道飞行状态的空间机器人为对象，下文中的空间机器人，若不特指，均为该类机器人。

随着航天技术的发展，越来越多的卫星进入太空，而卫星的失效导致了巨大的经济损失。例如：我国于2006年发射的“鑫诺二号”卫星，入轨后太阳能主电池板以及部分天线未能打开，导致卫星不能正常工作；2009年，印度尼西亚“Palapd-D”卫星未能成功发射入轨。由此可见，大力发展以空间机器人为手段的卫星救援、在轨维修技术，其经济效益和社会效益均十分显著。

同时，航天器结构越来越复杂，尺寸越来越大。由于火箭运载能力有限，大型航天器需要多次发射、在轨组装。例如，国际空间站长108 m，宽88 m，2011年12月随着最后一个组件发射，其顺利完成组装。我国的空间站是由“天和核心舱、问天实验舱、梦天实验舱三大舱段”+“三艘飞船”组成的超大型组合体，总质量超过100 t。2023年5月29日，中国载人航天工程办公室表示：将适时发射扩展舱段，将空间站基本构型由“T”字形升级为“十”字形。空间机器人在这类超大型结构的在轨组装中，将持续发挥极大作用。

此外，不断增长的大量太空轨道垃圾也将威胁空间站、卫星等的安全，空间机器人由于其高智能性、自主灵活性等优势，在轨道垃圾清理方面也具有很大的潜力。

综合来看，空间机器人可以广泛应用于多类在轨服务任务，其主要应用前景如下。

(1)轨道清理任务:清理轨道上正常运行卫星之外的物体,提高在轨运行卫星的安全性,比如废弃卫星的辅助离轨,空间碎片等垃圾的清理,等等。

(2)在轨维护任务:对载人、无人等各类航天器实施在轨装配、监测、维修、延寿等在轨维护的服务任务。在轨装配即空间大型结构的建设任务,包括载荷搬运、部组件安装、ORU 更换等任务;在轨监测即利用可见光、红外、微波等敏感器件或电子监听设备,对卫星进行成像、位姿测量、信号接收等;在轨维修即对故障卫星执行维修操作,以恢复卫星功能,包括辅助入轨、辅助机构展开,更换故障部组件等;在轨延寿即对因燃料耗尽导致处于寿命末期的卫星执行在轨加注等任务,包括燃料补加、接管控制等。

习　　题

1.空间机器人的特点是什么?

2.请简述空间机器人的分类。

3.思考舱外机器人和自由飞行机器人的异同。

第 2 章　空间机器人驱动与机构

2.1　空间机器人驱动系统

驱动系统是空间机器人不可或缺的组成部分，对其性能具有至关重要的影响。通常，空间机器人的驱动系统由两个核心元素构成，即驱动器和传动系统。驱动器被视为驱动系统的中枢组件，其主要任务是生成关节的运动和力矩。传统的机器人驱动方式包括液压驱动、气压驱动和电机驱动等，新型的驱动方式包括形状记忆合金驱动、压电陶瓷驱动和可伸缩的聚合体驱动等。传动系统则负责将驱动器产生的运动和力传输至机器人的主动关节，同时降低关节速度并增强关节的驱动力矩。

2.1.1　液压驱动

液压驱动是以液体为工作介质，通过驱动装置将原动机的机械能转换为液体的压力能，然后通过管道、液压控制及调节装置等，借助执行装置，将液体的压力能转换为机械能，使驱动负载实现直线或回转运动。图 2－1 所示为液压驱动装置。液压驱动技术在机器人领域有着广泛的应用，它通过以下主要组件来实现机器人的各种运动和动作。

(1)动力装置：泵，将机械能转换成液体压力能的装置。

(2)执行装置：缸或马达，将液体压力能转换成机械能的装置。

(3)控制装置：阀，对液体的压力、流量和流动方向进行控制和调节的装置。

(4)辅助装置：对工作介质起到容纳、净化、润滑作用并实现元件间连接的装置。

(5)传动介质：传递能量的液体，如液压油。

图 2－1　液压驱动装置

液压驱动的优点在于：①液压容易达到较高的单位面积压力，体积较小，可以获得较大的力或转矩；②液压系统介质的可压缩性小，工作平稳可靠，并可得到较高的位置精度；③液压系统采用油液作介质，具有防锈和自润滑性能，可以提高机械效率，且使用寿命长。其缺点在于：①容易泄漏，影响稳定性与精度，且污染环境；②高低温效果不好；③需要压力源、管路等，较难小型化。

一般来说，液压驱动适合于输出力较大而运动速度较低的场合。

2.1.2 气压驱动

气压驱动利用气体的压力来传递动力，实现机械设备的运转。气压驱动具有结构简单、维护方便、传动效率高等优点，被广泛应用于各种机械设备中。气压驱动系统主要由压缩机、气缸、阀门、管道等组成。压缩机将空气压缩成高压气体，然后通过管道输送到气缸中。气缸内的活塞受到气压的作用而运动，从而带动机械设备的运转。阀门用于控制气体的流动方向和流量大小，从而实现对机械设备的控制。

气压驱动的优点在于：①压缩空气黏性小，流速大，快速性好；②气源方便，卫生，无环境污染；③变速性能良好。其缺点在于：①气体可压缩，精度不高；②压缩空气含冷凝水，气压系统易锈蚀，且在低温下易结冰；③有噪声污染；④功率质量比偏小，驱动装置体积大。

一般来说，气体驱动多用于精度要求不高，但有洁净、防爆等要求的场合。

2.1.3 电机驱动

电机驱动是用各种电动机产生力和力矩，直接或经过机械传动驱动执行机构，传动效率高，是空间机器人的主流驱动方式。

空间机器人关节驱动电机的主要技术要求包括以下几个方面：

(1)快速性。电机从获得指令信号到完成指令的时间应该足够短。响应指令信号的时间愈短，伺服系统的灵敏性愈高，系统的快速响应性能愈好。一般以伺服电机机电时间常数的大小表示伺服电机的快速响应性能。

(2)起动转矩惯量比大。在驱动负载的情况下，要求机器人伺服电机的起动转矩大，转动惯量小。

(3)控制特性的连续性和直线性好。随着控制信号的变化，电机的转速能连续变化，有时还需要电机的转速与控制信号成正比或近似成正比。

(4)调速范围宽。电机能适用于1∶(1 000～10 000)的调速范围。

(5)在满足性能要求的条件下，具有较小的体积和质量。

(6)能经受苛刻的运行条件，可以进行十分频繁的正反向和加减速运行，并能在短时间内承受过载。

机器人关节驱动电机主要包括步进电机、直流有刷电机、直流无刷电机等。下面分别简要加以介绍。

2.1.3.1 步进电机

步进电机是一种将输入脉冲信号转换成相应角位移或线位移的旋转电机，如图2-2所示。步进电机的输入量是脉冲序列，输出量则为相应的增量位移或步进运动。正常运动情况下，其旋转转速与输入脉冲的频率保持严格的对应关系，不受电压波动和负载变化的影响，维护方便，性能稳定。但是，步进电机的控制功率消耗大，运行效率不高，负载力矩有限，在起动时力矩较低。因此，对于负载力矩随关节运动剧烈变化的机器人来说，步进电机常常会产生失步的现象。虽然可以采用闭环或开环补偿的方法解决步进电机的失步问题，但是这样做也失去了步进电机控制简单的优点。

图 2 - 2　步进电机

2.1.3.2　直流有刷电机

有刷电机又名碳刷电机，其构造是定子上安装有磁铁，在其中央装配有缠好线形成线圈的转子。线圈接到整流子上，电刷（电极）与整流子相接触。整体构造是中央有一根绕阻的线圈，绕转轴可自由旋转。整流子接到线圈的两端，电刷与整流子相接触。电刷上接直流电源，电流从正极流入，通过线圈流回负极。一对磁铁（N 极、S 极）配置在线圈的周围，如图 2 - 3 所示。

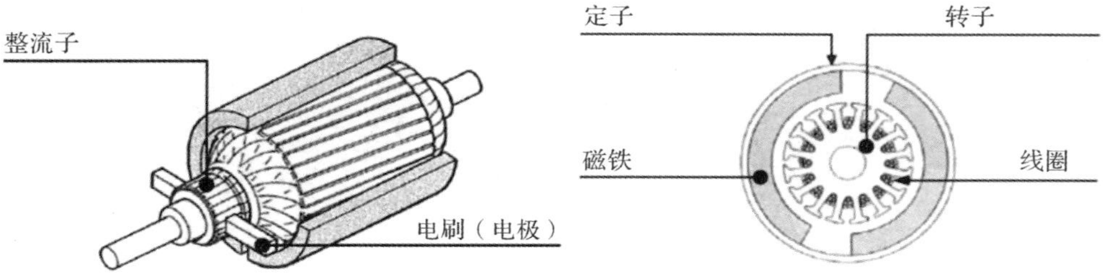

图 2 - 3　直流有刷电机结构

直流有刷电机包括稀土有刷直流电机、电励磁有刷直流电机、印刷绕组直流电机、杯形转子直流电机等多种类型。

2.1.3.3　直流无刷电机

直流无刷电机的结构与直流有刷电机相反，如图 2 - 4 所示，磁极在转子上，电枢绕组在定子上。在换向器的位置上安装位置传感器，辅以驱动电路，可实现电机的无刷电子换向；其同时具有与直流电机相同的调速功能。直流无刷电机工作时使用的是开关直流波形，这一点和交流电相似（正弦波或梯形波），但频率不一定是 60 Hz。因此，直流无刷电机不像交流电机，它可以工作在任意速度，包括很低的速度。直流无刷电机具有以下优点：

（1）不需要电刷和滑环，结构简单，使用方便，易于维护，可靠性高，可应用于防爆场合。

图 2 - 4　直流无刷电机

(2)转子上无需电流励磁,无励磁损耗,无电刷和滑环之间的摩擦损耗和接触电损耗,因此效率较高。

(3)在一定功率范围内,直流无刷电机比其他电机具有更小的体积和质量。

2.1.3.4 减速器

关节采用的电机能够直接输出旋转运动,但其输出力矩通常小于关节需求力矩,输出转速大于关节需求转速,因此需要采用减速器把较高的电机转速转换成较低的关节输出转速,并获得较大的输出力矩。这种运动的传递和转换必须高效完成,并不得降低关节的主要性能,如定位精度、回差和可靠性。关节常用的减速器有以下几种。

1.行星减速器

顾名思义,行星减速器是采用行星齿轮传动来实现减速的,如图 2-5 所示。行星齿轮传动类型众多,分类方法多样。在我国,常用的两种分类方法是按照传动基本构件和啮合方式分类。以传动基本构件进行分类,空间关节机构中常用的行星减速器为 2Z-X 型和 3Z 型。其中,Z 代表中心轮,X 代表转臂。

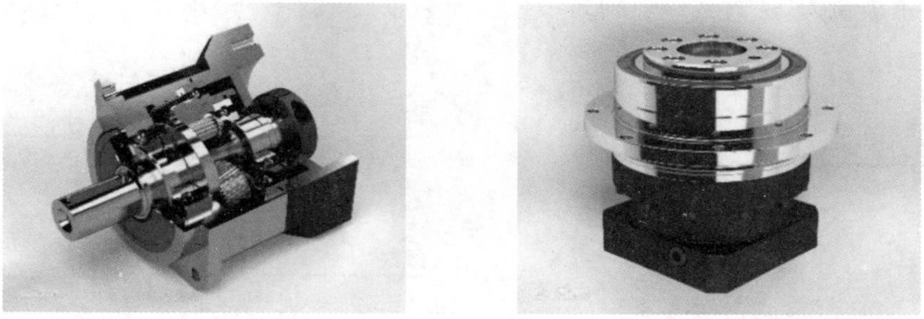

图 2-5 行星减速器

对于 2Z-X 型行星减速器,其基本构件为两个中心轮 a、b 和 1 个转臂 X,传动比为

$$i_1 = 1 + \frac{z_b}{z_a} \tag{2-1}$$

式中:z_a 为太阳轮 a 的齿数;z_b 为太阳轮 b 的齿数。

对于 3Z 型行星减速器,其基本构件仅为 3 个中心轮 a、b 和 e,其转臂 X 不承受外力矩,故它不是基本构件,传动比为

$$i_2 = \frac{1 + \frac{z_c z_e}{z_a z_d}}{1 - \frac{z_c z_e}{z_b z_d}} \tag{2-2}$$

式中:z_a 为太阳轮 a 的齿数;z_b 为输出内齿轮 b 的齿数;z_c 为双联右齿轮 c 的齿数;z_d 为双联左齿轮 d 的齿数;z_e 为固定内齿轮 e 的齿数。

行星减速器与普通的定轴齿轮传动相比,其显著的特点是在传递力矩时可以进行功率分流,同时其输入轴与输出轴具有同轴性,即输出轴与输入轴均设置在同一轴线上。该特点是行星减速器结构紧凑、减速比高、承载能力大,同时行星传动结构的对称性使整体的传动平稳、传动效率高,在结构布置合理的情况下,其效率可达 0.97~0.99。

2. 谐波减速器

谐波减速器由波发生器、刚轮、柔轮三个基本构件组成，如图 2 - 6 所示。刚轮是具有内齿圈的刚性结构。柔轮是一个具有弹性的薄壁齿轮，其齿形与钢轮的齿形相同，但齿数较少。波发生器由椭圆凸轮和弹性薄壁轴承组成，当凸轮转动时，它会迫使薄壁轴承在弹性范围内沿椭圆形做变形运动。由于波发生器的长轴长度较柔轮的内圆直径略大，当波发生器装入柔轮后，迫使柔轮从初始的圆形变为椭圆形。波发生器迫使柔轮椭圆长轴两端附近的齿与刚轮的齿完全啮合，在柔轮椭圆短轴两端附近的齿与刚轮的齿完全脱离啮合。随着波发生器的连续转动，柔轮上的长轴和短轴的位置也发生变化，柔轮的齿依次完成“啮合→脱开→啮入→啮合”的循环过程，实现啮合传动。

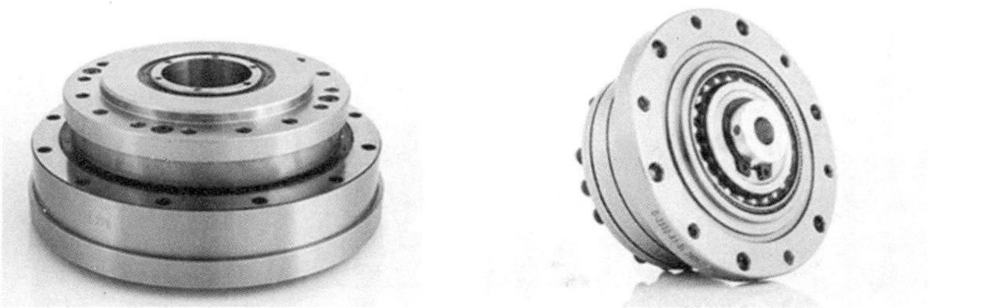

图 2 - 6　谐波减速器

由于在传动过程中柔轮产生的弹性变形的波形近似谐波，故称之为谐波传动。波发生器的突出部位数称为波数，用 n 表示。刚轮与柔轮的齿数差通常等于波数，即 $z_1 - z_2 = n$。根据波数的不同，谐波减速器可分为双波传动和三波传动。空间驱动机构中常用的谐波减速器的形式为双波传动。谐波齿轮的传动比可通过下式计算：

$$i_3 = \frac{z_2 - z_1}{z_2} \tag{2-3}$$

谐波减速器的主要优点是传动比大，单级传动比范围宽，可达 50～300，优选 75～250。由于同时啮合的齿数多，谐波减速器传动平稳、承载能力强、传动精度及效率高、结构简单、体积小。其主要缺点是柔轮工作时产生周期性弹性变形，易发生疲劳失效。

3. RV 减速器

摆线针轮(Rot - Vector，RV)传动是在针摆传动的基础上发展起来的一种新型传动方式。RV 减速器的高速级为渐开线齿轮组成的 K - H 型差动轮系，其由中心轮、径向均匀分布的 3 个行星轮及系杆组成；低速级为摆线齿轮组成的 K - H - V 型行星轮系，其由径向均匀分布的 3 个曲柄轴、2 个对称布置的摆线轮、若干针齿以及输出盘组成。RV 减速器的轮系中系杆与输出盘固连为同一构件。3 个偏置方向一致的曲柄轴，其一端分别与对应的 3 个行星轮固连，另一端与输出盘上对应的销孔组成转动副，如图 2 - 7 所示，中部与摆线轮构成转动副。轮系传递运动时，行星轮带动曲柄轴转动，通过曲柄轴将行星轮的自转传递给摆线轮实现公转，而摆线轮又通过输出盘将其自转反馈给系杆作为差动轮系的输入运动，从而构成封闭式行星传动。

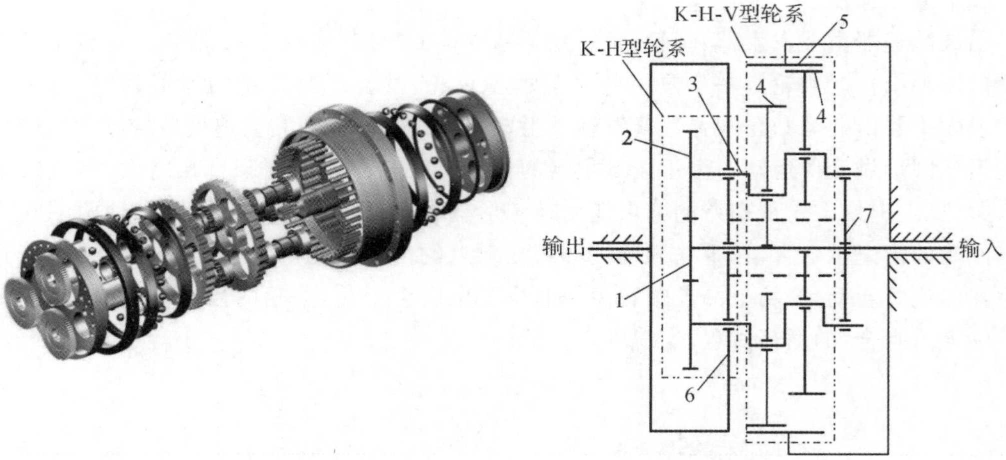

1—中心轮；2—行星轮；3—曲柄轴；4—摆线轮；5—针齿；6—输出盘；7—系杆

图 2-7　RV 减速器

RV 减速器具有传动比范围大、承载能力大、刚度大、运动精度高、传动效率高的特点，被广泛应用于工业机器人关节、高精度数控机床等自动化设备领域。与工业机器人相比，目前空间机器人的载荷和刚度较小，结构较为简单的谐波减速器可满足需求，所以当前空间机器人领域使用 RV 减速器还较少。随着空间机器人的发展以及 RV 减速器工艺的成熟和可靠性的提高，RV 减速器在空间机器人领域的应用必然会有很大的发展。

2.2　空间机器人制动装置

2.2.1　制动器分类

制动器是机械系统中用以产生阻碍活动部件运动或者运动趋势的力或力矩的装置，主要由供能装置、控制装置、传动装置以及制动副等组成。制动器的制动过程实质上就是一种能量转化的过程，它将制动器中运动部件的动能转化为其他形式的能量。

制动器按照制动副元件接触与否可以分为接触式制动器与非接触式制动器两大类。接触式制动器利用转动件与静止件之间的摩擦力制动，是较为常用的制动器类型；非接触式制动器主要通过其他形式来制动，其结构形式主要有磁涡流制动器、磁粉制动器及水涡流制动器等。

制动器按照制动件的结构形式可分为鼓式制动器、盘式制动器、带式制动器等，下面详细介绍前两种。

1. 鼓式制动器

鼓式制动器摩擦副中的旋转元件为制动鼓，以其圆柱面为工作表面。鼓式制动器主要包括制动鼓、制动蹄、制动轮缸和回位弹簧等部分，如图 2-8 所示。其工作原理是利用制动蹄片挤压制动鼓而获得制动力，可分为内张式和外束式两种。内张式以制动鼓的内圆柱面作为工作表面，运用较为广泛，外束式则是以制动鼓的外圆柱面作为工作表面，使用较少。

2. 盘式制动器

盘式制动器摩擦副中的旋转元件是以端面工作的圆盘，称为制动盘，非旋转元件多采用摩擦块或摩擦盘，如图 2－9 所示。其组成零部件有制动钳安装支架、制动盘、摩擦块、制动衬块、制动钳活塞和制动钳。盘式制动器的摩擦元件一般从两侧夹紧或单侧压紧制动盘而产生制动，常见的盘式制动器有钳盘式制动器与全盘式制动器。

图 2－8　鼓式制动器

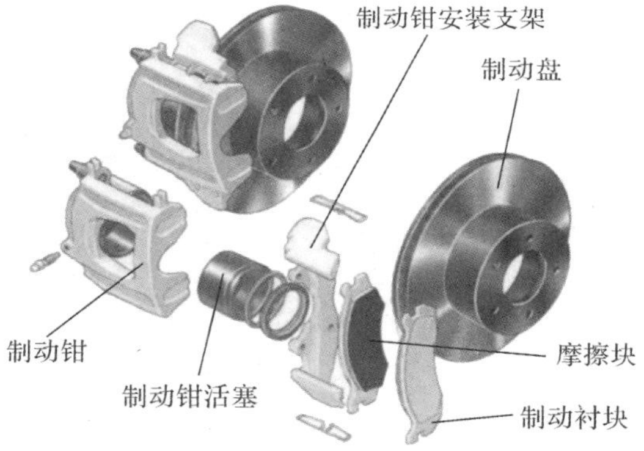

图 2－9　盘式制动器

对比上述两种制动器，盘式制动器具有以下优点：其工作表面为平面且双侧散热，散热面积大，圆盘冷却速度较快，且不易发生变形；制动效能稳定；结构比较简单，维修调试方便，容易实现制动间隙自动调整；体积小。

2.2.2　典型的制动器

空间机器人制动器不仅在地面测试情况下能够正常工作，而且需要在空间环境条件下保持其性能。在地面条件下，制动副材料可能受到水汽的影响而导致制动副性能下降，但是地面条件下空气流通情况较好，能够通过热对流将制动器散发的热量带走。

在空间条件下，机械臂处于真空状态下，由于机械臂一般配置温控系统，因此制动器需保证其在−20～60 ℃的条件下正常工作。空间环境的真空度很高，因此机械臂关节的热量主要通过热传导与热辐射两种形式实现传递与交换。在结构紧凑的机械臂关节中，大部分金属零件贴合紧密，因此制动器在机械臂关节内部主要是通过热传导的方式进行散热。其摩擦热的散热面主要是摩擦副的表面，线圈的散热面主要是包覆线圈的铁芯外表面。国际空间站上使用的大型空间机械臂 Canadarm2 的关节制动副是一对环形摩擦盘，使用的副材料为石棉/酚醛树脂。

汽车、航空工业中使用的制动器多采用液压作为驱动源，而空间环境中的制动器均采用电力驱动，即电磁制动器。为了保证机器人及设备的安全，空间机器人关节大多采用失电制动器。这种制动器最大的特点是通过改变制动片之间的气隙尺寸使它的维持功率仅为瓦级。欧洲机械臂系统中的制动器也使用了失电制动器。摩擦副材料采用普莱克斯公司提供的 Cr_2O_3 涂层，摩擦盘与制动盘是以 4Cr13 为金属衬底的不锈钢盘，在失电情况下，通过弹簧的作用使摩擦盘与制动盘接触产生制动力矩，平均力矩大小为 0.9 N·m，其力矩波动范围为±22%。

欧洲的灵巧机械臂（Dexterous Robot Arm，DRA）是火星漫游者“欧洲机器人”（EUROBOT）计划中的一部分。它是一种可以应对多种空间任务的空间机器人，具有 7 个自由度，其应用于空间站的舱内外的任务及探测月球、火星的行星计划等。它的关节中安装了由 Kendrio 公司设计的制动器。DLR 设计了一种轻型机械臂，其目标是使其成为质量轻、功耗小的先进机器人。为了减轻质量，DLR 设计了两种制动器，一种是传统的失电制动器，另一种是图 2-10 所示的压电陶瓷制动器，其质量仅为 70 g。由于后者在一定的湿度情况下，制动性能会出现衰减现象，因此，最后采用了传统的制动器，但其在制动原理及重量上是一个突破。

图 2-10　压电陶瓷制动器

2.3　空间机器人机构分类

一般来说，按机构类型可将机器人分为串联机器人和并联机器人两大类，这两大类机器人在空间机器人中的应用均十分广泛。

2.3.1　串联机器人

运动链是由两个或两个以上的构件通过运动副的链接而构成的具有相对运动的系统。运动链主要有两种类型：开链式和闭链式。机器人机构本质上也是由运动链构成的，是一种具有机架的运动链。

串联机器人是从基座开始由连杆和关节顺序连接而构成的开式链机构。典型的例子有 6 自由度的工业机器人、4 自由度的码垛机器人、4 自由度的选择顺序性装配机械手臂机器人等，如图 2 - 11 和图 2 - 12 所示，构成这些机器人机构的运动链都是开式链。通常所说的串联机器人是从机构类型的角度来称呼的。空间站的机械臂即是典型的串联机器人构型。

串联机器人优点是工作空间大、运动速度快、正解计算比较简单；其缺点是刚度较弱、定位精度较低、逆解计算复杂。

图 2 - 11　6 自由度的工业机器人

图 2 - 12　4 自由度的码垛机器人

2.3.2　并联机器人

并联机构是动平台和静平台通过至少两条独立的运动链相连接，具有两个或两个以上自由度并且以并联的方式驱动的一种闭链机构。并联机器人，顾名思义就是采用并联机构的机器人。典型的并联机器人包括 6 自由度的 Stewart 机构、3 自由度的 Delta 机构，如图 2 - 13 和图 2 - 14 所示。

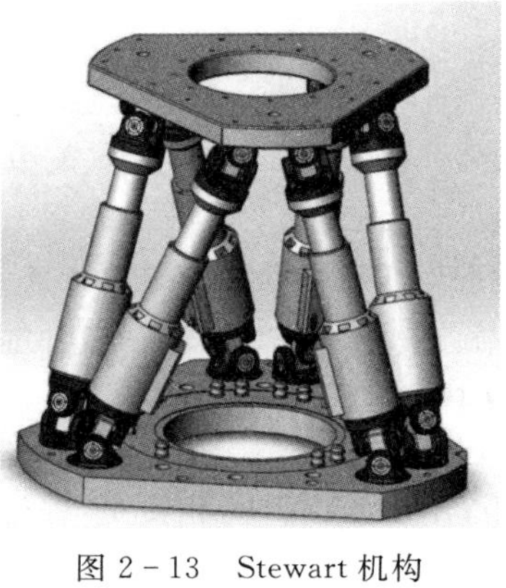

图 2 - 13　Stewart 机构

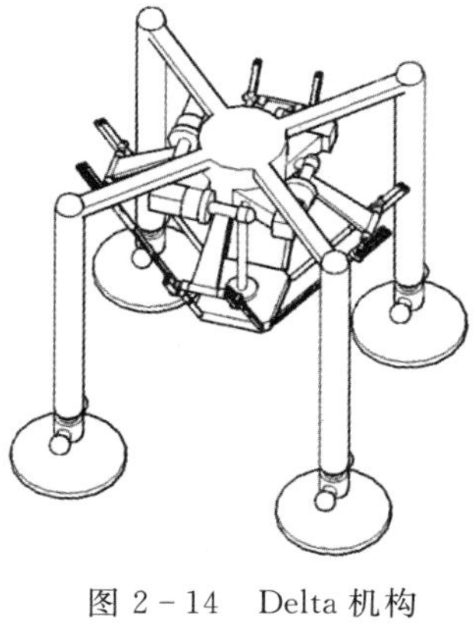

图 2 - 14　Delta 机构

并联机器人的优点是刚度大、定位精度高、逆解计算简单，其缺点是工作空间小、运动速度低、正解计算复杂。需要说明的是，前面提到的串联机器人机构和并联机器人机构的优缺点是以两种机构对比得出的结果。并联机器人构型在空间稳定平台等领域应用十分广泛。

2.4 空间机器人关键部组件

空间机器人的关键组件有关节、连杆和末端执行器，同时还包括压紧释放机构。其构型设计应从各部件的工作环境出发，并考虑机械机构、驱动方式、性能指标等方面的因素。

2.4.1 关节组件

作为空间机器人的核心部件，关节可按照任务需求和控制要求输出一定力矩和转速，实现机器人的各种运动。关节通常包括旋转式关节和移动式关节 2 种，通过自由组合这 2 种各类型的关节，可形成“回转＋摆动”“移动＋摆动”“回转＋移动”等多种运动方式。

空间机器人的关节具有集成度高、质量轻、负载大的特点，具有在大温差、高辐射、高真空等恶劣空间环境中工作的能力。其一般由驱动组件、减速器、测量组件、驱动控制器和热控组件 5 个部分组成。

(1)驱动组件。受空间环境限制，空间机器人一般采用电机作为关节驱动源。

(2)减速器。由于电机转速较高，输出力矩较小，因此需经过减速器使转速降低，用以提高输出力矩，同时保证关节的主要性能，如关节刚度、关节精度、负载能力和运转寿命。

(3)测量组件。空间机器人关节是一个完整的伺服控制机械系统，测量组件是其重要的组成单元，其目的是感知关节状态信息。测量组件包括各类传感器，如位置传感器、速度传感器、力传感器、电流传感器和温度传感器等。

(4)驱动控制器。驱动控制器用于控制关节输出不同的角度、角速度和力矩，分别对应其位置控制、速度控制和力控制功能。

(5)热控组件。热控组件有主动热控组件和被动热控组件 2 种。主动热控组件用于在低温环境下给关节加热，如粘贴在关节壳体表面的加热片等；被动热控组件用于将热源处的热量传递到非热源处，以保证关节在空间高低温环境中仍保持合适的温度，如热控多层包覆、热管、散热片等。

下面介绍关节组件的设计。

2.4.1.1 关节轴系设计

关节轴系的设计主要从关节功能配置和性能指标两方面考虑，一般在关节轴系设计过程中需要考虑的内容如图 2－15 所示。

关节功能配置主要由空间机器人的功能需求来决定，典型机器人关节主要包括制动器、驱动电机、减速器、位置传感器、力传感器、输出端、温度传感器、电流传感器等部分。

(1)制动器为整个关节提供制动力矩，保证关节的制动功能。

(2)驱动电机为关节提供动力源。

(3)减速器可降低源驱动速度，增加源驱动转矩，用于匹配转速和转矩，保证关节的驱动能力匹配特性。

(4)位置传感器可根据需求布置在驱动电机端和关节输出端，实现关节的角度或速度

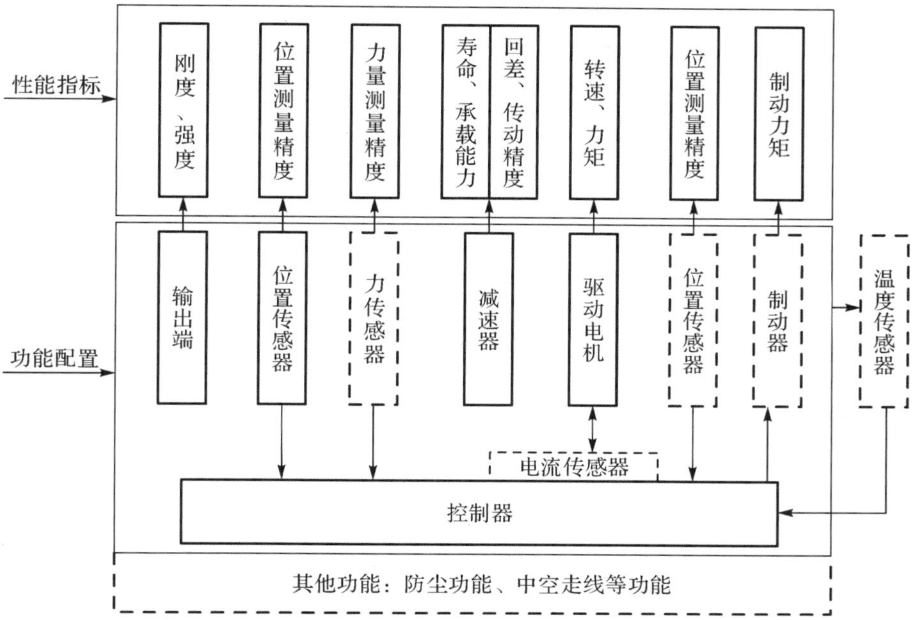

图 2－15　关节轴系设计

测量。

(5)力传感器一般布置在关节输出端，以直接感应和测量关节的外负载情况，常用于实现关节的柔顺控制。

(6)输出端提供输出接口，实现承载功能，保证关节的刚度和强度。

(7)温度传感器一般根据外界环境温度和抗温度交变能力布置在各部件处，以实现该部件的热控需求。

(8)电流传感器一般布置在控制器内部，用于测量驱动电机绕组的电流，实现电机的电流闭环控制或限流保护功能。

关节性能指标直接由各组成模块性能指标的匹配性决定，主要包括关节负载能力、关节运转寿命、关节刚度、关节精度等方面。

1. 关节负载能力

关节负载能力主要涉及输出转速、输出力矩 2 个指标，而实际工作时的承载力矩和转速又直接影响关节的运转寿命。

输出转速和输出力矩主要由驱动电机和减速器的匹配性决定，有以下关系：

$$\begin{cases} T_{\text{out}} = T_{\text{in}} \cdot i \cdot \eta \\ n_{\text{out}} = n_{\text{in}} / i \end{cases} \tag{2-4}$$

式中：T_{out} 为关节输出力矩；n_{out} 为关节输出速度；T_{in} 为驱动电机力矩；n_{in} 为驱动电机转速；i 为减速器传动比；η 为减速器效率。

在实际设计过程中，驱动电机和减速器(传动比)的匹配性问题，主要以满足包络要求和追求轻量化为目标考虑、分析。

2.关节运转寿命

关节运转寿命指标与实际承载工况有直接关系。负载力矩大时，运转寿命短；负载力矩小时，运转寿命长。一般情况下，关节运转寿命主要受减速器寿命和轴承寿命的限制。在地面充分油润滑状态下，两者的寿命均可近似归结为材料级的接触疲劳寿命，符合接触疲劳 $S-N$ 曲线趋势。但对于空间机构，由于需采用空间润滑方式，关节的寿命往往会受到润滑方式的限制，一般来说，空间润滑方式主要有油脂润滑和固体润滑两大类，固体润滑的寿命较短，油脂润滑的寿命较长。但油脂润滑在低温条件下往往会导致减速器的起动力矩增大、传动效率降低，所以在实际应用过程中，应综合考虑各种约束条件，并结合不同润滑方式的寿命约束和使用特点，最终确定关节运转寿命指标。

3.关节刚度

关节的刚度主要包括扭转刚度和弯曲刚度。扭转刚度主要由输出轴的刚度和减速器的刚度串联决定，符合如下关系：

$$\frac{1}{K}=\frac{1}{K_1}+\frac{1}{K_2} \tag{2-5}$$

式中：K 为关节扭转刚度；K_1 为关节输出轴扭转刚度；K_2 为关节减速器扭转刚度。

关节输出轴的扭转刚度由该零件的结构决定。减速器的扭转刚度与减速器的传动形式有直接关系，每级的影响系数不同。关节的弯曲刚度主要由输出轴的弯曲刚度和输出轴的轴承支承刚度决定，同样符合式(2-5)所述的关系。

4.关节精度

关节精度包括回差、传动精度、定位精度、力控制精度、速度平稳性等几个方面。

回差主要是由减速器的末级啮合间隙引起的，对于开环系统，其将直接导致非积累性的误差。对于闭环系统，可通过输出端的位置反馈进行修正，但由于回差导致的惯量突变问题，可能会出现因过度修正而产生振荡现象。

传动精度主要以减速器的传动误差来衡量：误差大，精度低；误差小，精度高。这里需要指出的是：传动误差是指当减速器输入轴单向旋转时，输出轴的实际转角与理论转角之差。传动误差主要由加工误差和装配误差引起。对于开环系统，传动误差直接影响关节定位精度；对于闭环系统，传动误差可等效于在输出轴上叠加的干扰信号，当误差频率较小时，一般不影响系统的定位精度。

定位精度和力控制精度均为闭环系统的最终控制精度，该精度直接受传感器精度和控制算法的影响，但控制精度不可能优于传感器的精度。

由于电机端的速度较高，关节的速度常常采用驱动电机端的位置传感器进行解算，所以电机端的速度平稳性主要由传感器精度和控制系统的算法决定，当速度较大且传感器精度较高时，速度的平稳性更容易实现。一般来说，电机输入端的速度稳定性越高，经过减速后的关节速度稳定性也越高，但传动误差引起的速度波动会直接叠加到最终的关节输出端，从而影响最终的关节速度平稳性。

综上所述，关节的各个精度指标是相互影响的。传感器精度和传动精度的提高有利于整个关节精度的提高，但在设计过程中应综合考虑系统需求和成本限制，以选择相互匹配的传感器精度和传动精度。

此外，在关节设计过程中，还需根据环境和布局考虑其他相关功能，如防尘功能和走线布局。例如：对于地外天体采样的机械臂关节，应考虑防尘设计功能。在设计过程中可根据需防尘的颗粒分布考虑防尘方案。当防尘颗粒度较小时，电机可采用定转子间布局密封垫片的动密封方式实现防尘功能；当防尘颗粒度较大时，可采用多道间隙形成迷宫的方式实现防尘功能。

空间机器人的走线布局是关节设计时应考虑的重要问题之一。当采用集中控制方式时，关节的各组成部分均需由同一个控制器走线供电及控制，这种方式的走线线束较多。当采用分布式控制方式时，驱动器集成在关节本体上，各关节间的走线只有总线和电源线，这种方式的走线线束较少。一般来说，多关节采用中空走线方式，各关节为分布式控制方式。

2.4.1.2　空间机器人的力矩裕度设计

空间机器人运动机构设计，一般应规定机构的静力矩（力）裕度和动力矩（力）裕度要求，以保证机构运动功能的顺利实现。

静力矩（力）裕度要求的目的是保证机构可以产生运动，可定义为驱动力矩（力）减去产生规定加速度所需的驱动力矩（力）后除以阻力矩（力），再减去 1，并以百分数表示。由于阻力矩或阻力值的精确确定一般比较困难，所以为了可靠，一般其要求值规定得较大。在确定载荷最恶劣情况或驱动能力没有足够把握的情况下，可要求静力矩（力）裕度在方案设计阶段不低于 175%，初样阶段不低于 125%，正样阶段不低于 100%。此外，需要注意的是：在计算静力矩（力）裕度时，应选取可能出现的最小驱动力矩（驱动力）和可能存在的最大阻力矩（阻力）。

动力矩（力）裕度要求的目的是保证所产生的运动可以满足需要，可定义为驱动力矩（力）减去阻力矩（力）后除以用于加速的力矩（力），再减去 1，以百分数表示。由于设计、制造和环境因素，对运动惯量的预计不可能精确，为了充分保证机构在克服阻力矩（力）之余，还能产生运动所需的加速度，动力矩（力）裕度不应为零。而由于惯量或质量比较容易确定，因此可以把动力矩（力）裕度要求值取得相对较小，例如可规定动力矩（力）裕度应大于 25%。

在完成初步设计后，需要对空间机器人的关节性能进行分析复核。在分析复核时，一般主要关注以下几个方面：

（1）输出能力分析。主要指关节的输出力矩和输出速度分析。考虑空间环境、润滑条件、运转寿命，选择相应的电机和减速比，匹配输出力矩和输出转速的关系，分析是否达到输出能力的要求。

（2）强度、刚度分析。强度分析主要指关节的壳体、输出轴及轴承承受载荷时的应力和应变分析。刚度分析主要指关节在受载荷时的变形情况。强度、刚度分析的目的是考核关节在承载情况下是否会发生强度破坏或者产生过大的弹性变形。

（3）热匹配性能分析。与地面机器人相比，空间机器人需承受更为恶劣的高低温环境。应根据最大温差要求，选择热膨胀系数相互匹配的材料，以确保结构不会因承受较大的热应力而破坏，同时传动机构的间隙不会在大温差环境下过小从而导致机构卡滞。

（4）控制性能分析。结构和机构的刚度、间隙、惯量、载荷、阻尼等均会影响系统的控制性能，应对其各参数建立完整的模型进行仿真分析，考核控制性能指标。

2.4.2 连杆组件

连杆是连接空间机器人各个关节并将关节运动传递至空间机器人末端的组件,其主要功能包括形成机器人结构、提供安装接口和承受力学载荷 3 个方面。

(1)形成机器人结构。连杆是空间机器人的骨架,主要形成机器人结构并决定空间机器人的主要特征参数,如几何包络、运动学参数等。

(2)提供安装接口。连杆需要为空间机器人其他部件提供安装、连接接口。若有仪器设备安装在空间机器人连杆内部,则机器人连杆还需要为内部设备提供保护,发挥其空间环境防护作用。

(3)承受力学载荷。连杆是连接空间机器人各部分使其形成机器人整体的功能组件,因此需要与其他组件一起承受作用在机器人上的静载荷和动载荷,并尽量保证其他组件具有较好的力学环境条件。

2.4.2.1 连杆组件材料选择

在连杆设计方面,首先关注的是材料问题。目前常用的材料包括金属材料和复合材料两大类,下面分别介绍。

1.金属材料

在金属材料方面,适用于空间机器人的主要是低密度的轻金属材料,包括铝合金、镁合金、钛合金等材料。

(1)铝合金。

铝合金是目前应用最广泛的轻金属材料,其主要特点:①密度低,具有较高的比强度和比模量;②材料制备成熟,加工工艺优良;③具有良好的热性和导电性;④表面能自然形成氧化保护膜,抗腐蚀性能好;⑤成本低。

铝合金的化学成分不同,其牌号及性能有所差异,例如防锈铝、硬铝、超硬铝等。铝合金在关节和末端执行器壳体、连接法兰、基座等结构中应用广泛。铝合金的工作温度一般不超过 300 ℃,否则力学性能下降较大。一般铝合金的低温性能很好,随着温度的下降,其强度和塑性会有所增加。

(2)镁合金。

镁合金是目前轻金属材料中密度最低的材料,其主要特点:①比强度和比模量较高,实际刚度性能指数一般要高于铝合金;②减振能力好,材料可承受较大的冲击载荷;③具有良好的机械加工、铸造和锻造性能;④具有良好的导热性和导电性。

在纯镁中添加各种金属成分,可形成不同的镁合金,例如变形镁合金、铸造镁合金等。镁合金主要用于空间机器人上的电子设备壳体、小型支架等承受载荷较小的结构件。镁合金具有易被腐蚀的致命缺陷,即使与其他金属接触也易产生接触腐蚀。此外,应用镁合金时需对表面进行微弧氧化或电镀处理,且长期工作温度不超过 150 ℃,否则力学性能会有所下降。

(3)钛合金。

与铝、镁、钢等金属结构材料相比,钛合金具有如下优点:①密度较低,强度较高,比强度值很高;②高温和低温性能均良好,可在 −273~500 ℃范围内工作;③对大气、海水、酸和碱均有良好的抗腐蚀性,是目前金属结构材料中最好的抗腐蚀材料;④具有良好的抗疲劳性能、具有很低的热导率；⑤线膨胀系数较低，适合制作要求尺寸稳定性好的构件。钛合金也存在一些缺点：①弹性模量较低，其比模量值与铝、镁相当，甚至稍低；②耐磨性较差，不宜于用来制作有较长寿命要求且易磨损的运动部件；③制造工艺较铝、镁、钢等复杂；④材料成本较铝、镁、钢等高。

钛合金常用于对热变形要求苛刻的结构，如末端执行器锁紧机构、力/力矩传感器弹性体等。

2. 复合材料

复合材料是由两种或两种以上异质、异型、异性的材料复合而成的新型材料。它既能保留原组成材料的主要特色，又能通过复合效应获得原组分所不具备的性能。复合材料可以通过设计使各组分的性能互相补充并彼此关联，从而获得新的优越性能。

结构复合材料由基体、增强体和两者之间的界面组成，复合材料的性能取决于增强体与基体的性能、组成比例以及界面结合情况。按照基体材料分类，空间机器人常用的复合材料有树脂基复合材料和金属基复合材料。

(1)树脂基复合材料。

树脂基复合材料的基体一般为环氧树脂，它起着支撑增强体、保护增强体、保持复合材料形状等作用。增强体多数采用长纤维材料，其直接影响复合材料的性能，如密度、强度、刚度、线膨胀系数和成本。航天器结构复合材料用的增强体材料主要有以下几种：玻璃纤维、碳纤维、凯夫拉纤维(Kevlar 纤维)及硼纤维等。其中，碳纤维具有较高的模量和强度，且密度较小，其比模量和比强度在各种纤维中属于领先地位。目前空间机器人结构复合材料常用的增强体材料为碳纤维。

在纤维增强复合材料中，如果所有纤维均按同一方向排列，称为单向复合材料；由许多纤维方向不尽相同的单向复合材料层叠在一起，铺设而成的复合材料称为层合复合材料。在应用上，可把纤维编制成一定形式的布或立体织物，然后再与基体材料复合。一般来说，单向复合材料是复合材料的基础，因此往往用它的性能来说明复合材料的性能。

(2)金属基复合材料。

金属基复合材料是一类以金属或合金为基体，以金属或非金属线、丝、纤维、晶须或颗粒状组分为增强相的非均质混合物，其共同点是具有连续的金属基体。由于其基体是金属，因此金属基复合材料具有与金属性能相似的一系列优点，如强度高、弹性模量高、韧性高、热冲击敏感性低、表面缺陷敏感性低及导电导热性好等。通常增强相是具有高强度、高模量的非金属材料，如碳纤维、硼纤维和陶瓷材料等。增强相的加入主要是为了弥补基体材料的某些性能的不足，以提高刚度、耐磨性、高温性能和热物理性能等。

金属基复合材料可根据增强相和基体的种类进行分类。按基体类型，金属基复合材料可分为 Al 基复合材料、Mg 基复合材料、Ti 基复合材料、Ni 基复合材料、Au 基复合材料等。按增强体，金属基复合材料可分为颗粒增强复合材料、层状复合材料、纤维增强复合材料、晶须增强复合材料及纳米复合材料等。不同金属基体的复合材料有各自的特点。对于空间机器人的结构，一般更注重刚度和轻量化，常用的金属基复合材料为 Al 基复合材料。

2.4.2.2　空间机器人结构设计流程

空间机器人结构设计流程如图 2-16 所示。

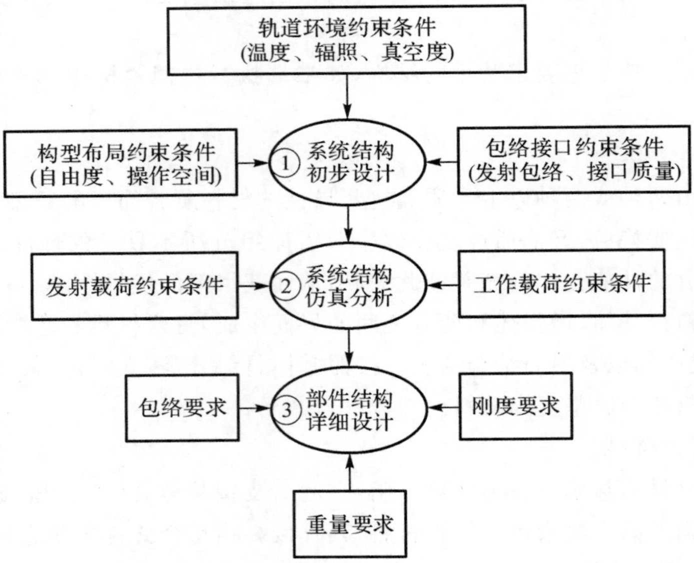

图 2-16　空间机器人结构设计流程

在初步设计阶段，目标是初步确定空间机器人的结构材料、整体布局、外形包络和连接方式等。主要约束条件包括航天器接口约束、构型布局约束和轨道环境约束。航天器接口约束条件是由火箭运载能力和星上布局导出的要求，主要体现在对空间机器人的质量、几何包络及安装接口的要求。构型布局约束条件是由工作任务需求导出的要求，涉及自由度选择、关节类型和布局以及参数等。轨道环境约束条件主要包括工作轨道的温度、真空度、辐照条件，直接影响结构材料的选用和结构连接方式。

在结构仿真分析阶段，主要针对发射载荷和工作载荷开展工作，发射载荷的力学分析是指空间机器人压紧收拢状态的结构力学分析；工作载荷的力学分析是指空间机器人在轨工作状态的机构动力学分析。通过两种载荷的仿真分析，可进一步确定各部件结构的刚度(强度)、包络及质量等主要参数。

在明确部件结构的包络、质量、刚度等主要参数后，进入结构详细设计阶段，可以对部件进行详细设计。在设计过程中可采用结构优化设计相关方法以获得质量最小的效果，并同时满足强度裕度和工艺要求。

空间机器人结构设计注重轻量化，所以更加强调优化设计，其优化设计的原理是通过构建优化模型，运用各种优化方法，在满足设计要求的条件下进行迭代计算，以求得目标函数的极值，得到最优化设计方案。结构优化设计可分为拓扑优化、形状优化和尺寸优化 3 类。拓扑优化是通过改进和优化材料的分布，找出给定设计空间内材料的最佳分布，实现结构的轻量化。形状优化是通过改变模型的某些形状参数，达到改变模型的力学性能以满足相关要求的目的，最终实现结构的轻量化。尺寸优化是在模型形状的基础上进行的一种细节设计，通过改变结构的局部属性，如局部壳体的厚度、梁的截面等来提高结构局部性能，从而实现轻量化。

2.4.3　末端执行器组件

末端执行器，通常安装于空间机器人的操作终端，用于实现在轨操作、连接/分离、抓取/释放等任务的一类专属空间操作部件。根据操作对象不同，末端执行器可分为通用末端执行器和专用末端执行器；根据灵巧程度，末端执行器可分为多指灵巧型末端执行器和简单操作型末端执行器；根据是否与目标实现电气连接，末端执行器可分为机械连接型末端执行器和机电连接型末端执行器；根据在轨操作能力，末端执行器可分为小型、中型和大型末端执行器；根据捕获对象的特点，末端执行器可分为合作目标捕获末端执行器和非合作目标捕获末端执行器。

由于空间机器人在轨需要执行任务的类型、方式、要求不尽相同，所以需要根据机器人所执行的任务综合设计末端执行器。一般而言，每种末端执行器的具体结构都由其所执行的具体任务决定，但均包含驱动组件、传动组件、执行组件、测量组件、控制组件和热控组件。

2.4.3.1　驱动组件

驱动组件是末端执行器的基本组件，通常由一种或多种驱动源（如电机、弹簧驱动组件、记忆合金组件等）组成，是末端执行器执行动作所需的驱动力或驱动力矩。电机驱动前文已详细介绍，这里简要介绍弹簧驱动组件。弹簧驱动组件一般由驱动弹簧以及相应的导向固定装置组成，具有体积小、质量轻、工作可靠等优点。末端执行器中用到的弹簧包括螺旋弹簧、蝶形弹簧、片弹簧等。

螺旋弹簧主要包括拉伸弹簧、压缩弹簧、扭转弹簧，为了保证弹簧在轨工作可靠，需要根据具体的使用环境及弹簧生产加工工艺，对材料的许用应力作适当调整。为保证弹簧在指定变形量下的载荷满足要求，弹簧的工作变形量应控制在最大载荷变形量的 20%～80%，当弹簧输出力/力矩的需求有严格要求时，工作载荷下的变形量应为最大载荷下变形量的 30%～70%。蝶形弹簧是用钢板冲压成型的截锥形压缩弹簧，多用于末端执行器中的位置保持、锁定机构组件中，其导向采用导杆或导套，导向件和蝶形弹簧之间需留有间隙。片弹簧用金属薄板制成，利用板片的弯曲变形起弹簧作用，适用于末端执行器中载荷需求不大且要求弹簧刚度较小的场合，其通常与电机组件配合使用。由于片弹簧的结构中多有圆弧、截面形状变化，当在轨使用次数较多、工作寿命较长时，必须考虑应力集中对片弹簧疲劳强度的影响。

2.4.3.2　传动组件

末端执行器多用滚珠丝杠、齿轮、空间/平面连杆机构、线绳等作为传动组件，常用的传动形式有螺旋传动、齿轮传动、空间/平面连杆机构传动、腱传动等。

螺旋传动是通过螺母和螺杆的旋合传递运动和动力，一般是将旋转运动变成直线运动，当螺旋不自锁时，可将直线运动变成旋转运动。螺旋传动按摩擦性质可分为滑动螺旋、滚动螺旋、静压螺旋。末端执行器中常用以滚珠丝杠为代表的滚动螺旋传动机构。该传动的优点是：摩擦阻力小、传动效率高（一般在 90%以上）、传动可逆、具有很高的传动定位精度等。

在空间/平面连杆传动中,连杆上的各点轨迹是各种不同形状的曲线,通过适当设计各构件的尺寸,连杆机构可以实现不同的运动规律和运动要求。在末端执行器的设计中,多应用连杆机构设计末端执行器的捕获组件,通过规划连杆的运动轨迹实现较大的捕获容差,通过连杆机构的死点位置实现末端执行器的自锁。腱传动多用于空间灵巧手类末端执行器,如NASA Robonaut2,以及末端执行器捕获机构(如 SSRMS)。采用腱传动的灵巧手,为减小传动机构的体积、质量,需要使用最少的腱绳数量实现最优的控制效果,N 自由的腱传动灵巧手所需的最少腱绳数量为 $N+1$。

2.4.3.3 执行组件

执行组件是末端执行器最终实现功能输出的核心组件。根据任务需求的不同,一般可结合操作目标共同设计执行组件。对于有采样需求的末端执行器,其执行组件多为挖铲、钻杆、砂轮等;对于有操作需求的末端执行器,其执行组件通常结合被操作目标的具体类型、接口共同设计,多采用连接-分离结构、缠绕机构、捕获机构、工具适配器等形式。

2.4.3.4 测量组件

为实时测量末端执行器的工作状态,同时向空间机器人系统反馈末端状态信息,一般在末端执行器上设置测量组件。末端执行器接触端布置有一维力传感器以实时测量末端执行器接触位置的触碰力,六维力传感器用于测量末端执行器各向的负载力和力矩。一维力传感器工作原理与力矩传感器类似,为了直接检测末端执行器接触力,一般将弹性体布置于测力路径。六维力传感器的结构主要包括竖梁式、横梁式、复合梁式、圆筒式、圆柱式、Stewart并联机构等。其中,Stewart 并联机构具备刚度大、结构稳定、承载能力高、无误差积累、求解容易等优点,是一种应用广泛的六维力传感器结构实现形式。

2.4.3.5 控制组件

空间机器人与目标交互时,其末端执行器控制组件需具备与上位机通信、控制驱动电机、判断工作状态、实施温度控制等能力。对有非合作目标操作任务需求的控制组件还应具备自主判断决策的能力。

2.4.3.6 热控组件

末端执行器所采用的热控组件的形式与关节类似,一般包括主动热控组件和被动热控组件。

在详细设计末端执行机构前,需要通过机构分析、数学仿真等手段对方案阶段的末端执行器主要性能参数,例如捕获容差、采样量、连接刚度等,进行详细分析,以获得性能参数和机构参数之间的关系,并通过参数优化得到满足系统指标的结构设计参数。

2.4.4 压紧释放机构

压紧功能是指将空间机器人各部分以收拢方式压紧在航天器本体上,确保系统在发射段和飞行段可以承受较大的载荷而不破坏,并且满足系统基频的要求。释放功能是指入轨后,按照任务要求顺利地解除对机器人各部分的约束,使机器人能够恢复正常工作。压紧释放机构一般包括压紧机构和释放机构,但通常通过一体化设计形成一套紧凑的机构。空间机器人构造复杂,所以压紧释放机构一般由多个压紧释放装置组成,以保证在收拢状态下的可靠压紧，解锁释放时可采用单点释放方式或者多点同时释放方式。

释放装置可分为火工释放装置和非火工释放装置。火工释放装置是利用火药燃烧或爆炸产生的能量来实现释放功能的，具有质量轻、体积小、比能量大、性能可靠的优点，但同时不可避免地伴有冲击大、有污染的缺点。与火工装置相比，非火工释放装置具有冲击小的特点，而且工作时一般不产生有害气体。另外，非火工释放装置在地面试验时可重复使用，试验成本低。目前实现航天器机构释放功能的装置主要采用火工释放，应用于空间机器人压紧释放机构较多的火工释放装置有切割器和分离螺母两种。

在空间机器人压紧释放机构构型布局设计中，为了使压紧释放机构的布局更加合理，需考虑以下几方面问题：

(1)传力路线问题。主要原则是力流连续性原理和直接的、最短路径传力原理。需要根据机器人各结构部件的布局，在各个被支承部件和发射运载火箭之间提供合理的载荷传递路线，在获得较高的刚度和强度的前提下尽可能减少压紧点的数量和质量。

(2)应考虑将压紧点设置在本体结构刚度较大的位置，以及附件上容许的位置。

(3)压紧释放机构释放后的零件不可与周围零部件形成干涉或造成损伤，可适当考虑封闭措施。

(4)压紧点的布局不得影响空间机器人在轨展开及各关节正常运动。

(5)尽可能使航天器本体与被压紧部组件之间相互隔离，避免被压紧部组件承受由本体结构变形引起的高载荷，减少在释放时本体结构受到的被压紧部组件设备展开的动力载荷。

(6)布局接口设计需考虑航天器本体的变形以及安装接口的匹配性。

习　　题

1. 简述传统驱动系统的分类，并对各驱动方式的优劣进行分析。
2. 空间机器人常采用哪类驱动方式？为什么？
3. 传统的制动器包括哪些类型？空间机器人常用的制动器是什么？
4. 对串联机器人和并联机器人的优劣进行分析。
5. 空间机器人的关键部组件有哪些？

第 3 章　空间机器人感知技术

3.1　卫星姿态传感器

卫星姿态测量是确定固连于星体的坐标系在参考坐标系中的姿态参数，参考坐标系可以是卫星质心惯性系，也可以是轨道坐标系或其他坐标系。姿态传感器又称姿态敏感器，姿态敏感器大致可分为角速度敏感器和角度敏感器。常用的角速度敏感器为陀螺，角度敏感器包括星敏感器、太阳敏感器、红外地球敏感器等。

3.1.1　陀螺

陀螺属于惯性测量元件，通过它可在星体内部建立惯性基准，测量星体相对于此基准的姿态变化，即实现了惯性姿态测量，如图 3－1 所示。陀螺主要由一个位于轴心且可旋转的转子构成，高速旋转的陀螺转子轴具有对惯性空间稳定定向的特性，此转子所具有的角动量矢量可作为星体的内部基准。陀螺仪能敏感测量星体相对于惯性空间的姿态运动，故称其为惯性姿态测量敏感器。

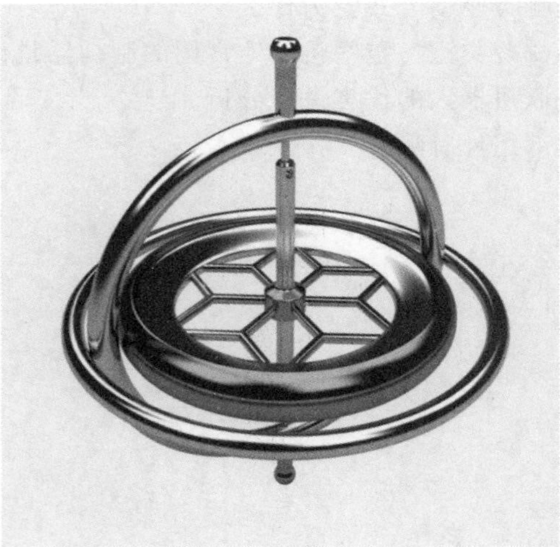

图 3－1　陀螺

惯性姿态测量的优点:①在已知初始姿态及已知参考坐标相对惯性空间的姿态条件下,在一段时间内,可以不需外部参考矢量的测量,星上自主确定姿态;②通常惯性姿态敏感器在短期使用时积分误差小,具有较高的精度,且噪声也小,因此常用于姿态机动及外部参考矢量不可测量时的姿态测量。惯性姿态测量的缺点:①需知道初始姿态;②若积分时间较长,陀螺漂移所引起的姿态确定误差增大;③若参考坐标系为非惯性参考系,则还要计算参考坐标系相对于惯性系的姿态运动等。

传统的陀螺仪为刚体转子陀螺仪(机械式陀螺仪),包括液浮陀螺、静电陀螺和动力调谐陀螺。新型陀螺仪包括激光陀螺、光纤陀螺和微机械陀螺等。

陀螺仪有两个基本特性:定轴性和进动性。定轴性是指当陀螺转子以极高速度旋转时,就产生了惯性,这一惯性使得陀螺转子的旋转轴保持指向一个固定的方向,同时反抗任何改变转子轴向的力量。进动性是指当陀螺仪在运转时,外界在转子旋转轴上施加作用力矩,则旋转轴并不沿施力方向运动,而是顺着转子旋转向前 90°垂直施力方向运动的特性。

3.1.2　星敏感器

对恒星的光辐射敏感,并借此获取航天器相对于惯性空间姿态信息的光学敏感器称为星敏感器,它适用于航天器的轨道控制和高精度的姿态控制,其基本工作原理框图如图 3-2 所示。星敏感器主要由光学系统、图像传感器电路、控制与数据处理电路构成,其硬件结构如图 3-3 所示。

星敏感器分为星扫描器(又称星图仪)和星跟踪器两类。星扫描器对天空作扫描运动,先后感受多个恒星的星光,从而得到不同恒星的扫描角(敏感器的运动部分绕扫描轴的转角),这些扫描角是姿态的函数;星跟踪器在一段时间内持续地跟踪某个或某些恒星,并能分辨出它们在视场中的方位。由于恒星间的张角很小,恒星影像是在真空中获取的,恒星的赤经、赤纬又是精确已知的,所以测算得出的星敏感器姿态角精度很高(达到角秒级精度)。

与其他姿态敏感器相比,星敏感器具有如下优点:能够获得高精度的 3 轴姿态;几乎可以在任何指向上检测到多颗恒星,即可在全方位提供姿态信息,这是其他敏感器无法比拟的。目前星敏感器已广泛应用于深空探测、地球遥感、地球测绘、行星探测、行星测绘、星际通信和洲际导弹等航天技术领域。近年来我国在星敏感器方面的研究也已取得了很大进步,并逐步走向工程应用。

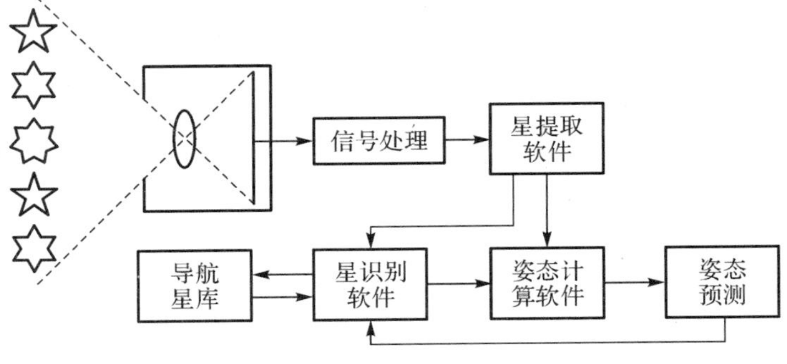

图 3-2　星敏感器基本工作原理框图

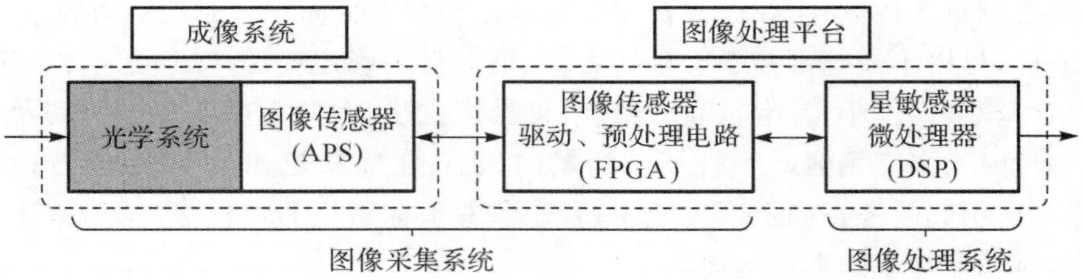

图 3-3　星敏感器硬件结构

星敏感器的选用应结合实际空间任务的需求，常见的指标如下：

(1)视场：星敏感器能观测到的范围。

(2)探测星等灵敏度：星敏感器焦平面能敏感到最暗星的星等。

(3)精度：包括定位精度和星等精度。

(4)数据更新率：所能提供的姿态刷新率，国际上已达到 30 Hz。

(5)自主能力：是否可以进行全天球识别、星跟踪识别以及预估识别的能力。

(6)识别率：指全天球识别、星跟踪识别以及预估识别的识别正确率。

此外，星敏感器的技术指标还包括环境、寿命、体积、质量、功耗等，这些指标对于微小型飞行器更显得极为重要。

3.1.3　太阳敏感器

太阳敏感器通过对太阳辐射的敏感来测量太阳光线同航天器某一预定体轴或坐标面之间的夹角，以获得航天器相对于太阳的方位，如图 3-4 所示。

图 3-4　太阳敏感器

3.1.4　红外地球敏感器

红外地球敏感器又称红外地平仪，是指通过测量地球与天空的红外辐射的差别而获取航天器姿态信息的一种光学测量仪器。红外地球敏感器的工作原理如下：当其“视线”扫过地球地平时，检测到红外线热辐射值发生急剧变化，从而确定地心相对于敏感器基准坐标的方向。

目前在航天器上应用的红外地球敏感器主要有圆锥扫描式（主要用于三轴稳定卫星）、摆动扫描式（主要用于同步轨道三轴稳定卫星）和辐射平衡式（主要用于圆同步轨道三轴稳定卫星）。由于问世早，技术成熟，红外地球敏感器在各种卫星中得到了广泛应用。虽然星敏感器、紫外敏感器等新型姿态敏感器纷纷问世，并得到了有效的应用，但在大范围姿态测量、姿态机动等方面，红外地球敏感器仍然有着不可替代的优势，因此仍然是一种不可或缺的敏感器件。

3.2　内部传感器

3.2.1　电位计

电位计既可检测转动关节的角度位置，又可检测移动关节的线性位置，包括电阻式电位计及电容式电位计两种类型。以电阻式电位计为例，用于检测转动关节角度的电位计原理如图 3－5 所示，其基本原理与滑线变阻器类似。

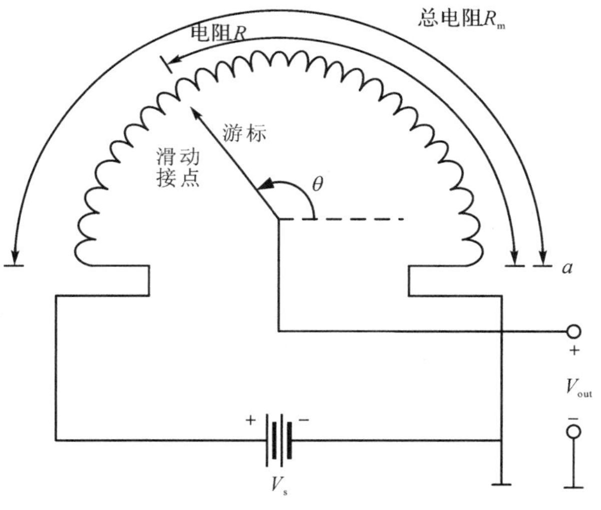

图 3－5　用于旋转关节的电位计原理（输出与 θ 成比例）

电位计输出的是模拟信号，需要连接模数转换（A/D）器将其输出信号转换为数字量后才能用于机器人控制器。DLR 用于 ROKVISS 项目中的电位计采用德国 Metallux 公司的产品，其基本性能指标如表 3－1 所示。对于空间机器人来说，由于使用环境恶劣，为提高位置检测的可靠性，可采用冗余设计。例如：电位计由两个电阻环、两个导线环和两个电刷实现。

表 3-1　电位计基本性能指标

阻值	线性度	寿命	分辨率	温度系数	工作温度	极限角度
20 kΩ	±1.0%	5×10^{7} 转	无限定	$\pm20\times10^{-6}$/℃$^{-1}$	−40～150℃	±157°

3.2.2　旋转变压器

旋转变压器(简称旋变)是一种输出电压随转子转角变化的信号元件,实际上是一种特制的两相旋转电机,有定子和转子两部分,在定子和转子上各有两套在空间上完全正交的绕组。旋转变压器的工作原理与普通变压器基本相似,其中定子绕组作为变压器的一次侧,接受励磁电压,转子绕组作为变压器的二次侧,通过电磁耦合得到感应电压,只是其输出电压大小与转子位置有关。当旋转时,定、转子绕组间的相对位置随之变化,使输出电压与转子角呈一定的函数关系。当以一定频率(频率通常为 400 Hz、500 Hz、1 000 Hz 及 5 000 Hz 等几种)的激磁电压加于定子绕组时,转子绕组的电压幅值与转子转角成正弦、余弦函数关系,或在一定转角范围内与转角成正比关系。它主要用于坐标变换、三角运算和角度数据传输,也可以作为两相移相器用在角度-数字转换装置中。

按输出电压与转子转角间的函数关系,旋转变压器可分为正弦/余弦旋转变压器、线性旋转变压器、比例式旋转变压器三类。日本多摩川公司的旋转变压器如图 3-6 所示。

图 3-6　旋转变压器

3.2.3　光电编码器

光电编码器是一种旋转式位置传感器,在现代伺服系统中广泛应用于角位移或角速率的测量,它的转轴通常与被测旋转轴连接,随被测轴一起转动。它能将被测轴的角位移转换成二进制编码或一串脉冲。

3.2.3.1　绝对式光电编码器

绝对式光电编码器是把被测转角通过读取码盘上的图案信息直接转换成相应代码的检

测元件。这种类型的编码盘有光电式、接触式和电磁式 3 种。光电式编码盘是目前应用较多的一种，它是在透明材料的圆盘上精确地印制上二进制编码。工作时，码盘的一侧放置电源，另一侧放置光电接收装置，每个码道都对应一个光电管及放大、整形电路。码盘转到不同位置，光电元件接收光信号，并转成相应的电信号，经放大整形后，成为相应的数码电信号。由于制造和安装精度的影响，当码盘回转时，在两码段交替过程中会产生读数误差，称为非单值性误差。为了消除非单值性误差，可采用循环码盘（或称格雷码盘）或带判位光电装置的二进制循环码盘。

绝对式编码器能直接给出对应于每个转角的数字信息，便于计算机处理，但当进给数大于 1 转时，需做特别处理，而且必须用减速齿轮将 2 个以上的编码器连接起来，组成多级检测装置，使其结构复杂，成本高。

3.2.3.2　增量式光电编码器

增量式光电编码器是指随转轴旋转的码盘给出一系列脉冲，然后根据旋转方向用计数器对这些脉冲进行加减计数，以此来表示转过的角位移量。增量式光电编码器如图 3－7 所示。光电码盘与转轴连在一起。码盘可用玻璃材料制成，表面镀上一层不透光的金属铬，然后在边缘制成向心的透光狭缝。透光狭缝在码盘圆周上等分，数量从几百条到几千条不等。这样，整个码盘圆周上就被等分成 n 个透光的槽。增量式光电码盘也可用不锈钢薄板制成，然后在圆周边缘切割出均匀分布的透光槽。

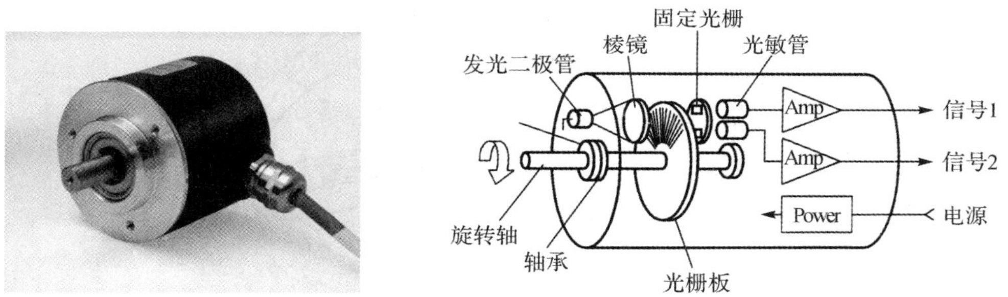

图 3－7　增量式光电编码器

由于光电码盘与电动机同轴，电动机旋转时，光栅盘与电动机同速旋转，经发光二极管等电子元件组成的检测装置检测输出若干脉冲信号，其原理示意图如图 3－7 所示，通过计算每秒光电编码器输出脉冲的个数就能反映当前电动机的转速。此外，为判断旋转方向，码盘还可提供相位相差 90°的两路脉冲信号。光电编码器的测量准确度与码盘圆周上的狭缝条纹数 n 有关，能分辨的角度 α 为 $360°/n$，分辨率为 $1/n$。例如，码盘边缘的透光槽数为 1 024 个，则能分辨的最小角度 $\alpha=360°/1\,024=0.352°$。

增量式光电编码器具有结构简单、体积小、价格低、精度高、响应速度快、性能稳定等优点，应用更为广泛。在高分辨率和大量程角速率/位移测量系统中，增量式光电编码器具有很好的优越性。

3.2.4 力/力矩传感器

力和力矩传感器主要用于测量机械装配过程中在接触面处产生的反作用力。进行这种测量的主要方法是使用关节传感器和腕传感器。关节传感器测量作用在机器人关节上的力和力矩的直角坐标量，并将各分量合成矢量，对于由直流电机驱动的关节，通过测量转子电流便可简单地实现关节检测。在此主要介绍腕部传感器。

机器人多维腕力传感器安装在机器人操作手腕部，用来检测机器人实际作业中操作手与外部环境相互接触或抓放工件时三维空间的力及力矩信息，为机器人力控制系统、力/位置混合控制系统提供反馈信息。

图 3-8 所示为一种典型的机器人六维腕力/力矩传感器的结构，包含以下几个部分：①与机械臂末端执行器接触的内部刚性环；②与环境接触的外部刚性环；③与内部和外部刚性环连接的弹性梁；④应变片（可看成电阻值与变形成正比的可变电阻）。当机器人与环境相接触时，接触力将使弹性梁发生形变，从而引起了应变片电阻值的变化。由于形变的大小与作用力成正比，因此，电阻值改变的程度反映了作用力的大小。将应变片以差动方式与电位计电路连接，电位计的输出电压正比于与应变片平面相垂直方向的分力。

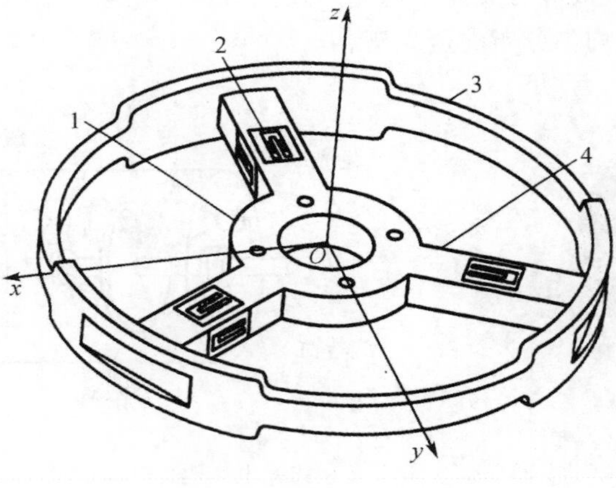

1—与末端执行器接触的内部刚性环；2—应变片；
3—与环境接触的外部刚性环；4—弹性梁

图 3-8 机器人六维腕力/力矩传感器

3.3 外部传感器

外部传感器的基本功能是提供机器人以自主形式进行智能行为所需要的信息。传统的工业机器人，大多数无外部传感器。而新一代机器人，尤其是空间机器人，需要具有很强的外部环境感知能力，需要安装外部传感器。

3.3.1　距离传感器

距离传感器用于探测目标相对传感器的位置信息，包括距离、方位等。一般的距离传感器能够提供结构化的数据信息。接近传感器是一般的距离传感器的一种特殊形式，其能探测到的目标距离定义为敏感距离，其输出一般为布尔型。常见的距离传感器包括利用声传播、光传播、微波传播等多种类型。

3.3.1.1　声呐

声呐使用声音脉冲和它们的回波测量到物体的距离，其基本测量原理：给定介质与环境的声速已知，声呐到物体的距离与回波传播时间成比例。实际上，极少数声呐工作于人类可听见的频率（约 0.02～20 kHz）内，广泛的应用是在超声频率，例如：20～200 kHz。

声呐传感器成本低、质量轻、功耗低、计算量小。但是，在角度和半径的分辨率上，以及能测到的最小和最大距离上尚有缺陷。但在某些特殊应用场合，例如水下或低能见度环境下，声呐有可能是唯一可行方案。

3.3.1.2　激光测距仪

在利用光的距离测量方面，相较其他光源，激光是首选。以传播时间式激光测距仪为例，其通过测量光脉冲从光源传播到观测目标再回到探测器的时间来计算距离。精度主要受到最小观测时间、时间精度、激光脉冲时间宽度等制约。

激光测距仪能够在各距离段测量物体（例如航天器）间的相对距离，具有体积、质量小，测量精度高，受环境影响小等特点，但是其探测角度小，需要搭载平台具有很好的姿态稳定能力。

3.3.1.3　微波测距仪

微波测距仪是航天上常用的距离测量传感器，其功能是在小角度范围内对空间目标进行测量，并提供目标的相对距离、相对速度、视线角等信息。微波测距仪由天馈系统、发射机、前端、天线罩、中频接收机、频率综合器、二次电源及信号处理单元组成。其大致测量范围是 0.1～2.5 km，输出频率一般大于 4 Hz。

3.3.2　相机

相机是一个复杂的光学装置，它将被摄取目标转换成图像信号，传送给图像处理系统，再根据像素分布、亮度和颜色等信息，转变成数字化信号，最后利用这些信号计算对象物的特征量。

相机的主要参数包括分辨率、帧率/行频、成像灵敏度、靶面尺寸、快门速度、光谱响应特性、白平衡、外同步与外触发等。按传感器类型，相机可以分为电荷耦合组合（CCD）相机、互补型金属氧化物半导体（CMOS）相机；按照输出图像信号，相机可以分为模拟式、数字式；按像素排列方式，相机可以分为面阵式、线阵式。相机也是空间测量最为常用的传感器之一，根据承担的不同任务，可分为测角相机、宽视场相机、窄视场相机、交会相机等。

光学测角相机负责对目标进行成像，并通过运动目标识别算法从星空背景中捕获目标。

为了使测角相机具备较高的测量精度，视场角设计尽量小，但是一旦目标移出视场，就无法探测目标了。常用的测角相机探测角度为±10°，视线角测量精度优于 0.1°(3σ)，探测距离为 8～500 m。宽视场可见光测量相机负责对目标的远距离捕获和跟踪测量，可通过运动目标识别算法从星空背景中捕获目标，其包括遮光罩、物镜、焦面组件、电子学部分等。相机可采用像素数为 1 024×1 024 的高灵敏度 CCD 探测器，对微型目标器的最远捕获距离优于 2.5 km，方位角测量精度可优于 0.1°，数据输出频率可达 4 Hz。窄视场可见光成像相机对空间目标成像观测，相机视场设计较小，例如设计为 2°×2°，对微型目标器的成像观测范围为 0.3～1 km。交会测量相机用于更近距离的目标测量，一般用于交会任务，测量范围一般为数十米以内。

3.3.3 其他传感器

声觉传感器用于感受和解释在气体、液体或固体中的声波，其复杂度涵盖简单的声波检测、复杂的声波频率分析以及对自然语言的辨识。

温度传感器包括接触式和非接触式两大类，用于感知环境温度信息。常用的温度传感器为热敏电阻和热电耦。这两种传感器都需要和被测物体保持接触。

滑觉传感器用于检测物体的滑动。当要求机器人抓捕特性未知的物体时，必须确定最适当的握力值。因此，需要检测握力不够时的滑动信号。滑觉传感器主要包括利用光学系统的滑觉传感器、利用晶体接收器的滑觉传感器等。

3.4 视觉测量原理

在相机成像中，成像模型指的是三维空间中的物体到像平面的投影关系，其成像模型涉及世界坐标系、摄像机(相机)坐标系、计算机图像坐标系、图像坐标系，如图 3-9 所示。

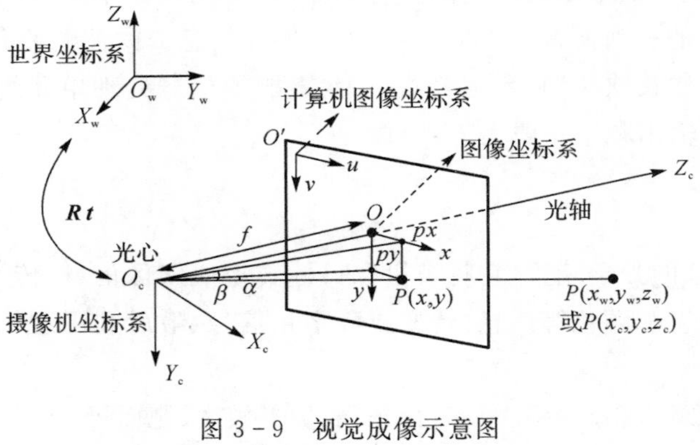

图 3-9 视觉成像示意图

3.4.1 相机成像模型

3.4.1.1 针孔成像模型

相机成像最基础的模型可以用针孔成像模型来描述。针孔成像模型假设物体表面的反射光都经过一个针孔而投影到像平面上，即满足光的直线传播条件，它描述了物体从三维世界坐标系到二维图像坐标系的数学映射过程，即针孔成像模型描述了成像过程中，摄像机坐标系和图像坐标系的相互关系，如图 3-10 所示。

令 f 为相机焦距，设空间某点在摄像机坐标系下的位置为 $P(x_c, y_c, z_c)$，则其在图像坐标系下的坐标为

$$\begin{cases} x = x_c f / z_c \\ y = y_c f / z_c \end{cases} \tag{3-1}$$

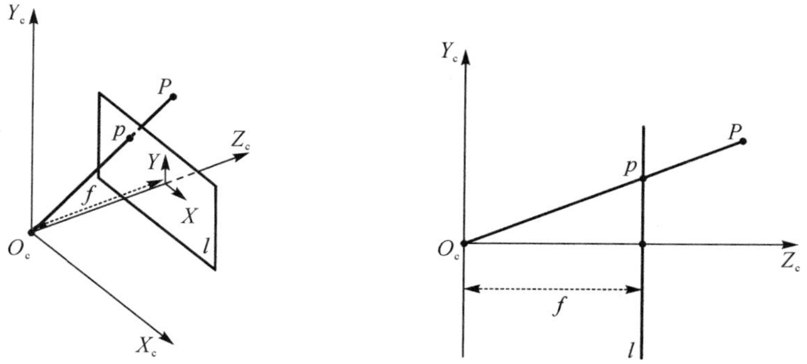

图 3-10　摄像机坐标系与图像坐标系关系示意图

3.4.1.2　内参模型

计算机图像坐标系以图像左上角为原点建立，u 表示成像图像在横坐标方向的列数，v 表示成像图像在纵坐标方向的行数。其与图像坐标系的关系如图 3-11 所示，关系如下式：

$$\begin{cases} u = u_0 + \dfrac{x}{\mathrm{d}x} \\ v = v_0 + \dfrac{y}{\mathrm{d}y} \end{cases} \tag{3-2}$$

式中：(u_0, v_0)表示相机光轴与成像平面的交点在计算机图像坐标系中的坐标；$\mathrm{d}x$ 和 $\mathrm{d}y$ 分别表示每个像素在横轴 x 和纵轴 y 上的物理尺寸。式(3-2)描述了成像过程中，图像坐标系和计算机图像坐标系之间的关系。

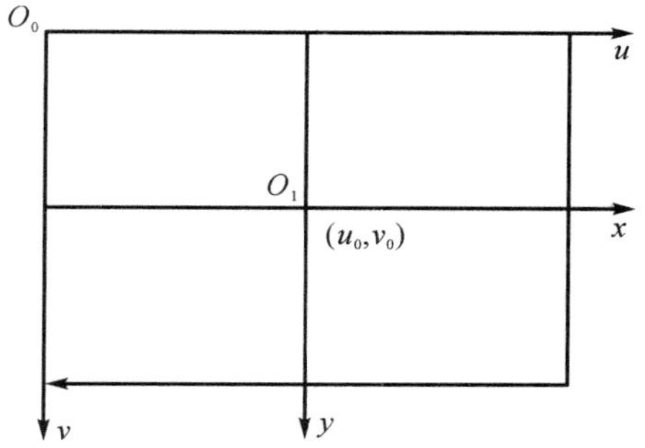

图3-11　计算机图像坐标系与图像坐标系关系示意图

将式(3－2)转换到齐次坐标系，可表示为

$$\begin{bmatrix} u \\ v \\ 1 \end{bmatrix} = \begin{bmatrix} \frac{1}{\mathrm{d}x} & 0 & u_0 \\ 0 & \frac{1}{\mathrm{d}y} & v_0 \\ 0 & 0 & 1 \end{bmatrix} \begin{bmatrix} x \\ y \\ 1 \end{bmatrix} \tag{3-3}$$

将式(3－3)与针孔成像模型联立为

$$z_c \begin{bmatrix} u \\ v \\ 1 \end{bmatrix} = \begin{bmatrix} \frac{f}{\mathrm{d}x} & 0 & u_0 \\ 0 & \frac{f}{\mathrm{d}y} & v_0 \\ 0 & 0 & 1 \end{bmatrix} \begin{bmatrix} x_c \\ y_c \\ z_c \end{bmatrix} \tag{3-4}$$

式中：f，$\mathrm{d}x$，$\mathrm{d}y$，u_0，v_0 表示相机的内部参数，该矩阵称为相机的内参矩阵。

3.4.1.3　外参模型

世界坐标系是为了描述相机的位置而被引入的，即图 3－9 中坐标系 $O_W X_W Y_W Z_W$，旋转矩阵 $\boldsymbol{R}$ 和平移向量 $\boldsymbol{t}$ 用来表示世界坐标系和摄像机坐标系的关系。在摄像机坐标系 $O_c X_c Y_c Z_c$ 中，O_c 为摄像机光心，X_c 和 Y_c 分别与图像坐标系的 x 轴和 y 轴平行，Z_c 为摄像机光轴，与图像平面垂直。

对于空间中任意点 $P(x_W, y_W, z_W)$，其在摄像机坐标系下的坐标为：

$$\begin{bmatrix} x_c \\ y_c \\ z_c \end{bmatrix} = \boldsymbol{R} \begin{bmatrix} x_W \\ y_W \\ z_W \end{bmatrix} + \boldsymbol{t} \tag{3-5}$$

将式(3－5)与式(3－4)联立，得到完整的相机成像模型。

$$z_c \begin{bmatrix} u \\ v \\ 1 \end{bmatrix} = \begin{bmatrix} \frac{f}{\mathrm{d}x} & 0 & u_0 & 0 \\ 0 & \frac{f}{\mathrm{d}y} & v_0 & 0 \\ 0 & 0 & 1 & 0 \end{bmatrix} \begin{bmatrix} \boldsymbol{R} & \boldsymbol{t} \\ 0 & 1 \end{bmatrix} \begin{bmatrix} x_W \\ y_W \\ z_W \\ 1 \end{bmatrix} \tag{3-6}$$

式中：$\boldsymbol{R}$，$\boldsymbol{t}$ 表示相机的外部参数。

3.4.2　相机的标定

相机标定即求取相机内参矩阵、外参矩阵的过程，是相机用于测量的关键环节。迄今为止，摄像机标定的理论问题已得到较好的解决，当前，摄像机标定的研究主要集中在如何针对具体实际应用问题，采用简便、实用、快速、准确的特定标定方法。

根据是否需要标定参照物，相机标定可分为传统标定方法和自标定方法。传统标定方法是在一定的摄像机模型下，基于特定的实验条件，如形状、尺寸已知的标定物，通过对其进行图像处理，利用一系列数学变换和计算方法，求取摄像机模型的内部参数和外部参数，可以分为最优化算法的标定方法、利用摄像机透视变换矩阵的标定方法、进一步考虑畸变补偿的两步法和采用更为合理的摄像机模型的双平面标定法。不依赖于标定参照物，仅利用在

运动过程中周围环境的图像与摄像机图像之间的对应关系对摄像机进行的标定称为自标定方法。它分为基于自动视觉的摄像机自标定(基于平移运动的自标定和基于旋转运动的自标定)、利用本质矩阵和基本矩阵的自标定、利用多幅图像之间的直线对应关系的摄像机自标定以及利用灭点和通过弱透视投影或平行透视投影进行摄像机标定等。自标定方法非常灵活,但由于未知参数较多,很难得到稳定的标定结果。一般来说,当要求精度很高且摄像机的参数不经常变化时,传统标定方法为首选。而自标定方法主要应用在精度要求不高的场合,如通信、虚拟现实等。

标定块有立体、平面两种。立体标定物一般是由 2～3 个相互正交的平面组成,具有确定三维的几何形状,可基于特定的实验条件,经过对其图像进行处理,再利用一系列数学变换和计算方法,求取摄像机模型的内部参数和外部参数。这种标定方法的精度很高,但需要昂贵的标定设备,且事前要进行精确的设置。平面标定物对每个视点获得图像,提取图像上的网格角点。平面模板与图像间的网格角点对应关系,确定了单应性矩阵,平面模板可以用硬纸板,上面张贴激光打印机打印的棋盘格。模板图案常采用矩形和二次曲线(圆和椭圆)。目前应用十分广泛的"张正友标定法"由张正友教授在 1998 年提出,它不需要特殊的标定物,只需要一张打印出来的棋盘格,并具有很高的精度。

3.4.3　视觉测量技术

位姿测量算法的关键步骤是:利用特征点间的约束关系以及它们和相机的空间配置关系,求得空间特征点到相机光心的距离。这一距离求解问题可以归结为给定 n 个特征点的相对空间位置以及它们与相机光心连线所形成的夹角,求出各特征点到光心的距离。这个问题就是著名的 PnP 问题。

机器人视觉里三维物体相对位姿的测量是 P3P 问题的一个重要应用,但是由于 P3P 问题存在多解现象,使得这一应用受到极大的限制。只有在保证 P3P 问题仅存在唯一解的前提下,才能得到期望的正确解。可以证明,若 3 个特征点构成等腰三角形,则存在两个区域,当相机在这些区域中时,可以唯一求出 P3P 问题的真实解。这一结果对实际测量系统中布置特征点和相机的位置具有指导意义。

基于双目视觉的 3D 重建原理如图 3-12 所示,假定第 i 个特征点 P_i 在世界坐标系中的位置为 ${}^{W}\boldsymbol{P}_i=[X_{Wi}\quad Y_{Wi}\quad Z_{Wi}]^{T}$,投影在左、右相机的图像坐标分别为 $p_{Li}=[u_{Li}\quad v_{Li}]^{T}$ 和 $\boldsymbol{p}_{Ri}=[u_{Ri}\quad v_{Ri}]^{T}$。

对于左、右相机,有如下关系:

$$\begin{bmatrix}\lambda_L u_{Li}\\ \lambda_L v_{Li}\\ \lambda_L\end{bmatrix}=\boldsymbol{C}_L\begin{bmatrix}X_{Wi}\\ Y_{Wi}\\ Z_{Wi}\\ 1\end{bmatrix}\tag{3-7}$$

$$\begin{bmatrix}\lambda_R u_{Ri}\\ \lambda_R v_{Ri}\\ \lambda_R\end{bmatrix}=\boldsymbol{C}_R\begin{bmatrix}X_{Wi}\\ Y_{Wi}\\ Z_{Wi}\\ 1\end{bmatrix}\tag{3-8}$$

式中:矩阵 $\boldsymbol{C}_L$、$\boldsymbol{C}_R$ 分别为左、右相机的变换矩阵。上述 4 个方程包含 3 个未知数,为超越方程,可用最小二乘法进行求解。上述过程即为基于立体视觉的 3D 重构过程,三维空间点 P_i 的三维坐标可通过对双目立体相机中的 2D 图像特征点坐标重构出来,重构的关键是两个相机能够同时观察到 P_i 并成功提取其图像特征。如果超过 3 个不共线的特征点被重构出来,则可据此建立目标抓捕对象的坐标系。

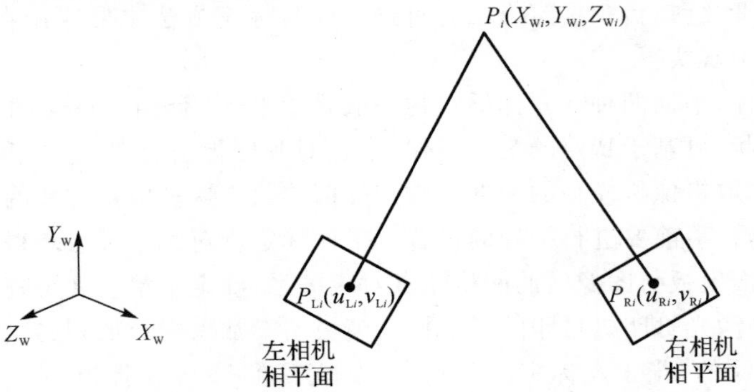

图 3-12　基于双目视觉的 3D 重建原理

3.5　视觉感知系统设计

空间机器人视觉感知系统设计围绕满足在轨应用需求而展开,涵盖系统设计、单机设计、加工、装调、测试、试验以及系统测试、试验的全过程。总体设计应结合机器人对视觉感知系统的需求,以系统最优为目标,开展任务分析、功能分解以及技术指标分配。需要注意的是:功能分解和技术指标分配并不是一个单向过程,往往需要迭代进行“设计—仿真分析—试验验证—设计改进”的循环。

3.5.1　视觉感知系统类型

根据不同的判断准则,空间机器人视觉感知系统可以分为多种类型,每种类型具有各自不同的优势、不足和适用范围。设计视觉感知系统时,应根据空间机器人的实际需求以及设计约束进行选取和组合。

根据视觉感知系统在测量过程中是否向目标发射能量,可以将视觉感知系统分为主动感知系统和被动感知系统。主动感知系统依靠自身发射能量并接收目标对所发射能量的反射能量以实现感知。被动感知系统可以快速捕捉场景图像,信息获取效率高,观测距离远,观测数据中包含的信息量丰富,以非接触的、被动的方式获取场景信息,不会对其他传感器造成干扰,功耗低、体积小、质量轻、方便灵活,但易受光照条件影响,测量精度低于主动感知系统。可见光视觉感知系统属于被动感知系统,激光、结构光、雷达视觉感知系统等属于主动感知系统。

根据视觉感知系统的空间分布,可以将视觉感知系统分为安装在机器人末端执行器(Eye-in-hand)上的视觉感知系统和固定于机器人工作区(Eye-to-hand)的视觉感知系统。

Eye-in-hand 式视觉感知系统指视觉传感器安装在机器人末端执行器的固定位置上，其位姿随末端执行器的运动而改变。该视觉感知系统通过调整末端执行器的位姿，可使视觉传感器靠近目标，从而提高目标测量精度，但是，视觉传感器的运动易造成图像模糊，且无法保证目标一直处于视场范围内而出现目标丢失的问题。此外，由于视觉传感器安装在末端执行器上，其增加了末端执行器的负载。Eye-to-hand 式视觉感知系统的视觉传感器安装在机器人工作空间内的某个位置上，且可配置具有一定自由度的机械装置（例如云台）。该视觉感知系统可以全局监测机器人，同时获取机器人及其工作环境的测量数据。但是，在机器人运动过程中可能出现遮挡问题。此外，由于视觉传感器距离目标较远，目标测量精度不高。

根据视觉传感器的数量，视觉感知系统可以分为单目、双目、多目视觉感知系统。单目视觉感知系统采用单台单目视觉传感器进行测量，无法直接获取深度信息，一般需要在目标安装尺寸、形状、分布和数量等信息已知的人工视觉标识器或通过运动才能完成测量。双目/多目视觉感知系统采用处于不同空间位置的两个/多个单目视觉传感器进行测量，可以直接获取深度信息。

此外，还有一些其他的分类方式。例如，根据视觉传感器的类型，视觉感知系统可以分为同类视觉感知系统和异类视觉感知系统。根据视觉传感器测量数据的处理方式，可以分为集中式视觉感知系统和分布式视觉感知系统。

3.5.2　功能与组成设计

空间机器人视觉感知主要实现目标检测识别和目标测量。目标检测识别是指对工作环境内的不同目标进行检测、识别并建立关联，即确定在不同时间、不同位置、不同传感器获得的观测数据中检测、识别出的目标是同一目标还是新的目标。目标测量是指对目标进行跟踪，对目标与传感器的相对位置、姿态、线速度、角速度等信息进行估计以及对目标进行三维建模。其中，位置和姿态表征目标坐标系与传感器坐标系之间的转换关系。

空间机器人视觉感知系统一般由以下几部分组成：

(1)光学组件：起接收目标信号光能量和抑制杂光等作用。通常由若干光学元件，如透镜、棱镜、反射镜等组成。每个光学元件都由平面、球面、非球面的具有一定折射率的介质构成，由结构组件将其按要求组装在一起。

(2)电子组件：利用光电探测器件（如 CCD、CMOS）及配套电路将光学组件接收的光学信号转换为电信号，实现测量数据的采集；使用微处理器芯片及配套电路对测量数据进行本地化处理，实现数据的压缩编码及输出、目标检测识别和目标测量等功能。对于主动感知系统，电子组件还应包括能量投射装置。

(3)结构组件：主要包括光学组件壳体、遮光、电子组件壳体以及与机器人的安装接口等结构件等，用于提高感知系统对运载环境和空间工作环境的适应性，保证感知系统的性能。

设计视觉感知系统时，应该重点关注的基本技术指标包括外形参数、电学参数、光学参数、成像参数、测量参数 5 大类。外形参数包括体积和质量；电学参数包括输入电压和功耗；光学参数包括波段范围、视场角、畸变和杂光系数；成像参数包括图像分辨率、图像采集帧频和信噪比；测量参数包括测量距离、测量精度和测量频率。

3.5.3 常见视觉感知系统简介

在航天飞机、国际空间站等舱外机械臂应用中，目前已经发展了3代空间视觉感知系统，分别是空间视觉系统(Space Vision System，SVS)、先进空间视觉系统(Advanced Space Vision System，ASVS)、加拿大空间视觉系统(Canadian Space Vision System，CSVS)，其中，SVS、CSVS主要为可见光视觉感知系统，ASVS主要为激光视觉感知系统。

SVS的基本组成部分由加拿大国家研究委员会于20世纪70年代研制开发，在20世纪80年代开始应用在空间机器人领域，并于1992年在“哥伦比亚号”航天飞机的STS-52任务中完成在轨测试。SVS是一个实时成像视觉测量系统，其所处理的全部数据都来自视频信号，主要针对近距离空间目标的监视和测量。SVS应用于SRMS和SSRMS，通过采集空间站表面具有高对比度的黑白圆形视觉标记点图像，实时输出空间目标的距离、速度和位姿。CSVS被同时应用在航天飞机和空间站上，航天飞机上的系统称作轨道空间视觉单元(Orbiter Space Vision Unit，OSVU)，空间站上的系统称作先进视觉单元(Advaneed Vision Unit，AVU)，两套系统的视觉核心部分基本相同。CSVS主要由可见光传感器组成，以30 Hz的频率扫描追踪空间目标，精确计算目标的相对位置和姿态。它能够在频繁的极黑和光亮的光照条件下获取高品质图像，通过空间目标的局部特征来识别目标，并完成位姿的计算和跟踪。

作为SVS的一个补充，激光扫描仪(Laser Range Scanner，LRS)可完成近距离及中远距离空间目标的测量，提供更加精确的目标三维结构信息，且解决空间中可见光相机在某些特殊情况下无法清晰成像的问题。LRS通过扫描空间目标的表面，获得目标的离散点云信息，再通过离散点云信息对目标进行三维建模，通过三维模型计算空间目标的距离、速度和位姿。LRS可以检测近程(0.5～2 m)和远程(0.02～10 km)的目标，在近程时，精度优于±1 mm，越远精度越低，在10 m距离时，精度为±2 cm，远程时精度保持在3 cm。它对光照不敏感，视场可达30°×30°，可以取代现有的雷达系统执行目标定位和位姿测算。此外，它还可以同时检测和跟踪多个目标，且可在极端的光照条件下工作。

ASVS是在原有SVS的基础上引入激光相机系统(Laser Camera System，LCS)构成的，并于1995年在“亚特兰蒂斯号”航天飞机的STS－74任务中完成在轨测试，为俄罗斯建造的空间舱段安装提供定位数据。该系统能够实时监测、估计观测目标的空间6自由度位姿信息，不仅能够高精度、准确地获得被测目标的三维轮廓和位置信息，还极大地提高了对极端空间光照环境的适应能力。该系统是基于三角测量的高精度、自同步三维激光扫描仪，具备双轴灵活运动能力，用于在距目标1～3 m处获取航天器外表面感兴趣区域的高精度三维数据，执行航天器在轨检查任务。它通过内部扫描镜的摆动，同步且同时实现发射单元对目标区域的扫描，接收单元对目标区域的成像，根据实时记录的扫描镜位置、探测元件的光点成像位置进一步解算出激光采样点位置的三维坐标。

美国的自主舱外机器人相机(Autonomous Extravehicular Robotic Camera，AERCam)项目旨在研制一个小型的自由飞行器，用于支持国际空间站在轨运行，执行状态检查和监视任务。在该项目中，研究人员先后研制了AERCam Sprint和Mimi AERCam两代系统，均配备了可见光视觉感知系统，由3个可见光视觉相机、LED灯阵、图像处理电路等组成，其中 2 台布置在本体 $+X$ 方向，1 台布置在本体 $+Y$ 方向，图像数据通过无线以太网传输。2011 年，世界上第一个类人形空间机器人，美国的 Robonaut 2(R2)机器人，搭乘“发现号”航天飞机前往国际空间站。R2 机器人配置了安装于头部的由 4 台可见光相机组成的可见光视觉感知系统，其中 2 个构成立体视觉系统，为机器人自身和操控人员提供立体视觉信息，另 2 个作为备份。其可见光感知系统性能指标如表 3－2 所示。

表 3－2　R2 机器人可见光视觉感知系统主要性能指标

序号	项目	指标	
1	延时	0.22 s(从曝光到数据输出)	
2	测量精度(操作空间内)	位置精度	优于±3 mm(最高精度)
			优于±15 mm(通常条件)
		姿态精度	优于±2°(最高精度)
			优于±5°(通常条件)
3	位姿刷新率	7 Hz	

习　　题

1. 常见的卫星姿态传感器有哪些？
2. 增量式光电编码器的测量原理是什么？
3. 简要论述相机成像的原理及模型。
4. 请分别给出 3 种常见的机器人内部传感器和外部传感器。
5. 请简述 Eye-in-hand 式视觉感知系统和 Eye-to-hand 式视觉感知系统的优缺点及异同。

第 4 章　机器人运动学基础

4.1　刚体位置描述

常用的位置描述，可以分为笛卡儿坐标系下的位置描述、柱面坐标系下的位置描述、球面坐标系下的位置描述等。

4.1.1　笛卡儿坐标系下的位置描述

笛卡儿坐标系下的位置描述，可以采用三维坐标、位置矢量、矩阵等形式进行表示。如图 4-1 所示，建立直角坐标系$\{A\}$，并将空间点 p 在坐标系$\{A\}$中位置矢量记为${}^A\boldsymbol{p}$。假设点 p 在坐标系$\{A\}$中的 X、Y、Z 轴的位置分别为 p_x、p_y 和 p_z，则利用坐标表示的点 p 的位置为(p_x, p_y, p_z)。

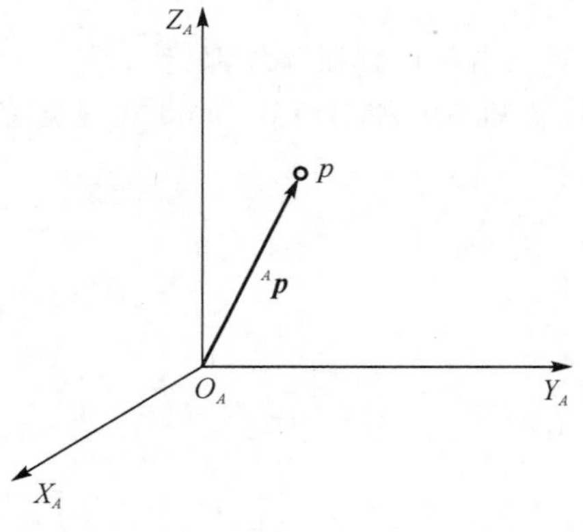

图 4-1　笛卡儿坐标系下的位置

$$ {}^A\boldsymbol{p} = p_x\boldsymbol{i} + p_y\boldsymbol{j} + p_z\boldsymbol{k} \tag{4-1} $$

$$ {}^A\boldsymbol{p} = \begin{bmatrix} p_x \\ p_y \\ p_z \end{bmatrix} = [p_x \quad p_y \quad p_z]^{\mathrm{T}} \tag{4-2} $$

利用位置矢量表示的点 p 的位置见式(4-1)，利用矩阵表示的点 p 的位置见式(4-2)。

位置矢量${}^A\boldsymbol{p}$ 的模用下式表示：

$$\| {}^{A}\boldsymbol{p} \| = \sqrt{p_x^2 + p_y^2 + p_z^2} \qquad (4-3)$$

模为 1 的位置矢量，称为单位位置矢量。

4.1.2　柱面坐标系下的位置描述

柱面坐标系下的位置描述，采用点 p 在笛卡儿坐标系下的 Z 轴的位置分量 p_z、矢量在平面 XOY 的投影长度 d 以及该投影与 X 轴的夹角 α 表示，如图 4-2 所示。柱面坐标系下的位置描述，可以认为是在笛卡儿坐标系的基础上，先沿基坐标系的 X 轴平移 d，再绕基坐标系的 Z 轴旋转 α，再沿基坐标系的 Z 轴平移 p_z 得到的。

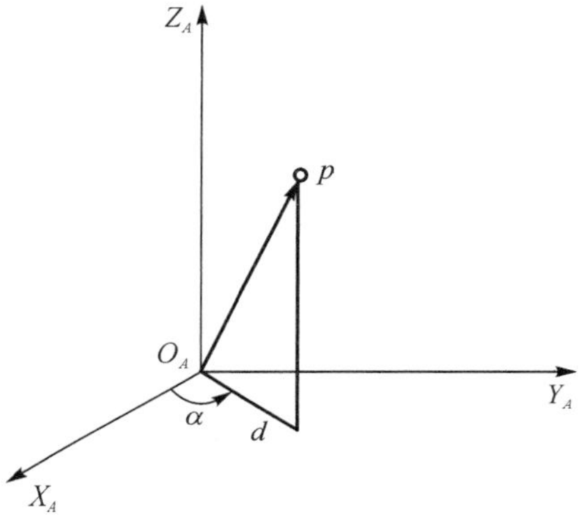

图 4-2　柱面坐标系下的位置

4.1.3　球面坐标系下的位置描述

球面坐标系下的位置描述，采用点 p 在笛卡儿坐标系下的矢量模长 r、矢量在平面 XOY 的投影与 X 轴的夹角 α、矢量与 Z 轴的夹角 β 表示，如图 4-3 所示。球面坐标系下的位置描述，可以认为是在笛卡儿坐标系的基础上，先沿基坐标系的 Z 轴平移 r，再绕基坐标系的 Y 轴旋转 β，再绕基坐标系的 Z 轴旋转 α 得到的。

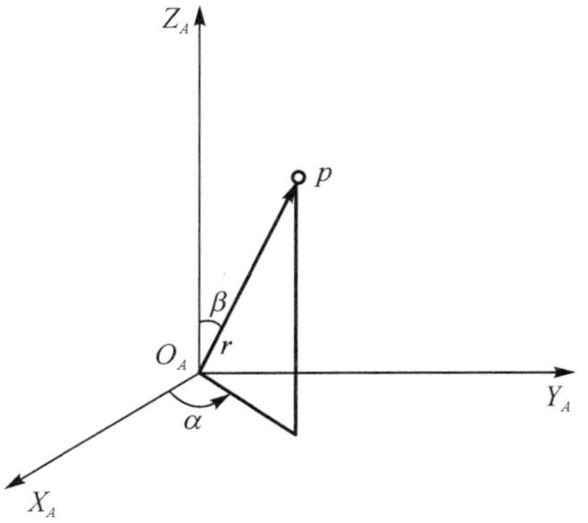

图 4-3　球面坐标系下的位置

4.2 刚体姿态描述

对于刚体，常用的姿态描述包括笛卡儿坐标系下利用旋转矩阵的姿态描述，利用欧拉角的姿态描述，利用横滚(R:roll)、俯仰(P:picth)、偏转(Y:yaw)角的姿态描述，单位四元数表示等。

4.2.1 旋转矩阵

在笛卡儿坐标系下，可以利用固定于物体的坐标系描述方位。方位又称为姿态。在刚体 B 上设置直角坐标系$\{B\}$，利用与$\{B\}$的坐标轴平行的 3 个单位矢量${}^A\boldsymbol{x}_B$、${}^A\boldsymbol{y}_B$ 和${}^A\boldsymbol{z}_B$ 表示刚体 B 在基坐标系中的姿态，如图 4-4 所示。

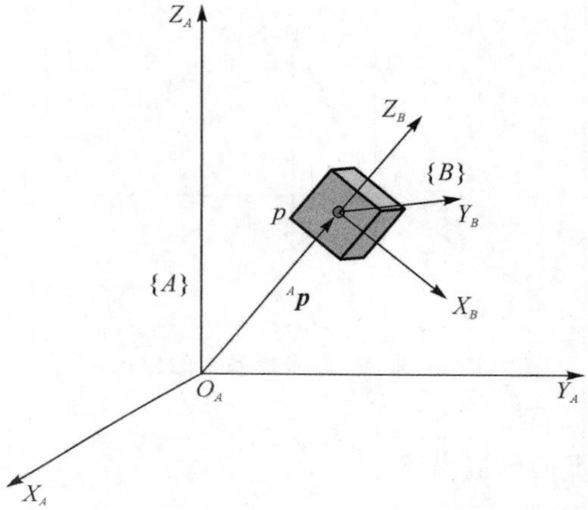

图 4-4 刚体的姿态

假设单位矢量${}^A\boldsymbol{x}_B$、${}^A\boldsymbol{y}_B$ 和${}^A\boldsymbol{z}_B$ 表示为下式：

$$\begin{cases} {}^A\boldsymbol{x}_B = r_{11}\boldsymbol{i} + r_{21}\boldsymbol{j} + r_{31}\boldsymbol{k} \\ {}^A\boldsymbol{y}_B = r_{12}\boldsymbol{i} + r_{22}\boldsymbol{j} + r_{32}\boldsymbol{k} \\ {}^A\boldsymbol{z}_B = r_{13}\boldsymbol{i} + r_{23}\boldsymbol{j} + r_{33}\boldsymbol{k} \end{cases} \tag{4-4}$$

将式(4-4)写成矩阵形式，得到表示姿态的旋转矩阵：

$${}^A\boldsymbol{R}_B = [{}^A\boldsymbol{x}_B \quad {}^A\boldsymbol{y}_B \quad {}^A\boldsymbol{z}_B] = \begin{bmatrix} r_{11} & r_{12} & r_{13} \\ r_{21} & r_{22} & r_{23} \\ r_{31} & r_{32} & r_{33} \end{bmatrix} \tag{4-5}$$

式中：${}^A\boldsymbol{R}_B$ 表示刚体 B 相对于坐标系$\{A\}$的姿态的旋转矩阵。

旋转变换矩阵，通常又记为下式的形式：

$${}^A\boldsymbol{R}_B = [\boldsymbol{n} \quad \boldsymbol{o} \quad \boldsymbol{a}] = \begin{bmatrix} n_x & o_x & a_x \\ n_y & o_y & a_y \\ n_z & o_z & a_z \end{bmatrix} \tag{4-6}$$

式中：$\boldsymbol{n}$、$\boldsymbol{o}$、$\boldsymbol{a}$ 即为单位矢量 ${}^{A}\boldsymbol{x}_{B}$、${}^{A}\boldsymbol{y}_{B}$ 和 ${}^{A}\boldsymbol{z}_{B}$。

在旋转矩阵 ${}^{A}\boldsymbol{R}_{B}$ 中虽然有 9 个元素，但只有 3 个独立变量。旋转矩阵 ${}^{A}\boldsymbol{R}_{B}$ 是单位正交矩阵，其中的 3 个矢量是单位正交矢量，满足正交条件和单位模长约束，见下式：

$$\begin{cases} {}^{A}\boldsymbol{x}_{B}\cdot{}^{A}\boldsymbol{y}_{B}={}^{A}\boldsymbol{y}_{B}\cdot{}^{A}\boldsymbol{z}_{B}={}^{A}\boldsymbol{z}_{B}\cdot{}^{A}\boldsymbol{x}_{B}=0 \\ {}^{A}\boldsymbol{x}_{B}\cdot{}^{A}\boldsymbol{x}_{B}={}^{A}\boldsymbol{y}_{B}\cdot{}^{A}\boldsymbol{y}_{B}={}^{A}\boldsymbol{z}_{B}\cdot{}^{A}\boldsymbol{z}_{B}=1 \\ {}^{A}\boldsymbol{x}_{B}\times{}^{A}\boldsymbol{y}_{B}={}^{A}\boldsymbol{z}_{B},\ {}^{A}\boldsymbol{y}_{B}\times{}^{A}\boldsymbol{z}_{B}={}^{A}\boldsymbol{x}_{B},\ {}^{A}\boldsymbol{z}_{B}\times{}^{A}\boldsymbol{x}_{B}={}^{A}\boldsymbol{y}_{B} \end{cases} \tag{4-7}$$

此外，该旋转变换矩阵的逆（反）变换等于其转置，见下式：

$$ {}^{B}\boldsymbol{R}_{A}={}^{A}\boldsymbol{R}_{B}^{-1}={}^{A}\boldsymbol{R}_{B}^{\mathrm{T}},\qquad \|{}^{B}\boldsymbol{R}_{A}\|=\|{}^{A}\boldsymbol{R}_{B}\|=1 \tag{4-8}$$

4.2.2　欧拉角与 RPY 角

利用欧拉角描述刚体的姿态，可以认为是在笛卡儿坐标系的基础上，先绕 Z 轴旋转角度 ψ，再绕新的 Y 轴（Y'）旋转角度 θ，再绕新的 Z 轴（Z''）旋转角度 φ。旋转角度 ψ、θ 和 φ 称为欧拉角，用以表示所有的姿态。欧拉变换在基坐标系中可表示为

$$\begin{aligned} \mathrm{Euler}(\psi,\theta,\varphi)&=\mathrm{Rot}(z,\psi)\mathrm{Rot}(y,\theta)\mathrm{Rot}(z,\varphi) \\ &=\begin{bmatrix}\cos\psi & -\sin\psi & 0\\ \sin\psi & \cos\psi & 0\\ 0 & 0 & 1\end{bmatrix}\begin{bmatrix}\cos\theta & 0 & \sin\theta\\ 0 & 1 & 0\\ -\sin\theta & 0 & \cos\theta\end{bmatrix}\begin{bmatrix}\cos\varphi & -\sin\varphi & 0\\ \sin\varphi & \cos\varphi & 0\\ 0 & 0 & 1\end{bmatrix} \\ &=\begin{bmatrix}\cos\psi\cos\theta\cos\varphi-\sin\psi\sin\varphi & -\cos\psi\cos\theta\sin\varphi-\sin\psi\cos\varphi & \cos\psi\sin\theta\\ \sin\psi\cos\theta\cos\varphi+\cos\psi\sin\varphi & -\sin\psi\cos\theta\sin\varphi+\cos\psi\cos\varphi & \sin\psi\sin\theta\\ -\sin\theta\cos\varphi & \sin\theta\sin\varphi & \cos\theta\end{bmatrix} \end{aligned} \tag{4-9}$$

利用横滚（R：roll）、俯仰（P：pitch）和偏转（Y：yaw）角表示刚体的姿态，可以认为是在笛卡儿坐标系的基础上，先绕 Z 轴旋转角度 ψ，再绕新的 Y 轴（Y'）旋转角度 θ，再绕新的 X 轴（X''）旋转角度 φ。旋转角度 ψ、θ 和 φ 称为 RPY 角，以此表示所有的姿态。RPY 变换在基坐标系中的表示为

$$\begin{aligned} \mathrm{RPY}(\psi,\theta,\varphi)&=\mathrm{Rot}(Z,\psi)\mathrm{Rot}(Y,\theta)\mathrm{Rot}(X,\varphi) \\ &=\begin{bmatrix}\cos\psi & -\sin\psi & 0\\ \sin\psi & \cos\psi & 0\\ 0 & 0 & 1\end{bmatrix}\begin{bmatrix}\cos\theta & 0 & \sin\theta\\ 0 & 1 & 0\\ -\sin\theta & 0 & \cos\theta\end{bmatrix}\begin{bmatrix}1 & 0 & 0\\ 0 & \cos\varphi & -\sin\varphi\\ 0 & \sin\varphi & \cos\varphi\end{bmatrix} \\ &=\begin{bmatrix}\cos\psi\cos\theta & \cos\psi\sin\theta\sin\varphi-\sin\psi\cos\varphi & \cos\psi\sin\theta\cos\varphi+\sin\psi\sin\varphi\\ \sin\psi\cos\theta & \sin\psi\sin\theta\sin\varphi+\cos\psi\cos\varphi & \sin\psi\sin\theta\cos\varphi-\cos\psi\sin\varphi\\ -\sin\theta & \cos\theta\sin\varphi & \cos\theta\cos\varphi\end{bmatrix} \end{aligned} \tag{4-10}$$

4.2.3　单位四元数

坐标系之间的相对姿态通常可用 3×3 的旋转矩阵表示，但其包含了太多的变量，而这些变量并非完全独立的。描述姿态最少需要 3 个参数，但最少参数的表示通常存在奇异指向问题，意味着要产生有限的欧拉角变化，需要刚体某轴的角速度无限大。姿态全局不奇异表示的最少参数为 4。单位四元数是最常用的全局姿态表示，与使用欧拉角或旋转矩阵表示姿态相比，四元数描述坐标系的指向有如下好处：

(1)不会出现姿态表示的奇异;

(2)四元数的运算是一种线性运算,使用四元数表示后,坐标系之间相对关系的计算效率通常比使用欧拉角或旋转矩阵的情况高;

(3)使用四元数表示后,角位移、速度、加速度及动量等可表示成简单的形式;

(4)四元数的运算方程要简单得多。

四元数的定义如下:

$$\boldsymbol{Q}=\eta+q_1\boldsymbol{i}+q_2\boldsymbol{j}+q_3\boldsymbol{k}=\eta+\boldsymbol{q}=[\eta \quad q_1 \quad q_2 \quad q_3]^{\mathrm{T}}=\cos\frac{\psi}{2}+\boldsymbol{k}\sin\frac{\psi}{2} \tag{4-11}$$

式中:$\boldsymbol{k}$ 为旋转轴,也称欧拉轴;ψ 为绕欧拉轴旋转的角度;四元数的矢量部分 $\boldsymbol{q}=\boldsymbol{k}\sin\frac{\psi}{2}=q_1\boldsymbol{i}+q_2\boldsymbol{j}+q_3\boldsymbol{k}$。

单位四元数之间满足关系

$$q_1^2+q_2^2+q_3^2+\eta^2=1 \tag{4-12}$$

四元数具有如下性质:

$$\boldsymbol{Q}_1+\boldsymbol{Q}_2=\boldsymbol{Q}_2+\boldsymbol{Q}_1 \tag{4-13}$$

$$\boldsymbol{Q}_1\boldsymbol{Q}_2=(q_1+\eta_1)(q_2+\eta_2)=\eta_1\eta_2-q_1q_2+\eta_1q_2+\eta_2q_1+q_1\times q_2\neq\boldsymbol{Q}_2\boldsymbol{Q}_1 \tag{4-14}$$

$$(\eta,\boldsymbol{q})=(-\eta,-\boldsymbol{q}) \tag{4-15}$$

综上可知,四元数的表示不唯一,但通过限制 $-180°<\psi\leqslant180°$,$\eta>0$ 后,四元数的表示唯一。

四元数对时间的导数与角速度之间的关系为

$$\begin{cases}\dot{\eta}=-\frac{1}{2}\boldsymbol{\omega}\boldsymbol{q}=-\frac{1}{2}\boldsymbol{q}\boldsymbol{\omega}=-\frac{1}{2}\boldsymbol{q}^{\mathrm{T}}\boldsymbol{\omega}\\ \dot{\boldsymbol{q}}=\frac{1}{2}\tilde{\boldsymbol{\omega}}\boldsymbol{q}+\frac{1}{2}\eta\boldsymbol{\omega}=\frac{1}{2}(\eta\boldsymbol{I}-\tilde{\boldsymbol{q}})\boldsymbol{\omega}\end{cases} \tag{4-16}$$

写成矩阵的形式为

$$\begin{bmatrix}\dot{\eta}\\ \dot{\boldsymbol{q}}\end{bmatrix}=\frac{1}{2}\begin{bmatrix}-\boldsymbol{q}^{\mathrm{T}}\\ \eta\boldsymbol{I}-\tilde{\boldsymbol{q}}\end{bmatrix}\boldsymbol{\omega} \tag{4-17}$$

考虑两个坐标系 Σ_i 和 Σ_j,其姿态四元数分别为 $\{\eta_i,\boldsymbol{q}_j\}$ 和 $\{\eta_i,\boldsymbol{q}_j\}$,则其相对姿态 $\{\delta\eta,\delta\boldsymbol{q}\}$ 满足如下关系:

$$\begin{cases}\delta\eta=\eta_i\eta_j+\boldsymbol{q}_i^{\mathrm{T}}\boldsymbol{q}_j\\ \delta\boldsymbol{q}=\eta_i\boldsymbol{q}_j-\eta_j\boldsymbol{q}_i-\tilde{\boldsymbol{q}}_i\boldsymbol{q}_j\end{cases} \tag{4-18}$$

当两坐标系指向一致时,

$$\delta\eta=1,\quad \delta\boldsymbol{q}=\boldsymbol{0} \tag{4-19}$$

进一步地,根据正交条件,$\delta\boldsymbol{q}=\boldsymbol{0}$ 意味着 $\delta\eta=\pm1$,因此可以得出如下结论:当且仅当 $\delta\boldsymbol{q}=0$ 时,两坐标系重合。

单位四元数对应的旋转变换矩阵为

$$\boldsymbol{A}=\begin{bmatrix}q_1^2-q_2^2-q_3^2+\eta^2 & 2(q_1q_2-q_3\eta) & 2(q_1q_3+q_2\eta)\\ 2(q_1q_2+q_3\eta) & -q_1^2+q_2^2-q_3^2+\eta^2 & 2(q_2q_3-q_1\eta)\\ 2(q_1q_3-q_2\eta) & 2(q_2q_3+q_1\eta) & -q_1^2-q_2^2+q_3^2+\eta^2\end{bmatrix} \tag{4-20}$$

令 a_{ij} 表示矩阵的第 i 行、第 j 列的元素，则根据旋转变换矩阵也可计算对应的单位四元数：

$$\begin{cases} \eta=\pm\dfrac{1}{2}\sqrt{(1+a_{11}+a_{22}+a_{33})} \\ q_1=\dfrac{1}{4\eta}(a_{32}-a_{23}) \\ q_2=\dfrac{1}{4\eta}(a_{13}-a_{31}) \\ q_3=\dfrac{1}{4\eta}(a_{21}-a_{12}) \end{cases} \tag{4-21}$$

式中：η 的正负号任取，取正号表示绕定轴旋转 θ，取负号表示旋转 $\theta+2\pi$。

4.2.4　姿态描述法优缺点分析

旋转矩阵法是最为基础的姿态描述方法，但其对刚体姿态的描述非常不直观，且用了 9 个非独立参数来表述。欧拉角及 RPY 角属于最少参数描述，比较形象直观，但其姿态表示会出现奇异。四元数表示法是全局非奇异姿态的最少参数表示，且通过四元数表示的旋转运动，角位移、速度等都可以表示为相对简单的形式，但其缺点也是不够直观。

在实际应用中，一般根据不同的应用需求，选择不同的表达方法。例如，在末端姿态、基座姿态等需要直观描述时，可采用欧拉角或 RPY 角，在姿态运动较小，不会出现奇异时，也可采用欧拉角或 RPY 角，变化较大时可采用四元数。另外，在计算内核，用四元数及旋转矩阵表示，在人机交互环节用欧拉角或 RPY 角表示也是一种很常见的用法。

4.3　坐标系变换

4.3.1　平移坐标变换

如图 4-5 所示，坐标系 $\{B\}$ 与坐标系 $\{A\}$ 的各个坐标轴平行，但坐标系的原点不同。点 p 在坐标系 $\{B\}$ 与坐标系 $\{A\}$ 的位置矢量之间的变换，称为平移坐标变换。

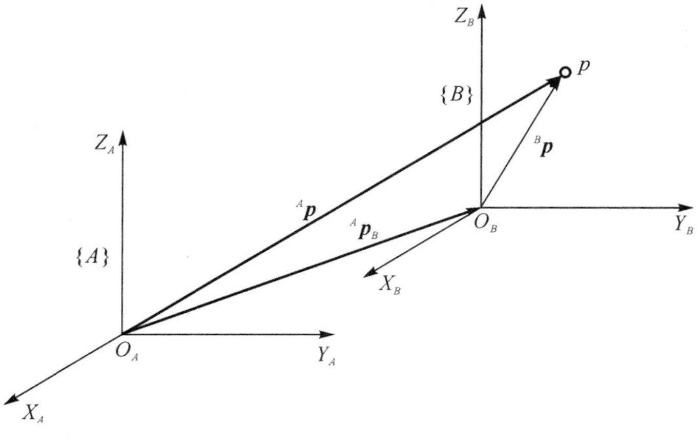

图 4-5　平移坐标变换

点 p 在坐标系$\{A\}$中的位置矢量${}^A\boldsymbol{p}$，可由点 p 在坐标系$\{B\}$中的位置矢量${}^B\boldsymbol{p}$ 与坐标系$\{B\}$的原点在坐标系$\{A\}$中位置矢量${}^A\boldsymbol{p}_B$ 相加获得

$$ {}^A\boldsymbol{p} = {}^B\boldsymbol{p} + {}^A\boldsymbol{p}_B \tag{4-22} $$

4.3.2 旋转坐标变换

如图 4-6 所示，坐标系$\{B\}$与坐标系$\{A\}$的原点相同，但两个坐标系的各个坐标轴方向不同。点 p 在坐标系$\{B\}$与坐标系$\{A\}$的位置矢量之间的变换，称为旋转坐标变换。点 p 在坐标系$\{A\}$中的位置矢量${}^A\boldsymbol{p}$，可由点 p 在坐标系$\{B\}$中的位置矢量${}^B\boldsymbol{p}$ 与坐标系$\{B\}$在坐标系$\{A\}$中姿态矩阵${}^A\boldsymbol{R}_B$ 相乘获得：

$$ {}^A\boldsymbol{p} = {}^A\boldsymbol{R}_B {}^B\boldsymbol{p} \tag{4-23} $$

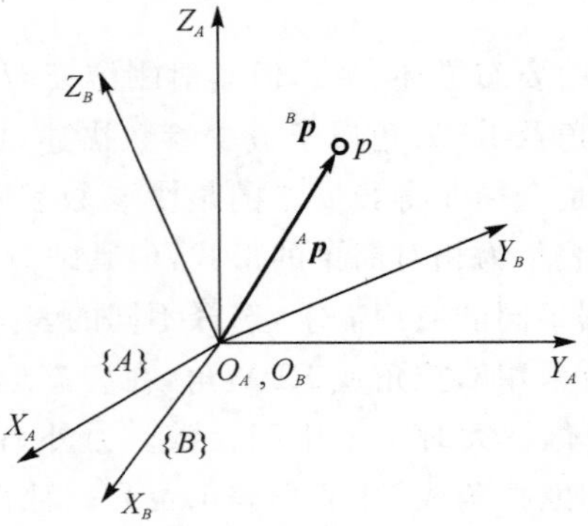

图 4-6 旋转坐标变换

同理，点 p 在坐标系$\{B\}$中的位置矢量${}^B\boldsymbol{p}$，可由点 p 在坐标系$\{A\}$中的位置矢量${}^A\boldsymbol{p}$ 与坐标系$\{A\}$在坐标系$\{B\}$中姿态矩阵${}^B\boldsymbol{R}_A$ 相乘获得。

分别绕 X、Y、Z 轴的旋转变换称为基本旋转变换。任何旋转变换可以由有限个基本旋转变换合成得到。基本旋转变换的姿态矩阵，见下式：

$$ \begin{cases} \boldsymbol{R}(X,\theta) = \begin{bmatrix} 1 & 0 & 0 \\ 0 & \cos\theta & -\sin\theta \\ 0 & \sin\theta & \cos\theta \end{bmatrix} \\ \boldsymbol{R}(Y,\theta) = \begin{bmatrix} \cos\theta & 0 & \sin\theta \\ 0 & 1 & 0 \\ -\sin\theta & 0 & \cos\theta \end{bmatrix} \\ \boldsymbol{R}(Z,\theta) = \begin{bmatrix} \cos\theta & -\sin\theta & 0 \\ \sin\theta & \cos\theta & 0 \\ 0 & 0 & 1 \end{bmatrix} \end{cases} \tag{4-24} $$

4.3.3 复合坐标变换

平移和旋转构成复合变换。如图 4-7 坐标系$\{A\}$经过平移后成为坐标系$\{C\}$，坐标系$\{C\}$经过旋转后成为坐标系$\{B\}$，坐标系$\{B\}$与坐标系$\{A\}$之间构成复合变换。

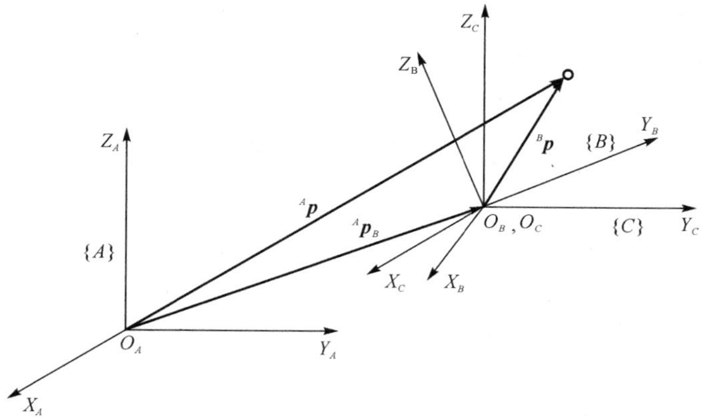

图 4－7　复合坐标变换

由式(4－22)和式(4－23)可知，点 p 在坐标系$\{A\}$中的位置矢量$^A\boldsymbol{p}$，可由点 p 在坐标系$\{B\}$中的位置矢量$^B\boldsymbol{p}$ 与坐标系$\{B\}$在坐标系$\{A\}$中的姿态矩阵$^A\boldsymbol{R}_B$ 相乘后，与坐标系$\{B\}$的原点在坐标系$\{A\}$中的位置矢量$^A\boldsymbol{p}_B$ 相加获得：

$$^A\boldsymbol{p} = {}^C\boldsymbol{p} + {}^A\boldsymbol{p}_C = {}^A\boldsymbol{R}_B{}^B\boldsymbol{p} + {}^A\boldsymbol{p}_B \tag{4-25}$$

4.3.4　齐次坐标变换

将位置矢量利用齐次坐标表示，式(4－25)可改写成矩阵乘积的形式：

$$^A\boldsymbol{p} = {}^A\boldsymbol{R}_B{}^B\boldsymbol{p} + {}^A\boldsymbol{p}_B \Rightarrow \begin{bmatrix} ^A\boldsymbol{p} \\ 1 \end{bmatrix} = \begin{bmatrix} ^A\boldsymbol{R}_B & ^A\boldsymbol{p}_B \\ \boldsymbol{0} & 1 \end{bmatrix} \begin{bmatrix} ^B\boldsymbol{p} \\ 1 \end{bmatrix} \Rightarrow {}^A\boldsymbol{p}' = {}^A\boldsymbol{T}_B{}^B\boldsymbol{p}' \tag{4-26}$$

式中：$^A\boldsymbol{p}'$、$^B\boldsymbol{p}'$称为点 p 的齐次坐标，$^A\boldsymbol{T}_B$ 称为齐次坐标变换矩阵或位姿矩阵。

$$\begin{cases} ^A\boldsymbol{p}' = \begin{bmatrix} ^Ap \\ 1 \end{bmatrix} \\ ^A\boldsymbol{T}_B = \begin{bmatrix} ^A\boldsymbol{R}_B & ^A\boldsymbol{p}_B \\ 0 & 1 \end{bmatrix} \\ ^B\boldsymbol{p}' = \begin{bmatrix} ^B\boldsymbol{p} \\ 1 \end{bmatrix} \end{cases} \tag{4-27}$$

平移变换的齐次变换形式为

$$\text{Tran}(a,b,c) = \begin{bmatrix} 1 & 0 & 0 & a \\ 0 & 1 & 0 & b \\ 0 & 0 & 1 & c \\ 0 & 0 & 0 & 1 \end{bmatrix} \tag{4-28}$$

以绕 X 轴旋转为例，旋转变换的齐次变换为

$$\boldsymbol{R}(X,\theta) = \begin{bmatrix} 1 & 0 & 0 & 0 \\ 0 & \cos\theta & -\sin\theta & 0 \\ 0 & \sin\theta & \cos\theta & 0 \\ 0 & 0 & 0 & 1 \end{bmatrix} \tag{4-29}$$

齐次坐标变换矩阵可以描述刚体的位置和姿态。刚体上其他点在参考坐标系中的位置，可以由变换矩阵乘以该点在刚体坐标系中的位置获得。

对于坐标系$\{A\}$、$\{B\}$，$\{A\}$相对于$\{B\}$的描述${}^B\boldsymbol{T}_A$，称为齐次变换${}^A\boldsymbol{T}_B$的逆变换。

$$
{}^B\boldsymbol{T}_A=\begin{bmatrix} {}^A\boldsymbol{R}_B^{\mathrm{T}} & -{}^A\boldsymbol{R}_B^{\mathrm{T}}\,{}^A\boldsymbol{p}_B \\ 0 & 1 \end{bmatrix} \tag{4-30}
$$

4.3.5 联体坐标变换

对于坐标系$\{A\}$、$\{B\}$、$\{C\}$，假设$\{A\}$是参考坐标系(基坐标系)，则$\{B\}$相对于$\{A\}$的坐标变换以及$\{C\}$相对于$\{B\}$的坐标变换称为联体坐标变换。设$\{B\}$在$\{A\}$中的表示为T_1，$\{C\}$在$\{B\}$中的表示为T_2，刚体在$\{C\}$中的表示为T_3，刚体在$\{A\}$中的表示为T，则

$$
T=T_1T_2T_3 \tag{4-31}
$$

联体坐标变换与变换次序之间的关系：纯平移变换与变换次序无关，旋转变换与变换次序有关，复合变换与变换次序有关。

4.4 机械臂状态及运动描述

4.4.1 基本概念

物体相对于坐标系进行独立运动的数目称为自由度。例如：刚体具有 6 个自由度，3 个平动自由度和 3 个转动自由度，如图 4-8 所示。质点在三维笛卡儿空间具有 3 个自由度，在平面内具有 2 个自由度。单位矢量在三维笛卡儿空间具有 2 个自由度。

机器人由若干运动副(motion pair)和杆件连接而成，这些杆件称为连杆(link)，连接相邻两个连杆的运动副称为关节(joint)。常见的运动副包括转动副、移动副、螺旋副、圆柱副、球面副和平面副等。实际中，大部分机器人由旋转关节和移动关节构成，每个关节具有 1 个自由度，多自由度关节可以看成多个单自由度关节与长度为零的连杆构成，如图 4-9 所示。

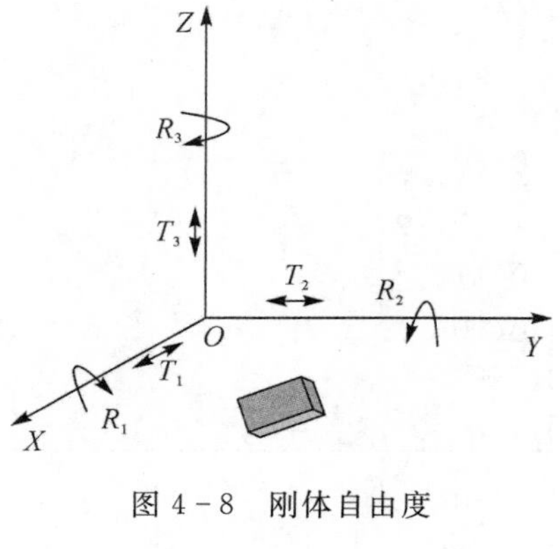

图 4-8 刚体自由度

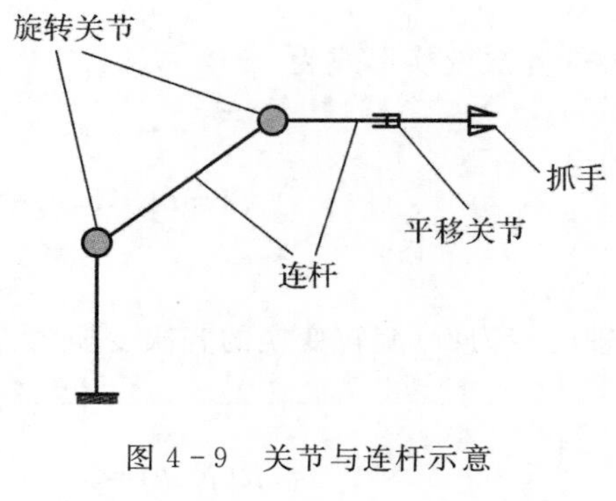

图 4-9 关节与连杆示意

如图 4-9 所示，对于旋转关节，其转动轴的中心线作为关节轴线。对于平移关节，取移

动方向的中心线作为关节轴线。所有关节自由度的总和即为机器人的自由度数。描述关节运动大小的变量称为关节变量，而由所有关节变量形成的组合称为机器人的臂型。

4.4.2　刚体运动分析

根据理论力学可知，刚体的一般运动可以分解为刚体质心的平动及刚体绕质心的转动，有 6 个自由度。要完整描述刚体的一般运动，需要 6 个状态变量。为描述刚体的运动，也需要建立参考坐标系和刚体固连坐标系。

刚体平动部分用质心的位置、质心的线速度描述；刚体转动部分用刚体的姿态、刚体绕质心的角速度来描述，如表 4－1 所示。

表 4－1　刚体运动的类型

类型	位置描述方式	速度描述方式	特点
平移运动	位置矢量 $\boldsymbol{p}$	线速度	三轴解耦（与平动顺序无关），速度可通过位移直接求导得到
旋转运动	旋转矩阵	角速度 $\boldsymbol{\omega}$	三轴耦合（与旋转顺序相关），速度与位移之间不是简单的求导关系
	欧拉角或 RPY 角		
	单位四元数		

以图 4－10 为例进行说明，假设刚体 B 的质心为 O_B，刚体固连坐标系为 $\{B\}$，则可在参考坐标系 $\{A\}$ 中描述刚体的运动。刚体质心的平动用线速度 v 来表示，绕质心的转动（旋转轴用矢量 ξ 表示）用角速度 $\boldsymbol{\omega}$ 来表示，上述矢量在参考坐标系 $\{A\}$ 中表示为

$$^{A}\boldsymbol{v}={}^{A}\dot{\boldsymbol{p}}=[v_x \quad v_y \quad v_z]^{\mathrm{T}} \tag{4-32}$$

$$^{A}\boldsymbol{\omega}=[\omega_x \quad \omega_y \quad \omega_z]^{\mathrm{T}} \tag{4-33}$$

式中：$^{A}\boldsymbol{p}$ 为刚体质心在坐标系 $\{A\}$ 中的位置矢量；v_x、v_y、v_z 及 ω_x、ω_y、ω_z 分别为线速度 ^{A}v 和角速度 $^{A}\boldsymbol{\omega}$ 在坐标系 $\{A\}$ 中的三轴分量，其中，线速度 $\boldsymbol{v}$ 可以通过对位置矢量 $\boldsymbol{p}$ 直接求导得到。

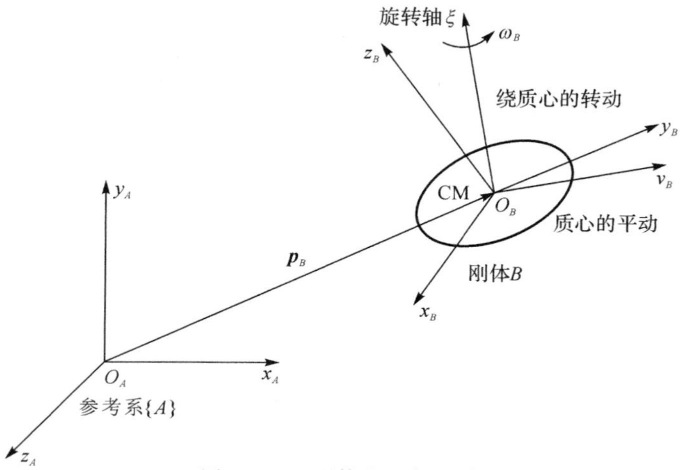

图 4－10　刚体的一般运动

根据式(4-32),质心位置 $\boldsymbol{p}$ 与线速度 $\boldsymbol{v}$ 之间是直接的微分关系,原因在于三轴的平动运动是解耦的,合成的三轴平动与单轴平动的顺序无关,也就是说,若刚体要实现 $[p_x \quad p_y \quad p_z]^{\mathrm{T}}$ 的位移,可通过刚体分别沿 x、y、z 轴运动 p_x、p_y、p_z,具体先沿哪个轴运动都无所谓,对平动顺序无特别要求。

不同于平动,刚体的姿态有多种表示形式,而旋转运动却仅有角速度一种形式,也就是说多种类型的姿态描述参数对应一种角速度;另外,三轴的旋转运动是耦合的,即刚体绕任何一个轴转动后,其余两个轴的指向也随之发生变化,因而姿态描述参数的定义与旋转顺序有关(如欧拉角),所以,姿态描述参数与刚体角速度之间不是简单的导数关系。具体的姿态描述方法的导数与角速度的关系这里不再赘述。

4.4.3 关节状态与速度

机械臂常用的关节有转动关节和平动关节。对于转动关节,用旋转角度作为关节状态变量(或广义坐标),而对于平移关节,用平移量作为其状态变量。关节状态变量统一用符号 q 表示,对于关节 i,有

$$q_i=\begin{cases}\theta_i, & \text{转动关节}\\ d_i, & \text{平移关节}\end{cases} \tag{4-34}$$

将所有关节状态变量组成一个向量且用符号 $\boldsymbol{q}$ 表示,即

$$\boldsymbol{q}=[q_1,q_2,\cdots,q_n]^{\mathrm{T}} \tag{4-35}$$

若所有关节均为转动关节,所有状态变量组成的向量还可表示为

$$\boldsymbol{\Theta}=[\theta_1,\theta_2,\cdots,\theta_n]^{\mathrm{T}} \tag{4-36}$$

对关节状态变量(式)进行求导,可得关节速度变量,如下式所示:

$$\dot{\boldsymbol{q}}=[\dot{q}_1,\dot{q}_2,\cdots,\dot{q}_n]^{\mathrm{T}} \tag{4-37}$$

对于完全由转动关节组成的情况,对式求导,得关节角速度为

$$\dot{\boldsymbol{\Theta}}=[\theta_1,\theta_2,\cdots,\theta_n]^{\mathrm{T}} \tag{4-38}$$

4.4.4 末端位姿与速度

机器人末端的位置和姿态由与其固连的末端工具坐标系相对于参考坐标系的关系来描述。一般情况下,末端工具坐标系可定义为:坐标系原点位于末端工具的抓持中心;Z 轴正向为工具趋向工件的方向;Y 轴正向为抓手的一个指尖指向另一个指尖(以两指手为例),称为方向矢量;X 轴正向为垂直于指面,满足右手定则,如图 4-11 所示。

末端工具坐标系相对于参考坐标系的位置 $\boldsymbol{p}_{\mathrm{e}}$、姿态 $\boldsymbol{\Psi}_{\mathrm{e}}$(欧拉角表示)分别表示为

$$\boldsymbol{p}_{\mathrm{e}}=[x_{\mathrm{e}},y_{\mathrm{e}},z_{\mathrm{e}}]^{\mathrm{T}} \tag{4-39}$$

$$\boldsymbol{\Psi}_{\mathrm{e}}=[\alpha_{\mathrm{e}},\beta_{\mathrm{e}},\gamma_{\mathrm{e}}]^{\mathrm{T}} \tag{4-40}$$

式中:x_{e}、y_{e}、z_{e} 为 $\boldsymbol{p}_{\mathrm{e}}$ 的 3 轴分量;α_{e}、β_{e}、γ_{e} 为 3 个欧拉角。

将 $\boldsymbol{p}_{\mathrm{e}}$ 和 $\boldsymbol{\Psi}_{\mathrm{e}}$ 组合成一起,得到能完整描述机械臂末端位置姿态的状态变量 $\boldsymbol{X}_{\mathrm{e}}$,即

$$\boldsymbol{X}_{\mathrm{e}}=[x_{\mathrm{e}},y_{\mathrm{e}},z_{\mathrm{e}},\alpha_{\mathrm{e}},\beta_{\mathrm{e}},\gamma_{\mathrm{e}}]^{\mathrm{T}} \tag{4-41}$$

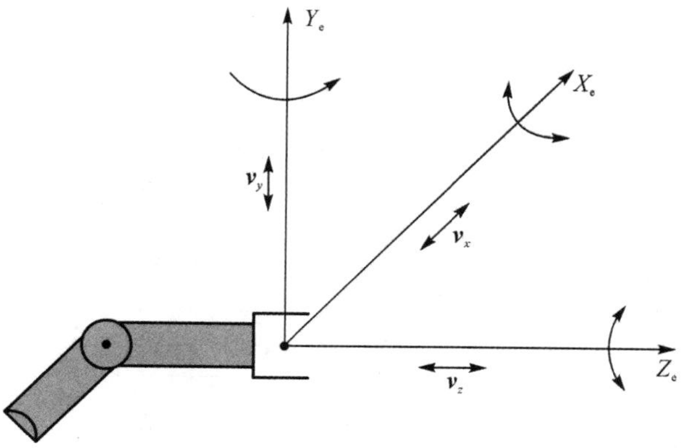

图 4-11　机械臂末端坐标系定义及其状态描述

实际上，机械臂末端位姿还可表示为齐次变换矩阵的形式。

末端线速度表示为

$$\boldsymbol{v}_{\mathrm{e}}=\dot{\boldsymbol{p}}_{\mathrm{e}}=[v_{\mathrm{e}x}\quad v_{\mathrm{e}y}\quad v_{\mathrm{e}z}]^{\mathrm{T}} \tag{4-42}$$

末端角速度表示为

$$\boldsymbol{\omega}_{\mathrm{e}}=[\omega_{\mathrm{e}x}\quad \omega_{\mathrm{e}y}\quad \omega_{\mathrm{e}z}]^{\mathrm{T}} \tag{4-43}$$

将 $\boldsymbol{v}_{\mathrm{e}}$ 和 $\boldsymbol{\omega}_{\mathrm{e}}$ 组合在一起，并用 $\dot{\boldsymbol{x}}_{\mathrm{e}}$ 表示，即

$$\dot{\boldsymbol{x}}_{\mathrm{e}}=[\boldsymbol{v}_{\mathrm{e}}^{\mathrm{T}}\quad \boldsymbol{\omega}_{\mathrm{e}}^{\mathrm{T}}]^{\mathrm{T}}=[v_{\mathrm{e}x},v_{\mathrm{e}y},v_{\mathrm{e}z},\omega_{\mathrm{e}x},\omega_{\mathrm{e}y},\omega_{\mathrm{e}z}]^{\mathrm{T}}\in\mathbf{R}^6 \tag{4-44}$$

需要指出的是，$\dot{\boldsymbol{x}}_{\mathrm{e}}$ 并不完全是 $\boldsymbol{X}_{\mathrm{e}}$ 的微分形式，因此，用小写来进行区分。

4.4.5　关节空间与任务空间

在机器人的实际操作任务中，末端工具需要按期望的位姿曲线运动，而这些运动是通过所有关节的联动来实现的。为方便描述，有如下定义。

关节空间：由机器人关节变量所有可能的值组成的集合称为关节空间，也称位形空间或臂形空间(configuration space)，用数学式可表示为

$$S_{\mathrm{J}}=\{\boldsymbol{q}=[q_1,q_2,\cdots,q_n]^{\mathrm{T}}:q_i\in[q_{i\_\min},q_{i\_\max}],i=1,2,\cdots,n\}\subset\mathbf{R}_n \tag{4-45}$$

任务空间：机器人所有臂型对应的末端执行器所有位姿组成的集合称为任务空间，也称操作空间。用数学式可表示为

$$S_{\mathrm{T}}=\{\boldsymbol{X}_{\mathrm{e}}=f(\boldsymbol{q}):\boldsymbol{q}\in S_{\mathrm{J}}\}\subset\mathbf{R}^6 \tag{4-46}$$

式中：$f(\boldsymbol{q})$为机器人末端位姿与机器人臂型的函数关系式。

工作空间：机器人所有臂型对应的末端执行器所有位置组成的集合称为工作空间。

$$S_{\mathrm{W}}=\{\boldsymbol{P}_{\mathrm{e}}=f_p(\boldsymbol{q}):\boldsymbol{q}\in S_{\mathrm{J}}\}\subset\mathbf{R}^3 \tag{4-47}$$

式中：$f_p(\boldsymbol{q})$为机器人末端位置与机器人臂型的函数关系。

以平面 2 连杆机械臂为例，用于描述该机械臂的关节变量和末端位置变量分别为

$$\boldsymbol{\Theta}=[\theta_1,\theta_2]^{\mathrm{T}} \tag{4-48}$$

$$\boldsymbol{p}_{\mathrm{e}}=[x_{\mathrm{e}},y_{\mathrm{e}}]^{\mathrm{T}} \tag{4-49}$$

设该机械臂各关节角的变化范围均为$(-\pi,\pi]$，则根据几何关系可得出机械臂末端的

可达范围为如图 4－12 所示的圆环。

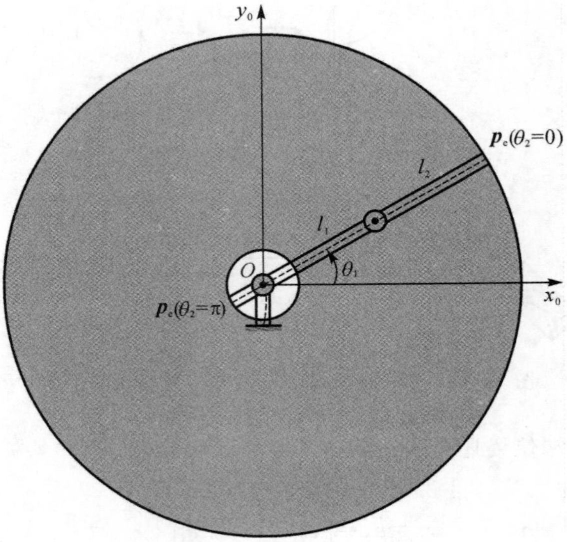

图 4－12　平面 2 连杆机械臂的工作空间

4.4.6　运动学正与逆

机械臂的状态既可以用关节空间来描述，也可以用末端位置、姿态来描述。这两种描述形式之间可以相互转化。确定不同状态变量之间的映射关系就是所谓的运动学问题。由于描述物体状态包括位置、速度、加速度 3 个层面。因此，运动学问题也可以分为位置级、速度级和加速度级 3 个层次。每个层次又都包括运动学正问题和逆问题。

根据关节状态($\boldsymbol{q},\dot{\boldsymbol{q}},\ddot{\boldsymbol{q}}$)确定机械臂末端状态($\boldsymbol{X}_e,\dot{\boldsymbol{x}}_e,\ddot{\boldsymbol{x}}_e$)的问题称为运动学正问题。根据机械臂末端状态($\boldsymbol{X}_e,\dot{\boldsymbol{x}}_e,\ddot{\boldsymbol{x}}_e$)确定关节状态($\boldsymbol{q},\dot{\boldsymbol{q}},\ddot{\boldsymbol{q}}$)的问题，称为运动学逆问题。

4.5　D－H 表示法

1957 年，Jaques Denavit 和 Richard S. Hartenberg 提出了一种机械臂连杆坐标系的建立和运动学建模方法。该方法通用性好，自提出后迅速推广，并成为机械臂建模的标准方法，称为 Denavit-Hartenberg 方法，简称 D－H 方法。

4.5.1　D－H 参数

设第 i 个关节的轴线为 J_i，第 i 个连杆记为 C_i，连杆状态可用以下 4 个参数定义：

(1)连杆长度 a_i：两个关节的关节轴线 J_i 与 J_{i+1} 的公垂线距离为连杆长度。

(2)连杆扭转角 α_i：设 P 为由 J_i 与该公垂线组成平面，J_{i+1} 与平面 P 的夹角为连杆扭转角。

(3)连杆偏移量 d_i：除第一和最后连杆外，中间连杆的 2 个关节轴线都有 1 条公垂线，J_i

对应关节的相邻 2 条公垂线间的距离为连杆偏移量。

(4)关节转角 θ_i:J_i 对应关节的相邻两条公垂线在以 J_i 为法线的平面上的投影的夹角为关节角。

连杆长度 a_i、连杆扭转角 α_i、连杆偏移量 d_i、关节转角 θ_i 称为 D－H 参数。对于平移关节,连杆偏移量 d_i 是变量,其他 3 个参数是常数;对于旋转关节,关节转角 θ_i 是变量,其他 3 个参数是常数。在 D－H 参数中,常数参数是由连杆的机械属性所决定的,不随关节的运动而变化。

4.5.2　D－H 坐标系

简单来说,经典 D－H 方法确定和建立每个坐标系的规则如下:

(1)z_i 轴确定规则:若关节 $i+1(i=0,1,\cdots n-1)$是旋转关节,则 z_i 轴指向关节 $i+1$ 旋转轴的正向,转角 θ_i 为关节变量;若关节 $i+1$ 是平移关节,则 z_i 轴为平移运动的正方向,d_i 为关节变量。

(2)原点及 x_i 轴确定规则:$x_i(i=1,2,\cdots,n)$由 z_{i-1} 和 z_i 轴的相互关系确定,分下面几种情况:

1)z_{i-1}和 z_i 轴既不平行也不相交,则取 z_{i-1}和 z_i 轴公垂线方向作为 x_i 轴,方向为 $i-1$ 轴指向 i 轴;公垂线与 z_i 轴的交点作为坐标系$\{i\}$的原点。

2)z_{i-1}和 z_i 轴平行,此时,两 z 轴之间有无数条公垂线,可以与前一关节的公垂线共线的一条公垂线为 x_i 轴,方向为 $i-1$ 轴指向 i 轴;公垂线与 z_i 轴的交点作为坐标系$\{i\}$的原点。

3)z_{i-1}和 z_i 轴相交,取$\pm(z_{i-1}\times z_i)$的方向作为 x_i 轴;z_{i-1}和 z_i 轴的交点作为坐标系$\{i\}$的原点。

(3)y_i 轴确定原则:根据右手定则确定,即以 $z_i\times x_i$ 的方向作为 y_i 轴的正向。

上述规则能完整地定义中间杆件的坐标系,而对于首、末杆件,上述规则没有完全确定坐标系的所有元素,具体包括基座坐标系$\{0\}$的原点和 x_0 轴以及末端杆件坐标系$\{n\}$的 z_n 轴。实际中,可根据实际情况进行定义,若没有特殊要求,可按“尽量使相应 D－H 参数为 0”的原则进行定义。

在上述坐标系定义下,D－H 参数也可描述如下:

(1)θ_i:绕 z_{i-1}轴(按右手规则)由 x_{i-1}转向 x_i 轴的关节角。

(2)d_i:从坐标系$\{i-1\}$的原点到 z_{i-1}轴和 x_i 轴的交点沿 z_{i-1}轴的距离。

(3)a_i:从 z_{i-1}轴和 x_i 轴的交点到坐标系$\{i\}$原点沿 x_i 轴的偏置距离(或者说,是 z_{i-1}和 z_i 两轴间的最小距离)。

(4)α_i:绕 x_i 轴(按右手规则)由 z_{i-1}轴转向 z_i 轴的偏角。

按 D－H 规则定义的杆件 i 坐标系及相应的参数含义如图 4－13 所示。

具体来说,D－H 坐标系建立的步骤如下:

(1)建立基座坐标系。以基座上感兴趣的位置为原点,关节 1 的运动轴正方向为 z_0 轴,建立右手正交坐标系(x_0,y_0,z_0),其中,x_0 和 y_0 轴与 z_0 垂直,方向任选。

(2)对每个 $i(i=1,2,\cdots,n-1)$,完成(3)～(6)步。

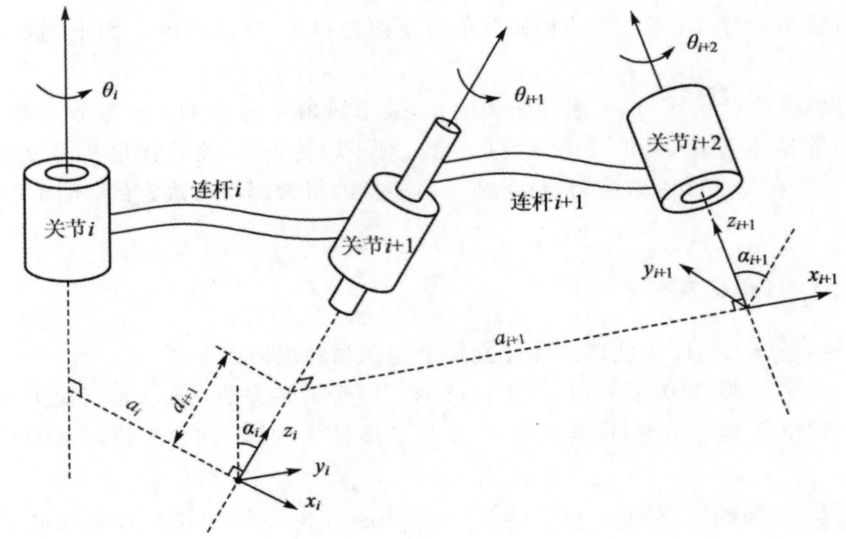

图 4-13　经典 D-H 法中杆件 i 坐标系的定义

(3)建立连杆 i 坐标系的 z 轴(即 z_i 轴)。以关节 $i+1$ 的运动(转动或移动)轴正向为 z_i 轴。

(4)建立连杆 i 坐标系的原点 O_i。若 z_i 和 z_{i-1} 轴相交,则以两轴交点为原点;若 z_i 和轴异面或平行,则以两轴的公垂线与 z_i 轴的交点为原点。

(5)建立连杆 i 坐标系的 x 轴(即 x_i 轴)。按 $x_i=\pm(z_{i-1}\times z_i)/\parallel z_{i-1}\times z_i\parallel$ 建立 x_i 轴,即使 x_i 轴与 z_{i-1} 及 z_i 轴同时垂直;若 z_{i-1} 与 z_i 轴平行,则以它们的公垂线为 x_i 轴。

(6)建立连杆 i 坐标系的 y 轴(即 y_i 轴)。根据已建立的 x_i 轴和 z_i 轴,按右手定则建立 y_i 轴,即令 $y_i=(z_i\times x_i)/\parallel z_i\times x_i\parallel$。

(7)建立末端工具坐标系(x_n,y_n,z_n)。z_n 轴与 z_{n-1} 轴平行,但指向机器人本体外方向;x_n 轴与 z_{n-1} 及 z_n 同时垂直;y_n 轴由右手定则确定。

在确定坐标系的基础上,按下列步骤确定 D-H 参数:

(1)确定 d_i。坐标系$\{i-1\}$的原点至 z_{i-1} 轴和 x_i 轴交点沿 z_{i-1} 轴的距离即为 d_i。若关节 i 为平移关节,则 d_i 为关节变量;否则,d_i 为关节常数。

(2)确定 a_i。由 z_{i-1} 轴和 x_i 轴的交点至第 i 坐标系原点沿 x_i 轴的距离即为 a_i,为关节常数。

(3)确定 θ_i。绕 z_{i-1} 轴由 x_{i-1} 转向 x_i 轴的转角即为 θ_i。若关节 i 为转动关节,则 θ_i 为关节变量;否则,θ_i 为关节常数。

(4)确定 α_i。绕 x_i 轴由 z_{i-1} 轴转向 z_i 轴的转角即为 α_i,为关节常数。

由于经典 D-H 方法中的坐标系$\{i-1\}$的 z_{i-1} 轴指向关节 i 的旋转轴,使得坐标系编号与对应的关节轴编号不一致。因此,另一种坐标系建立方法即规定坐标系$\{i\}$的 z_i 轴指向关节 i 的旋转轴,该方法也称为 M-D-H 方法。该方法的坐标系建立、参数确定过程与经典 D-H 方法类似。

4.5.3　D－H 坐标系及参数示例

以三自由度(3DOF)拟人肘机械臂为例，根据上述规则建立的 D－H 坐标系如图 4－14 所示，相应的 D－H 参数如表 4－2 所示。其中，0～n 号坐标系完全根据上述规则定义，而末端工具坐标系$\{x_e y_e z_e\}$根据其安装的实际情况进行定义，不论怎么安装，$\{x_e y_e z_e\}$相对于 n 号坐标系的位姿关系固定不变。

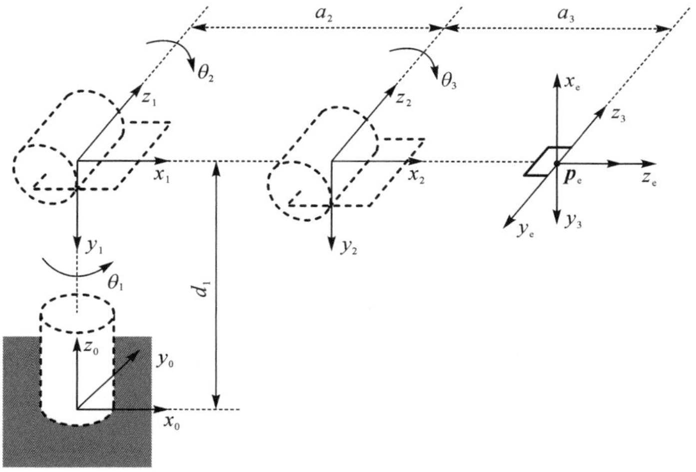

图 4－14　3DOF 拟人肘机械臂 D－H 坐标系

表 4－2　3DOF 肘机械臂的 D－H 参数表

连杆 i	$\theta_i/(°)$	$\alpha_i/(°)$	a_i/m	d_i/m
1	θ_1	－90	0	d_1
2	θ_2	0	a_2	0
3	θ_3	0	a_3	0

下面以 PUMA560 机器人为例说明坐标系建立过程。该机器人是 Unimation 公司生产的 6 自由度串联机构机器人，它由 6 个旋转关节构成，构成示意图如图 4－15(a)所示。参照人体结构，该机器人的第一个关节，即关节轴线为 J_1 的关节，称为腰关节；关节轴线为 J_2 的关节，称为肩关节；关节轴线为 J_3 的关节，称为肘关节；关节轴线为 J_4、J_5 和 J_6 的关节，称为腕关节。肩关节与肘关节之间的连杆称为大臂，肘关节与腕关节之间的连杆称为小臂。根据上述规则建立的 D－H 坐标系如图 4－15(b)所示，相应的 D－H 参数如表 4－3 所示。各坐标系简要介绍如下：

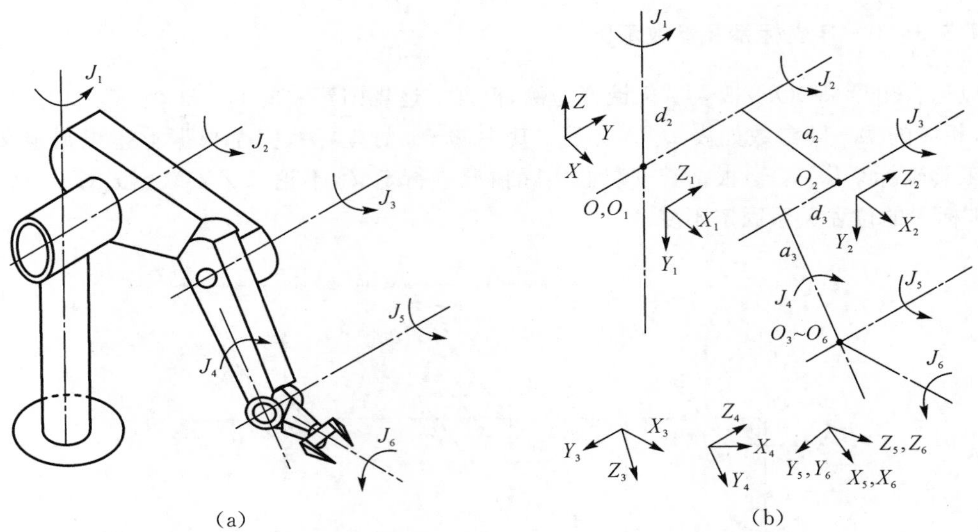

图 4-15　PUMA560 机器人 D-H 坐标系

表 4-3　PUMA560 机器人 D-H 参数表

连杆 i	$\theta_i/(°)$	$\alpha_i/(°)$	a_i/m	d_i/m
1	θ_1	−90	0	0
2	θ_2	0	a_2	d_2
3	θ_3	−90	a_3	d_3
4	θ_4	90	0	0
5	θ_5	−90	0	0
6	θ_6	0	0	0

1. 基坐标系 $OXYZ$

原点 O 选取在 J_1 与 J_2 的交点处，Z 轴方向选取沿 J_1 轴向上的方向，X 轴方向取机器人处于初始状态时手臂的朝向。当机器人处于初始状态时，Y 轴方向就是 J_2 轴的方向。

2. 坐标系 $O_1X_1Y_1Z_1$

原点 O_1 选取在 J_1 与 J_2 的交点处，Z_1 轴方向为 J_2 方向，Y_1 轴方向选取与 Z 轴相反方向。当机器人处于初始状态时，X_1 轴的方向与 X 轴的方向相同。

3. 坐标系 $O_2X_2Y_2Z_2$

原点 O_2 选取在 J_2 与 J_3 之间的连杆与 J_3 的交点处，Z_2 轴方向为 J_3 方向，X_2 轴方向选取 J_2 与 J_3 的公垂线指向 O_2 的方向。

4. 坐标系 $O_3X_3Y_3Z_3$

原点 O_3 选取在 J_4、J_5 和 J_6 的交点处，Z_3 轴方向为 J_4 方向，Y_3 轴方向选取与 Z_2 轴相

反的方向。当机器人处于初始状态时，X_3 轴的方向与 X_2 轴的方向相同。

5. 坐标系 $O_4X_4Y_4Z_4$

原点 O_4 选取在 J_4、J_5 和 J_6 的交点处，Z_4 轴方向为 J_5 方向，Y_4 轴方向选取与 Z_3 轴相同的方向。当机器人处于初始状态时，X_4 轴的方向与 X_3 轴的方向相同。

6. 坐标系 $O_5X_5Y_5Z_5$

原点 O_5 选取在 J_4、J_5 和 J_6 的交点处，Z_5 轴方向为 J_6 方向，Y_5 轴方向选取与 Z_4 轴相反的方向。当机器人处于初始状态时，X_5 轴的方向与 X_4 轴的方向相同。

7. 坐标系 $O_6X_6Y_6Z_6$

原点 O_6 选取在 J_4、J_5 和 J_6 的交点处，Z_6 轴方向为 J_6 方向，X_6 轴方向选取抓手一个指尖到另一个抓手指尖的方向。当机器人处于初始状态时，X_6 轴的方向与 X_5 轴的方向相同。

4.5.4　基于 D-H 参数的齐次变换矩阵

按上述规则建立 D-H 坐标系后，可通过以下 4 步标准运动使得坐标系 x_{i-1} 与 x_i 重合：

(1) 坐标系 Σ_{i-1} 绕 z_{i-1} 轴旋转 θ_i，使 x_{i-1} 与 x_i 平行，齐次变换矩阵为

$$\boldsymbol{T}_{R_z,\theta_i} = \mathrm{Rot}(z_{i-1},\theta_i)$$

(2) 继续沿 z_{i-1} 轴平移 d_i 距离，使得 x_{i-1} 与 x_i 共线，齐次变换矩阵为

$$\boldsymbol{T}_{T_z,d_i} = \mathrm{Trans}(z_{i-1},d_i)$$

(3) 继续沿 x_{i-1} 轴平移 a_i 的距离，使得坐标系 Σ_{i-1} 和 Σ_i 的原点重合，齐次变换矩阵为

$$\boldsymbol{T}_{T_x,a_i} = \mathrm{Trans}(x_{i-1},a_i)$$

(4) 将 z_{i-1} 轴绕 x_i 轴旋转 α_i，使得 z_{i-1} 轴与 z_i 轴对齐，齐次变换矩阵为

$$\boldsymbol{T}_{R_x,\alpha_i} = \mathrm{Rot}(x_i,\alpha_i)$$

此时坐标系Σ_{i-1}和Σ_i 完全相同。

根据上述旋转过程可知，Σ_{i-1} 到 Σ_i 的齐次变换矩阵为

$$\begin{aligned}{}^{i-1}\boldsymbol{T}_i &= \boldsymbol{T}_{R_z,\theta_i}\boldsymbol{T}_{T_z,d_i}\boldsymbol{T}_{T_x,a_i}\boldsymbol{T}_{R_x,\alpha_i}\\ &= \begin{bmatrix} c\theta_i & -s\theta_i & 0 & 0\\ s\theta_i & c\theta_i & 0 & 0\\ 0 & 0 & 1 & 0\\ 0 & 0 & 0 & 1\end{bmatrix}\begin{bmatrix} 1 & 0 & 0 & 0\\ 0 & 1 & 0 & 0\\ 0 & 0 & 1 & d_i\\ 0 & 0 & 0 & 1\end{bmatrix}\begin{bmatrix} 1 & 0 & 0 & a_i\\ 0 & 1 & 0 & 0\\ 0 & 0 & 1 & 0\\ 0 & 0 & 0 & 1\end{bmatrix}\begin{bmatrix} 1 & 0 & 0 & 0\\ 0 & c\alpha_i & -s\alpha_i & 0\\ 0 & s\alpha_i & c\alpha_i & 0\\ 0 & 0 & 0 & 1\end{bmatrix}\end{aligned} \tag{4-50}$$

式中：

$$c\theta_i = \cos\theta_i,\ c\alpha_i = \cos\alpha_i \tag{4-51}$$

$$s\theta_i = \sin\theta_i,\ s\alpha_i = \sin\alpha_i \tag{4-52}$$

式(4-50) 中各项相乘后的结果为

$${}^{i-1}\boldsymbol{T}_i = \begin{bmatrix} c\theta_i & -s\theta_i c\alpha_i & s\theta_i s\alpha_i & a_i c\theta_i\\ s\theta_i & c\theta_i c\alpha_i & -c\theta_i s\alpha_i & a_i s\theta_i\\ 0 & s\alpha_i & c\alpha_i & d_i\\ 0 & 0 & 0 & 1\end{bmatrix} \tag{4-53}$$

式(4-53)表明,采用D-H规则后,相邻连杆坐标系间的位姿关系可通过4个D-H参数得到。其中,姿态(用姿态变换矩阵表示)和位置分别为

$$
{}^{i-1}\boldsymbol{R}_i = \begin{bmatrix} c\theta_i & -s\theta_i c\alpha_i & s\theta_i s\alpha_i \\ s\theta_i & c\theta_i c\alpha_i & -c\theta_i s\alpha_i \\ 0 & s\alpha_i & c\alpha_i \end{bmatrix} \tag{4-54}
$$

$$
{}^{i-1}\boldsymbol{p}_i = \begin{bmatrix} a_i c\theta_i \\ a_i s\theta_i \\ d_i \end{bmatrix} \tag{4-55}
$$

4.5.5 机械臂运动学正与逆的解算

机械臂末端的位置与姿态可以采用位姿矩阵进行描述。一旦确定了机械臂各个关节的关节坐标,机器人末端的位姿也就随之确定。机器人的正向运动学,描述的就是机器人的关节空间到末端笛卡儿空间之间的映射关系,它是一种单射关系。

当相邻坐标系的关系确定后,机械臂末端坐标系 Σ_n 相对于基座坐标系 Σ_0 的位姿矩阵可通过下面的式子得到:

$$
{}^0\boldsymbol{T}_n = {}^0\boldsymbol{T}_1 {}^1\boldsymbol{T}_2 \cdots {}^{n-1}\boldsymbol{T}_n = \mathrm{fkine}(\boldsymbol{\Theta}) \tag{4-56}
$$

式(4-56)即为机械臂的位置级运动学方程。

同样以PUMA560机器人为例,其位置级运动学方程为

$$
{}^0\boldsymbol{T}_6 = {}^0\boldsymbol{T}_1 {}^1\boldsymbol{T}_2 {}^2\boldsymbol{T}_3 {}^3\boldsymbol{T}_4 {}^4\boldsymbol{T}_5 {}^5\boldsymbol{T}_6 \tag{4-57}
$$

式中:

$$
{}^0\boldsymbol{T}_1 = \begin{bmatrix} \cos\theta_1 & 0 & -\sin\theta_1 & 0 \\ \sin\theta_1 & 0 & \cos\theta_1 & 0 \\ 0 & -1 & 0 & 0 \\ 0 & 0 & 0 & 1 \end{bmatrix};\ {}^1\boldsymbol{T}_2 = \begin{bmatrix} \cos\theta_2 & -\sin\theta_2 & 0 & a_2\cos\theta_2 \\ \sin\theta_2 & \cos\theta_2 & 0 & a_2\sin\theta_2 \\ 0 & 0 & 1 & d_2 \\ 0 & 0 & 0 & 1 \end{bmatrix}
$$

$$
{}^2\boldsymbol{T}_3 = \begin{bmatrix} \cos\theta_3 & 0 & -\sin\theta_3 & a_3\cos\theta_3 \\ \sin\theta_3 & 0 & \cos\theta_3 & a_3\sin\theta_3 \\ 0 & -1 & 0 & d_3 \\ 0 & 0 & 0 & 1 \end{bmatrix};{}^3\boldsymbol{T}_4 = \begin{bmatrix} \cos\theta_4 & 0 & \sin\theta_4 & 0 \\ \sin\theta_4 & 0 & -\cos\theta_4 & 0 \\ 0 & 1 & 0 & 0 \\ 0 & 0 & 0 & 1 \end{bmatrix}
$$

$$
{}^4\boldsymbol{T}_5 = \begin{bmatrix} \cos\theta_5 & 0 & -\sin\theta_5 & 0 \\ \sin\theta_5 & 0 & \cos\theta_5 & 0 \\ 0 & -1 & 0 & 0 \\ 0 & 0 & 0 & 1 \end{bmatrix};\ {}^5\boldsymbol{T}_6 = \begin{bmatrix} \cos\theta_6 & -\sin\theta_6 & 0 & 0 \\ \sin\theta_6 & \cos\theta_6 & 0 & 0 \\ 0 & 0 & 1 & 0 \\ 0 & 0 & 0 & 1 \end{bmatrix}。
$$

逆向运动学描述的就是机器人的末端笛卡儿空间到关节空间之间的映射关系。逆运动学的解是否存在,取决于期望位姿是否在机器人的工作空间内。如果末端执行器的期望位姿在机器人的工作空间内,那么至少存在一组逆运动学的解。同样以图4-12的两连杆机器人为例,其可达工作空间是一个外径为 L_1+L_2,内径为 $|L_1-L_2|$ 的圆环。在可达工作空间的内部,达到目标点的机器人关节有两组可能的解;在工作空间的边界上则只有一种可能的解。

在求解逆运动学方程时可能遇到的另一个问题就是多解问题。图 4-16 所示为一个带有末端执行器的 3 连杆平面机器人，若机器人的末端执行器需达到图 4-16 中的位姿，则连杆位形为一组可能的逆运动学求解。注意，当机器人的前 2 节连杆处于图中的虚线位形时，末端执行器的位姿与第一个位形完全相同。即对该平面 3 连杆机器人而言，其逆运动学存在两组不同的解。

机器人系统在执行操控时只能选择一组解，对于不同的应用，其解的选择标准是不同的。其中一种比较合理的选择方法是“最短行程解”，即使得机器人的移动距离最短。逆运动学解的个数取决于机器人的关节数量，也与连杆参数和关节运动范围有关。一般来说，机器人的关节数量越多，连杆的非零参数越多，达到某一特定位姿的方式也越多，即逆运动学的解的数量越多。

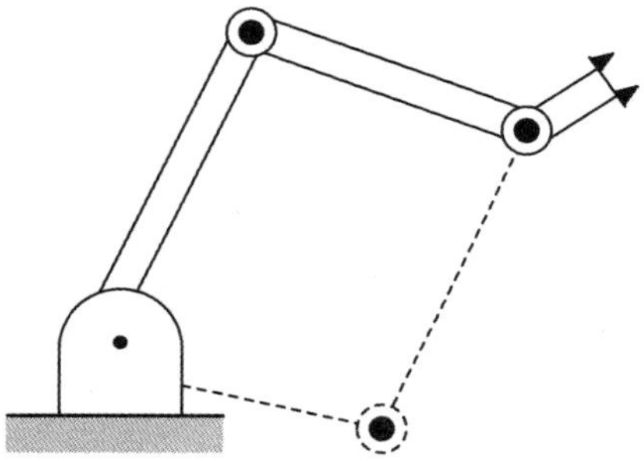

图 4-16　带有末端执行器的 3 连杆平面机器人

机器人逆运动学方程的求解方法主要包括解析法和数值法两大类。解析法包括代数法、几何法、欧拉变换解法、球面变换解法等。数值法即利用数值寻优的方法求得当前时刻的运动学逆解。下面通过两种不同的方法对一个简单的平面 3 连杆机器人进行求解。

4.5.5.1　*代数方法*

代数方法是求解逆运动学的基本方法之一，在求解方程时，解的形式已经确定。以图 4-17 的平面 3 连杆机器人为例，连杆参数如表 4-4 所示。

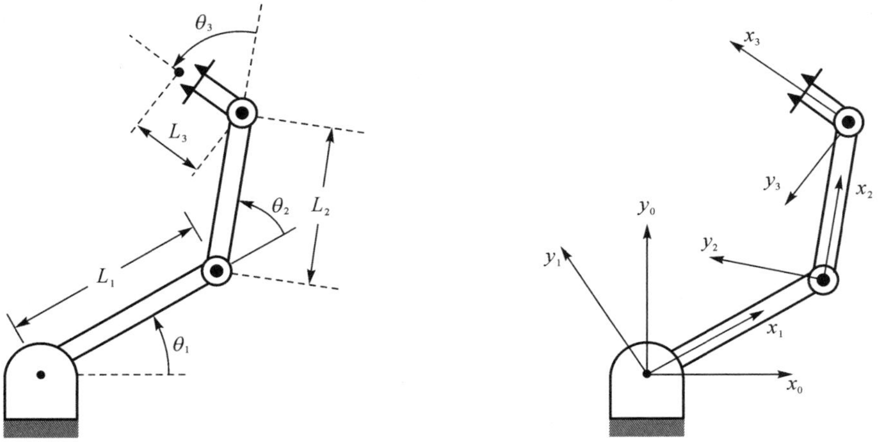

图 4-17　平面 3 连杆机器人及其坐标系示意

表 4-4 3 连杆机器人对应的 D-H 参数表

i	α_{i-1}	a_{i-1}	d_i	θ_i
1	0	0	0	θ_1
2	0	L_1	0	θ_2
3	0	L_2	0	θ_3

应用这些连杆参数很容易可以求得这个机器人的正向运动学方程为

$$ {}_W^B\boldsymbol{T} = {}_3^0\boldsymbol{T} = \begin{bmatrix} \mathrm{c}_{123} & -\mathrm{s}_{123} & 0 & L_1\mathrm{c}_1 + L_2\mathrm{c}_{12} \\ \mathrm{s}_{123} & \mathrm{c}_{123} & 0 & L_1\mathrm{s}_1 + L_2\mathrm{s}_{12} \\ 0 & 0 & 1 & 0 \\ 0 & 0 & 0 & 1 \end{bmatrix} \tag{4-58} $$

式中：c_{123} 是 $\cos(\theta_1+\theta_2+\theta_3)$ 的缩写；s_{123} 是 $\sin(\theta_1+\theta_2+\theta_3)$，等等。

假设目标点的位姿已经确定，即${}_W^B\boldsymbol{T}$ 已知，可以通过三个变量 x，y 和 φ 来确定目标点的位姿。其中，x，y 是目标点在基坐标系下的笛卡儿坐标，φ 是连杆 3 在平面内的方位角（相对于基坐标系 x 轴正方向），则目标点关于基坐标系的变换矩阵如下：

$$ {}_W^B\boldsymbol{T} = \begin{bmatrix} \mathrm{c}_\varphi & -\mathrm{s}_\varphi & 0 & x \\ \mathrm{s}_\varphi & \mathrm{c}_\varphi & 0 & y \\ 0 & 0 & 1 & 0 \\ 0 & 0 & 0 & 1 \end{bmatrix} \tag{4-59} $$

式中：c_φ 是 $\cos\varphi$ 的缩写；s_φ 是 $\sin\varphi$ 的缩写。令式(4-58) 和式(4-59) 相等，即对应位置的元素相等，可以得到 4 个非线性方程：

$$ \begin{cases} \mathrm{c}_\varphi = \mathrm{c}_{123} \\ \mathrm{s}_\varphi = \mathrm{s}_{123} \\ x = L_1\mathrm{c}_1 + L_2\mathrm{c}_{12} \\ y = L_1\mathrm{s}_1 + L_2\mathrm{s}_{12} \end{cases} \tag{4-60} $$

用代数方法求解上述方程组(4-60)，首先将后两个式子两边求平方并相加，求出 c_2，解出多解的 θ_2，然后利用带入法，依次求出 θ_1 和 θ_3，即可完成逆运动学求解。

4.5.5.2 几何方法

在几何方法中，为求出机器人的解，需将机器人的空间几何参数分解成平面几何参数。几何方法对于少自由度机器人，或当连杆参数满足一些特定取值时（如当 $\alpha_1 = 0$ 或 $\pm 90°$ 时），求解其逆运动学是相当容易的。对于图 4-17 所示的平面 3 连杆机器人，如不考虑最后一根连杆代表的末端执行器，则机器人可以简化为如图 4-18 所示的平面 2 连杆机器人。只要前两根连杆能够到达指定的位置 P，末端执行器即能达到所需的位姿。可以通过平面几何关系来直接求解 θ_1 和 θ_2。

如图 4-18 所示，L_1、L_2 以及连接坐标系{0} 原点和坐标系{3} 原点的连线，组成了一个三角形。图 4-18 中关于连线 OP，与 L_1、L_2 位置对称的一组点画线表示该三角形的另一种可能的位形，该组位形同样可以达到坐标系{3}的位置。

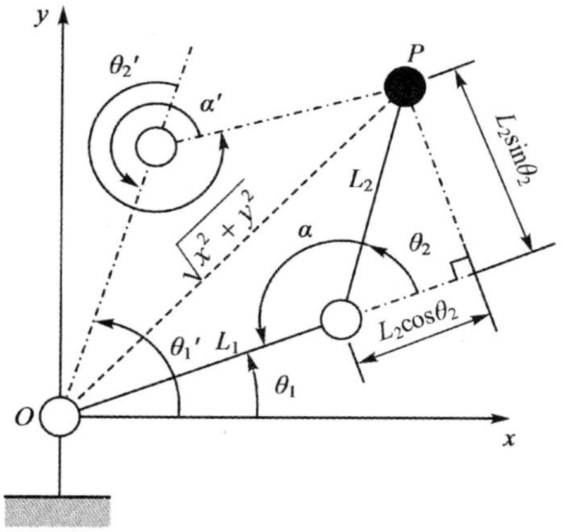

图 4-18　平面 2 连杆机器人的逆运动学求解

对于实线表示的三角形(图 4-18 中下部的机器人位形)，根据余弦定理可以得到：

$$x^2+y^2=L_1^2+L_2^2-2L_1L_2\cos\alpha \tag{4-61}$$

即有

$$\alpha=\arccos\left(\frac{L_1^2+L_2^2-x^2-y^2}{2L_1L_2}\right) \tag{4-62}$$

为了使该三角形成立，到目标点的距离 $\sqrt{x^2+y^2}$ 必须小于等于 2 根连杆的长度之和 L_1+L_2。可对上述条件进行计算校核该解是否存在。当目标点超出机器人的工作空间时，这个条件不满足，此时逆运动学无解。

求得连杆 L_1 和 L_2 之间的夹角 α 后，即可通过平面几何关系求出 θ_1 和 θ_2：

$$\begin{cases}\theta_2=\pi-\alpha\\ \theta_1=\arctan\left(\dfrac{y}{x}\right)-\arctan\left(\dfrac{L_2\sin\theta_2}{L_1+L_2\cos\theta_2}\right)\end{cases} \tag{4-63}$$

如图 4-18 所示，当 $\alpha'=-\alpha$ 时，机器人有另外一组对称的解：

$$\begin{cases}\theta_2=\pi+\alpha\\ \theta_1=\arctan\left(\dfrac{y}{x}\right)+\arctan\left(\dfrac{L_2\sin\theta_2}{L_1+L_2\cos\theta_2}\right)\end{cases} \tag{4-64}$$

平面内的角度是可以直接相加的，因此 3 根连杆的角度之和即为最后一根连杆的方位角：

$$\theta_1+\theta_2+\theta_3=\varphi \tag{4-65}$$

由上式可以解出 θ_3，即

$$\theta_3=\varphi-\theta_1-\theta_2 \tag{4-66}$$

至此，即用几何解法得到了这个机器人逆运动学的全部解。

习　题

1. 常见的刚体姿态描述方法及其优劣分析。
2. 简述 D－H 参数的构成。
3. 简单论述 D－H 坐标系建立方法及 D－H 参数确定方法。
4. 以平面 2 连杆机器人为例，建立 D－H 坐标系，推导其正、逆向运动学。
5. 相较复合坐标变化，齐次坐标变换的优势是什么？为什么在联体变换时大量应用？
6. 简单论述什么叫机械臂的运动学正和运动学逆，它们都是什么类型的映射关系？

第 5 章　空间机器人运动学建模

5.1　空间机器人对象描述

空间机器人的运动学方程描述了末端状态变量与机器人系统关节各状态变量之间的关系，包括位置、速度两个维度。以单臂空间机器人为例，其由基座（卫星）和一个 n 自由度机械臂组成，假设该 n 自由度机械臂可视为 n 个单自由度关节与连杆组成，如图 5－1 所示。

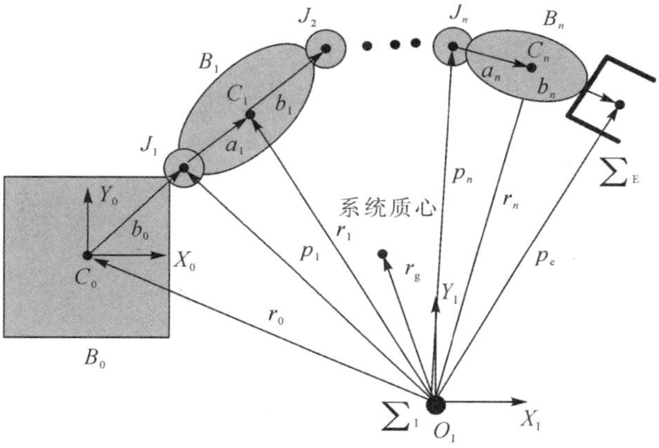

图 5－1　单臂空间机器人对象示意

图 5－1 中，$B_i(i=0,1,2,\cdots,n)$ 表示基座或机械臂的第 i 个连杆，J_i 表示连接 B_{i-1} 和 B_i 的关节。令 C_i 表示 B_i 的质心，O_g 表示机器人系统质心，Σ_I，Σ_E，Σ_H 分别表示惯性系、机械臂末端坐标系、手柄坐标系，Σ_i 表示 B_i 固连坐标系，其中，Z_i 正向为 J_i 的旋转方向。为了推导及表示方便，定义如下符号：

${}^j\boldsymbol{A}_i \in \mathbf{R}^{3\times 3}$：$\Sigma_j$ 相对于 Σ_i 的姿态变换矩阵；

${}^j\boldsymbol{T}_i \in \mathbf{R}^{4\times 4}$：$\Sigma_j$ 相对于 Σ_i 的姿态变换矩阵；

${}^j\boldsymbol{n}_i, {}^j\boldsymbol{o}_i, {}^j\boldsymbol{a}_i \in \mathbf{R}^3$：分别为 Σ_j 坐标系各轴的单位矢量在 Σ_i 中的表示；

${}^j\boldsymbol{d}_i$：为 Σ_j 原点在 Σ_i 中的位置矢量；

$\boldsymbol{E}_n$：n 维单位矩阵；

$\boldsymbol{O}_{n\times m}$：$n\times m$ 维零矩阵；

$\boldsymbol{\tau}$：关节驱动力矩；

$\boldsymbol{m}_i, {}^j\boldsymbol{I}_i$：第 j 个刚体 B_i 的质量及惯量矩阵；

$\boldsymbol{k}_i$：J_i 旋转方向的单位矢量；

$\boldsymbol{r}_i, \boldsymbol{r}_g$：$B_i$ 及系统质心位置矢量；

$\boldsymbol{p}_i, \boldsymbol{p}_e$：$J_i$ 及机械臂末端位置矢量；

$\boldsymbol{a}_i, \boldsymbol{b}_i$：分别为从 J_i 指向 C_i，从 C_i 指向 J_{i+1} 的位置矢量；

$\boldsymbol{l}_i=\boldsymbol{a}_i+\boldsymbol{b}_i$：从 Σ_i 原点指向 Σ_{i+1} 原点的矢量；

${}^k\boldsymbol{r}_{ij}$：从 Σ_i 原点指向 Σ_j 原点的矢量；

${}^k\boldsymbol{v}_i^j, {}^k\boldsymbol{\omega}_i^j$：表示 Σ_i 相对于 Σ_j 的线速度和角速度在 Σ_k 中的表示；

$\boldsymbol{\Theta}=[\theta_1, \cdots, \theta_n]$：关节角向量；

$\boldsymbol{v}_i, \boldsymbol{\omega}_i$：基座或第 i 个刚体 B_i 的线速度和角速度；

$\boldsymbol{v}_e, \boldsymbol{\omega}_e$：机械臂末端线速度和角速度；

$\boldsymbol{\Psi}_0, \boldsymbol{\Psi}_e$：基座姿态角、机械臂末端姿态角；

$\boldsymbol{Q}_0, \boldsymbol{Q}_e$：基座末端姿态四元数，机械臂末端姿态四元数；

此外，为描述方便，令 ${}^i\boldsymbol{v}$ 为矢量在 Σ_i 中的表示，不加左上标的 $\boldsymbol{v}$ 表示该矢量在惯性系中的表示。同时，若 $\boldsymbol{v}=[x, y, z]^{\mathrm{T}}$，定义叉乘操作数为

$$\tilde{\boldsymbol{v}}=\begin{bmatrix} 0 & -z & y \\ z & 0 & -x \\ -y & x & 0 \end{bmatrix} \tag{5-1}$$

5.2 空间机器人位置级运动学

5.2.1 位置级正运动学方程

空间机器人位置级正运动学，即根据空间机器人的关节状态变量求解机械臂末端工具坐标系相对于惯性系的位置和姿态的模型。空间机器人由卫星基座和多自由度机械臂组成，卫星基座 3 个平动自由度和 3 个转动自由度，设机械臂自由度数为 n，则整个空间机器人系统具有 $n+6$ 个自由度。要完整描述空间机器人的运动状态，需要 $n+6$ 个状态变量。

利用齐次变换矩阵，惯性系到空间机器人末端坐标系的齐次变换矩阵可表示成如下形式：

$${}^I\boldsymbol{T}_E={}^I\boldsymbol{T}_b{}^b\boldsymbol{T}_0({}^0\boldsymbol{T}_1{}^1\boldsymbol{T}_2\cdots{}^{n-1}\boldsymbol{T}_n){}^n\boldsymbol{T}_E \tag{5-2}$$

式中：${}^I\boldsymbol{T}_b$ 为惯性系到基座质心坐标系的齐次变换矩阵，是基座质心位置 $\boldsymbol{r}_0$、姿态角 $\boldsymbol{\psi}_b$ 的函数；${}^b\boldsymbol{T}_0$ 为基座质心坐标系到基座连杆坐标系的齐次变换矩阵，为常数矩阵；${}^{i-1}\boldsymbol{T}_i$（$i=1, 2, \cdots, n$）为连杆 $i-1$ 坐标系到连杆 i 坐标系的齐次变换矩阵；${}^n\boldsymbol{T}_E$ 为连杆 n 坐标系到机械臂末端工具坐标系的齐次变换矩阵，也为常数矩阵。连杆坐标系的建立可按 D－H 规则建立。

在式(5－2)等号右边各齐次变换矩阵中，${}^I\boldsymbol{T}_b$ 是基座质心位置 $\boldsymbol{r}_0$、姿态角 $\boldsymbol{\psi}_b$ 的函数。当姿态采用 ZYX 欧拉角表示时，可表示为

$$
{}^I\boldsymbol{T}_{\mathrm{b}}=\begin{bmatrix} c_{\alpha_b}c_{\beta_b} & c_{\alpha_b}s_{\beta_b}s_{\gamma_b}-s_{\alpha_b}c_{\gamma_b} & c_{\alpha_b}s_{\beta_b}c_{\gamma_b}+s_{\alpha_b}s_{\gamma_b} & r_{0x} \\ s_{\alpha_b}c_{\beta_b} & s_{\alpha_b}s_{\beta_b}s_{\gamma_b}+c_{\alpha_b}c_{\gamma_b} & s_{\alpha_b}s_{\beta_b}c_{\gamma_b}-c_{\alpha_b}s_{\gamma_b} & r_{0y} \\ -s_{\beta_b} & c_{\beta_b}s_{\gamma_b} & c_{\beta_b}c_{\gamma_b} & r_{0z} \\ 0 & 0 & 0 & 1 \end{bmatrix}={}^I\boldsymbol{f}_{\mathrm{b}}(\boldsymbol{\psi}_{\mathrm{b}},\boldsymbol{r}_0) \tag{5-3}
$$

当采用 D－H 表示法时，${}^{i-1}\boldsymbol{T}_i(i=1,2,\cdots,n)$是关节变量 $\boldsymbol{q}_i$ 的函数，可表示为

$$
{}^{i-1}\boldsymbol{T}_i=\begin{bmatrix} c\theta_i & -s\theta_i c\alpha_i & s\theta_i s\alpha_i & a_i c\theta_i \\ s\theta_i & c\theta_i c\alpha_i & -c\theta_i s\alpha_i & a_i s\theta_i \\ 0 & s\alpha_i & c\alpha_i & d_i \\ 0 & 0 & 0 & 1 \end{bmatrix}={}^{i-1}\boldsymbol{f}_i(\boldsymbol{q}_i) \tag{5-4}
$$

式中：${}^{i-1}\boldsymbol{f}_i(\boldsymbol{q}_i)$表示${}^{i-1}\boldsymbol{T}_i$ 是关节变量 $\boldsymbol{q}_i$ 的函数。

由于${}^b\boldsymbol{T}_0$、${}^n\boldsymbol{T}_E$ 为常数矩阵，因此将式(5－3)和式(5－4)代入式(5－2)后，有

$$
{}^I\boldsymbol{T}_{\mathrm{E}}={}^I\boldsymbol{T}_{\mathrm{b}}{}^b\boldsymbol{T}_0({}^0\boldsymbol{T}_1{}^1\boldsymbol{T}_2\cdots{}^{n-1}\boldsymbol{T}_n){}^n\boldsymbol{T}_{\mathrm{E}}={}^I\boldsymbol{f}_{\mathrm{E}}(\boldsymbol{\psi}_{\mathrm{b}},\boldsymbol{r}_0,\boldsymbol{q}_m) \tag{5-5}
$$

由此可知，机械臂末端工具坐标系相对于惯性系的位姿是基座质心位置 $\boldsymbol{r}_0$、姿态角 $\boldsymbol{\psi}_{\mathrm{b}}$ 以及机械臂关节变量 $\boldsymbol{q}_m$ 的函数。式(5－5)称为空间机器人位置级正运动学模型的一般表达方式。

齐次变换矩阵${}^I\boldsymbol{T}_{\mathrm{E}}$ 包含了位置和姿态两类信息：

$$
{}^I\boldsymbol{T}_{\mathrm{E}}=\begin{bmatrix} {}^I\boldsymbol{A}_{\mathrm{e}} & {}^I\boldsymbol{p}_{\mathrm{e}} \\ 0 & 1 \end{bmatrix} \tag{5-6}
$$

式中：${}^I\boldsymbol{A}_{\mathrm{e}}\in\mathbf{R}^{3\times3}$为机械臂末端工具坐标系相对于惯性系的姿态变换矩阵，${}^I\boldsymbol{p}_{\mathrm{e}}\in\mathbf{R}^3$ 为机械臂末端工具坐标系原点在惯性系中的位置矢量。

位置级正运动学方程的求解即已知机械臂基座质心位置 $\boldsymbol{r}_0$、姿态角 $\boldsymbol{\psi}_{\mathrm{b}}$ 以及机械臂关节变量 $\boldsymbol{q}_m$，计算机械臂末端坐标系相对于惯性系的位置和姿态的问题。

5.2.2　位置级逆运动学方程

5.2.1 节推导了空间机器人的正运动学方程。与之相对应的问题是，若给定空间机器人的末端坐标系相对于惯性系的位置和姿态，能否求得相应的空间机器人系统的状态变量。此即为空间机器人运动学逆问题。

位置级逆运动学方程的求解即已知机械臂末端坐标系相对于惯性系的位置${}^I\boldsymbol{p}_{\mathrm{e}}$ 和姿态${}^I\boldsymbol{A}_{\mathrm{e}}$，计算机械臂基座质心位置 $\boldsymbol{r}_0$、姿态角 $\boldsymbol{\psi}_{\mathrm{b}}$ 以及机械臂关节变量 $\boldsymbol{q}_m$ 的问题。

对于基座固定的工业机器人，若机器人自由度与三维空间自由度数相同，则其运动学问题具有有限组解。例如，对于一般的串联 6 自由度机械臂来说，运动学逆最多有 16 组，计算十分复杂。PUMA560 机械臂末端腕部关节，3 个关节轴线交于一点，位置、姿态相互解耦，具有封闭形式的逆运动学解。给定末端位置和姿态，可解出 8 种可能臂型的解。

对于一般的空间机器人而言，其多了基座的 6 个自由度。给定一组末端位置和姿态，对应无穷多组状态变量组合，无法根据一组末端位置和姿态求出有限组机器人系统的状态变量。但是，实际应用中，基座的位置和姿态若可精确测量得到，可参照固定基座的方法进行运动学逆的求解。

5.2.3 固定基座机器人位置级运动学示例

固定基座空间机器人的位置级运动学建模与地面固定基座机器人类似，为了简便，本节以 PUMA560 机器人为例，进行正、逆运动学的建模举例。

PUMA560 机器人是 Unimation 公司生产的 6 自由度串联机构机器人，它由 6 个旋转关节构成，其构成示意图如图 5-2 所示。机器人的第一个关节，即关节轴线为 J_1 的关节，称为腰关节。关节轴线为 J_2 的关节，称为肩关节。关节轴线为 J_3 的关节，称为肘关节。关节轴线为 J_4、J_5 和 J_6 的关节，称为腕关节。其中，绕 J_4 轴的旋转被称为腕扭转，绕 J_5 轴的旋转被称为腕弯曲，绕 J_6 轴的旋转被称为腕旋转。肩关节与肘关节之间的连杆，即关节轴线 J_2 与 J_3 之间的连杆称之为大臂。肘关节与腕关节之间的连杆称之为小臂。

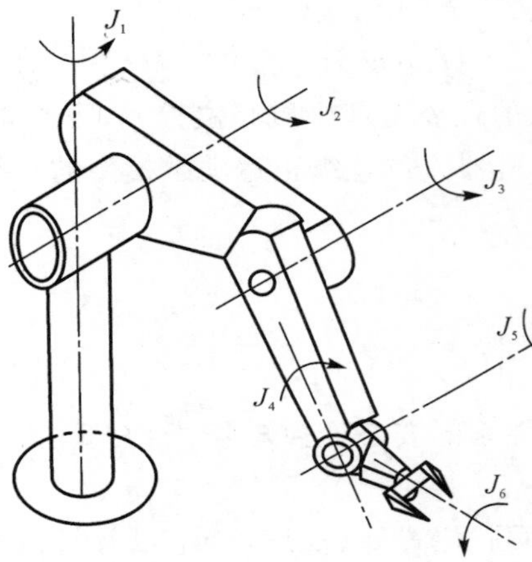

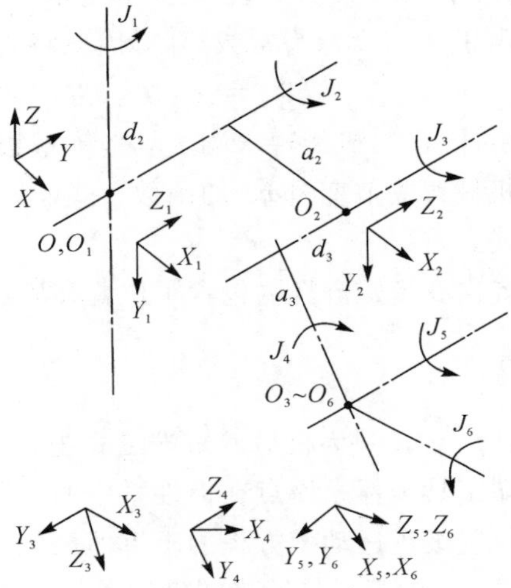

图 5-2 PUMA560 固定基座机器人构成示意图

5.2.3.1 坐标系的建立

首先，定义机器人的初始位置。取大臂处于某一朝向时，作为腰关节的初始位置。大臂处在水平位置时，作为肩关节的初始位置。小臂处在下垂位置，关节轴线 J_4 与 J_1 平行时，作为肘关节的初始位置。关节轴线 J_5 与 J_3 平行时，作为腕扭转关节的初始位置。关节轴线 J_6 与 J_4 平行时，作为腕弯曲关节的初始位置。抓手两个指尖的连线与大臂平行时，作为腕旋转关节的初始位置。在上述初始位置的前提下，各个关节的零点位置得到确定。为进行运动学的建模，分别建立基坐标系和 6 个 D-H 坐标系。

1. 基坐标系 $OXYZ$

原点 O 选取在 J_1 与 J_2 的交点处，Z 轴方向选取沿 J_1 轴向上的方向，X 轴方向取机器人处于初始状态时手臂的朝向。当机器人处于初始状态时，Y 轴方向就是 J_2 轴的方向。

2. 坐标系 $O_1X_1Y_1Z_1$

原点 O_1 选取在 J_1 与 J_2 的交点处，Z_1 轴方向为 J_2 方向，Y_1 轴方向选取与 Z 轴相反的方向。当机器人处于初始状态时，X_1 轴的方向与 X 轴的方向相同。

3. 坐标系 $O_2X_2Y_2Z_2$

原点 O_2 选取在 J_2 与 J_3 之间的连杆与 J_3 的交点处，Z_2 轴方向为 J_3 方向，X_2 轴方向选取 J_2 与 J_3 的公垂线指向 O_2 的方向。

4. 坐标系 $O_3X_3Y_3Z_3$

原点 O_3 选取在 J_4、J_5 和 J_6 的交点处，Z_3 轴方向为 J_4 方向，Y_3 轴方向选取与 Z_2 轴相反的方向。当机器人处于初始状态时，X_3 轴的方向与 Z_2 轴的方向相同。

5. 坐标系 $O_4X_4Y_4Z_4$

原点 O_4 选取在 J_4、J_5 和 J_6 的交点处，Z_4 轴方向为 J_5 方向，Y_4 轴方向选取与 Z_3 轴相同的方向。当机器人处于初始状态时，X_4 轴的方向与 X_3 轴的方向相同。

6. 坐标系 $O_5X_5Y_5Z_5$

原点 O_5 选取在 J_4、J_5 和 J_6 的交点处，Z_5 轴方向为 J_6 方向，Y_5 轴方向选取与 Z_4 轴相反的方向。当机器人处于初始状态时，X_5 轴的方向与 X_4 轴的方向相同。

7. 坐标系 $O_6X_6Y_6Z_6$

原点 O_6 选取在 J_4、J_5 和 J_6 的交点处，Z_6 轴方向为 J_6 方向，X_6 轴方向选取抓手一个指尖到另一个抓手指尖的方向。当机器人处于初始状态时，X_6 轴的方向与 X_5 轴的方向相同。

在建立了连杆坐标系之后，可以根据相邻连杆坐标系确定连杆的 D－H 参数。

表 5－1 机器人 D－H 参数

连杆	关节角/(°)	扭转角/(°)	连杆长度/m	连杆偏移量/m
1	θ_1	−90	0	0
2	θ_2	0	a_2	d_2
3	θ_3	−90	a_3	d_3
4	θ_4	90	0	0
5	θ_5	−90	0	0
6	θ_6	0	0	0

5.2.3.2　位置级运动学正

参照坐标系定义，分别进行各坐标系之间的转换分析，即可得到：

$$ {}^{0}\boldsymbol{T}_{1}=\begin{bmatrix} c\theta_1 & 0 & -s\theta_1 & 0 \\ s\theta_1 & 0 & c\theta_i & 0 \\ 0 & -1 & c\alpha_i & 0 \\ 0 & 0 & 0 & 1 \end{bmatrix} \tag{5-7} $$

$$ {}^{1}\boldsymbol{T}_{2}=\begin{bmatrix} c\theta_2 & -s\theta_2 & 0 & a_2c\theta_2 \\ s\theta_2 & c\theta_2 & 0 & a_2s\theta_2 \\ 0 & 0 & 1 & d_2 \\ 0 & 0 & 0 & 1 \end{bmatrix} \tag{5-8} $$

$$
{}^{2}\boldsymbol{T}_{3}=\begin{bmatrix} c\theta_3 & 0 & -s\theta_3 & a_3 c\theta_3 \\ s\theta_3 & 0 & c\theta_3 & a_3 s\theta_3 \\ 0 & -1 & 0 & d_3 \\ 0 & 0 & 0 & 1 \end{bmatrix} \tag{5-9}
$$

$$
{}^{3}\boldsymbol{T}_{4}=\begin{bmatrix} c\theta_4 & 0 & s\theta_4 & 0 \\ s\theta_4 & 0 & -c\theta_4 & 0 \\ 0 & 1 & 0 & 0 \\ 0 & 0 & 0 & 1 \end{bmatrix} \tag{5-10}
$$

$$
{}^{4}\boldsymbol{T}_{5}=\begin{bmatrix} c\theta_5 & 0 & -s\theta_5 & 0 \\ s\theta_5 & 0 & c\theta_5 & 0 \\ 0 & -1 & 0 & 0 \\ 0 & 0 & 0 & 1 \end{bmatrix} \tag{5-11}
$$

$$
{}^{5}\boldsymbol{T}_{6}=\begin{bmatrix} c\theta_6 & -s\theta_6 & 0 & 0 \\ s\theta_6 & c\theta_6 & 0 & 0 \\ 0 & 0 & 1 & 0 \\ 0 & 0 & 0 & 1 \end{bmatrix} \tag{5-12}
$$

固定基座机器人的运动学正模型即为

$$
{}^{I}\boldsymbol{T}_{6}={}^{0}\boldsymbol{T}_{6}={}^{0}\boldsymbol{T}_{1}{}^{1}\boldsymbol{T}_{2}{}^{2}\boldsymbol{T}_{3}{}^{3}\boldsymbol{T}_{4}{}^{4}\boldsymbol{T}_{5}{}^{5}\boldsymbol{T}_{6} \tag{5-13}
$$

该串联结构固定基座机器人的末端位置和姿态可以用上述位姿矩阵来描述。对于机器人的任何一组关节坐标，都具有确定的机器人末端的位姿与之对应，但对于不同的两组关节坐标，可能对应相同的末端位姿。由机器人的关节空间到机器人的末端笛卡儿空间之间的映射，是一种单射关系；由机器人的末端笛卡儿空间到机器人的关节空间之间的映射，是一种复射关系。

5.2.3.3　位置级运动学逆

该串联结构固定基座机器人的位置级运动学逆，多用于机器人的末端在笛卡儿空间的位姿规划及控制。由于机器人的末端笛卡儿空间到关节空间的映射是复射，所以根据机器人的末端位姿求解得到的关节坐标有多组解，即逆向运动学有多解。

逆向运动学的求解方法包括解析法、数值法、几何法等多种方法。由于 PUMA560 机器人的特殊性，其运动学逆具有解析解，可以利用解析法进行求解。

解析法的原理是先将目标位置、姿态写成齐次变换矩阵形式${}^{0}\boldsymbol{T}_{6}$，令其与包含系统变量(例如:关节转角)的${}^{0}\boldsymbol{T}_{1}{}^{1}\boldsymbol{T}_{2}{}^{2}\boldsymbol{T}_{3}{}^{3}\boldsymbol{T}_{4}{}^{4}\boldsymbol{T}_{5}{}^{5}\boldsymbol{T}_{6}$ 相等，然后设计合适的形式，对运动学模型进行变化，分离系统变量，通过对应项相等的方式求解。由于解析法推导过程十分复杂，本章不再赘述，可参阅机器人学相关教材。

5.3　空间机器人微分运动学

5.2 节建立了空间机器人的位置级运动学模型，但是其表述十分复杂，在实际空间机器人的路径规划和运动控制中，常常用到微分运动学模型。微分运动学模型主要表征基座质心线速度 $\boldsymbol{v}_0$、角速度 $\boldsymbol{\omega}_0$、机械臂关节角速度 $\dot{\boldsymbol{\Theta}}$ 与机械臂末端工具坐标系相对于惯性系的线速度 $\boldsymbol{v}_e$ 和角速度 $\boldsymbol{\omega}_e$ 之间的关系，包括速度级正运动学和逆运动学两部分。

速度级正运动学即已知基座质心线速度 $\boldsymbol{v}_0$、角速度 $\boldsymbol{\omega}_0$、机械臂关节角速度 $\dot{\boldsymbol{\Theta}}$，求解机械臂末端工具坐标系相对于惯性系的线速度 $\boldsymbol{v}_e$ 和角速度 $\boldsymbol{\omega}_e$ 的问题，速度级逆运动学即已知机械臂末端工具坐标系相对于惯性系的线速度 $\boldsymbol{v}_e$ 和角速度 $\boldsymbol{\omega}_e$，求解基座质心线速度 $\boldsymbol{v}_0$、角速度 $\boldsymbol{\omega}_0$、机械臂关节角速度 $\dot{\boldsymbol{\Theta}}$ 的问题。

5.3.1　空间机器人速度级正运动学模型

为了描述方便，将空间机器人对象重新描述，如图 5-3 所示，其变量定义参见 5.1 节。

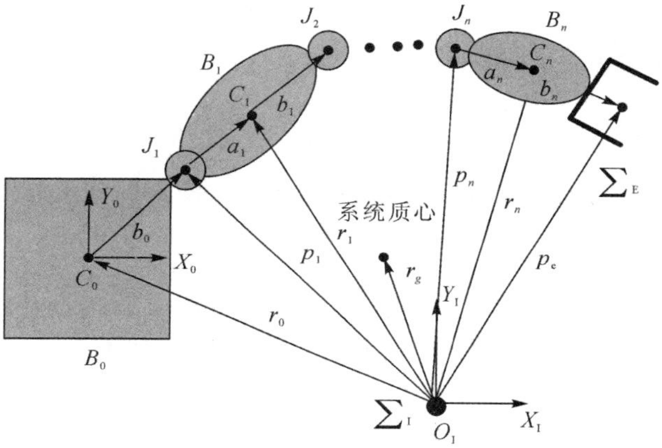

图 5-3　空间机器人对象示意

从图 5-3 中各刚体的相互关系，首先列写各刚体质心及机械臂末端的位置矢量，这是一个典型的末端位置级描述的矢量表达。

$$\boldsymbol{r}_i = \boldsymbol{r}_0 + \boldsymbol{b}_0 + \sum_{k=1}^{i-1}(\boldsymbol{a}_k + \boldsymbol{b}_k) + \boldsymbol{a}_i \tag{5-14}$$

$$\boldsymbol{p}_e = \boldsymbol{r}_0 + \boldsymbol{b}_0 + \sum_{k=1}^{n}(\boldsymbol{a}_k + \boldsymbol{b}_k) \tag{5-15}$$

然后，通过运动关系，列写各刚体质心及末端的角速度描述：

$$\boldsymbol{\omega}_i = \boldsymbol{\omega}_0 + \sum_{k=1}^{i}\boldsymbol{k}_k\dot{\theta}_k \tag{5-16}$$

$$\boldsymbol{\omega}_e = \boldsymbol{\omega}_0 + \sum_{k=1}^{n}\boldsymbol{k}_k\dot{\theta}_k \tag{5-17}$$

再利用泊松定理，通过牵连运动分析，得到各刚体质心以及末端的线速度：

$$\boldsymbol{v}_i = \dot{\boldsymbol{r}}_i = \boldsymbol{v}_0 + \boldsymbol{\omega}_0 \times (\boldsymbol{r}_i - \boldsymbol{r}_0) + \sum_{k=1}^{i}[\boldsymbol{k}_k \times (\boldsymbol{r}_i - \boldsymbol{p}_k)]\dot{\theta}_k \tag{5-18}$$

$$\boldsymbol{v}_e = \dot{\boldsymbol{p}}_e = \boldsymbol{v}_0 + \boldsymbol{\omega}_0 \times (\boldsymbol{p}_e - \boldsymbol{r}_0) + \sum_{k=1}^{n}[\boldsymbol{k}_k \times (\boldsymbol{p}_e - \boldsymbol{p}_k)]\dot{\theta}_k \tag{5-19}$$

将上述推导中的末端线速度、角速度分离，将式(5－17)和式(5－19)写成矩阵的形式，可得：

$$\begin{bmatrix} \boldsymbol{v}_e \\ \boldsymbol{\omega}_e \end{bmatrix} = \boldsymbol{J}_b \begin{bmatrix} \boldsymbol{v}_0 \\ \boldsymbol{\omega}_0 \end{bmatrix} + \boldsymbol{J}_m \dot{\boldsymbol{\Theta}} \tag{5-20}$$

式中：$\boldsymbol{J}_b$ 和 $\boldsymbol{J}_m$ 均称作雅克比矩阵；$\boldsymbol{J}_b$ 为与基座运动相关的雅可比矩阵：

$$\boldsymbol{J}_b = \begin{bmatrix} \boldsymbol{E} & -\widetilde{\boldsymbol{p}}_{0e} \\ \boldsymbol{O} & \boldsymbol{E} \end{bmatrix} = \begin{bmatrix} \boldsymbol{J}_{bv} \\ \boldsymbol{J}_{b\omega} \end{bmatrix} \tag{5-21}$$

式中：$\boldsymbol{J}_{bv}$、$\boldsymbol{J}_{b\omega}$是 $\boldsymbol{J}_b$ 的分块矩阵，分别对应于线速度和角速度；$\boldsymbol{p}_{0e}$为基座质心到机械臂末端的位置矢量，即

$$\boldsymbol{p}_{0e} = \boldsymbol{p}_e - \boldsymbol{r}_0 = \boldsymbol{b}_0 + \sum_{k=1}^{n} (\boldsymbol{a}_k + \boldsymbol{b}_k) \tag{5-22}$$

$\boldsymbol{J}_m$ 为与机械臂运动相关的雅可比矩阵：

$$\boldsymbol{J}_m = \begin{bmatrix} \boldsymbol{k}_1 \times (\boldsymbol{p}_e - \boldsymbol{p}_1) & \cdots & \boldsymbol{k}_n \times (\boldsymbol{p}_e - \boldsymbol{p}_n) \\ \boldsymbol{k}_1 & \cdots & \boldsymbol{k}_n \end{bmatrix} = \begin{bmatrix} \boldsymbol{J}_{mv} \\ \boldsymbol{J}_{m\omega} \end{bmatrix} \tag{5-23}$$

同上述类似，$\boldsymbol{J}_{mv}$、$\boldsymbol{J}_{m\omega}$是 $\boldsymbol{J}_m$ 的分块矩阵，分别对应于线速度和角速度。

由上述的推导过程可知，$\boldsymbol{J}_b$、$\boldsymbol{J}_m$ 均是基座姿态与机械臂关节角的函数，因此，微分运动学模型也可表示为

$$\begin{bmatrix} \boldsymbol{v}_e \\ \boldsymbol{\omega}_e \end{bmatrix} = \boldsymbol{J}_b(\boldsymbol{\Psi}_b, \boldsymbol{\Theta}) \begin{bmatrix} \boldsymbol{v}_0 \\ \boldsymbol{\omega}_0 \end{bmatrix} + \boldsymbol{J}_m(\boldsymbol{\Psi}_b, \boldsymbol{\Theta}) \dot{\boldsymbol{\Theta}} \tag{5-24}$$

5.3.2 不同模式下的空间机器人微分运动学

针对空间机器人而言，在其任务过程中，基座往往处于位姿稳定、姿态稳定、基座无控三种模式，可分别称之为固定基座模式、基座姿态受控模式、自由漂浮模式。根据不同的运动模式，需要对上节的运动学模型进行进一步的分析。

5.3.2.1 固定基座模式

在该模式下，基座位置、姿态均受控且保持固定的情况，即 $\boldsymbol{v}_0$、$\boldsymbol{\omega}_0 \approx 0$，且 $\boldsymbol{\Psi}_b$ 近似为常数，不妨设 $\boldsymbol{\Psi}_b = 0$，则该空间机器人的微分运动模型可进一步表示为

$$\begin{bmatrix} \boldsymbol{v}_e \\ \boldsymbol{\omega}_e \end{bmatrix} = \boldsymbol{J}_m(\boldsymbol{\Theta}) \dot{\boldsymbol{\Theta}} \tag{5-25}$$

式中：由于 $\boldsymbol{\Psi}_b = 0$，$\boldsymbol{J}_m$ 仅为机械臂关节角的函数。

5.3.2.2 基座姿态受控模式

在该模式下，基座的姿态由基座的控制力矩陀螺、动量轮等通过控制力矩进行稳定，系统所受合外力为零。此时，机械臂的关节运动会对机械臂的速度产生影响，即基座速度 $\boldsymbol{v}_0$ 可能不独立。此时，需要对上述微分运动学模型进行进一步分析。

由于系统所受外力为 0，系统的线动量守恒。引入线动量守恒定理，不妨假设初始线动量为 0，则满足如下的约束：

$$\boldsymbol{P} = \boldsymbol{0} \tag{5-26}$$

由空间机器人系统的线动量，可知：

$$[ME \quad M\tilde{\boldsymbol{r}}_{0g}^{\mathrm{T}}]\begin{bmatrix}\boldsymbol{v}_0\\ \boldsymbol{\omega}_0\end{bmatrix}+\boldsymbol{J}_{T\omega}\dot{\boldsymbol{\Theta}}=\boldsymbol{0} \tag{5-27}$$

由于基座姿态处于受控模式，基座的角速度很小，即

$$\boldsymbol{\omega}_0\approx\boldsymbol{0} \tag{5-28}$$

因此，系统的线动量守恒方程可写为

$$M\boldsymbol{v}_0+\boldsymbol{J}_{T\omega}\dot{\boldsymbol{\Theta}}=\boldsymbol{0} \tag{5-29}$$

根据式(5－29)，可解出：

$$\boldsymbol{v}_0=-\frac{\boldsymbol{J}_{T\omega}\dot{\boldsymbol{\Theta}}}{M} \tag{5-30}$$

将式(5－28)、式(5－30)代入式(5－20)，有

$$\begin{bmatrix}\boldsymbol{v}_e\\ \boldsymbol{\omega}_e\end{bmatrix}=\mathrm{J}_b\begin{bmatrix}\boldsymbol{v}_0\\ \boldsymbol{\omega}_0\end{bmatrix}+\boldsymbol{J}_m\dot{\Theta}=\begin{bmatrix}-\dfrac{\boldsymbol{J}_{T\omega}\dot{\Theta}}{M}\\ \boldsymbol{0}_3\end{bmatrix}+\begin{bmatrix}\boldsymbol{J}_{mv}\\ \boldsymbol{J}_{m\omega}\end{bmatrix}\dot{\boldsymbol{\Theta}}=\begin{bmatrix}-\dfrac{\boldsymbol{J}_{T\omega}}{M}+\boldsymbol{J}_{mv}\\ \boldsymbol{J}_{m\omega}\end{bmatrix}\dot{\boldsymbol{\Theta}}=\hat{\boldsymbol{J}}_m\dot{\boldsymbol{\Theta}} \tag{5-31}$$

$\hat{\boldsymbol{J}}_m$ 仅为机械臂关节角的函数，即

$$\begin{bmatrix}\boldsymbol{v}_e\\ \boldsymbol{\omega}_e\end{bmatrix}=\hat{\boldsymbol{J}}_m(\boldsymbol{\Theta})\dot{\Theta} \tag{5-32}$$

5.3.2.3　自由漂浮模式

对于自由漂浮模式，采用与位姿受控模式类似的方法。由于系统的线动量和角动量守恒，引入角动量守恒方程和线动量守恒方程。

假定初始线动量和角动量为 0，则整个系统除了满足式(5－26)的线动量完整约束外，还满足如下所示的角动量非完整约束：

$$\mathrm{L}=\boldsymbol{0} \tag{5-33}$$

由空间机器人系统角动量计算公式可知：

$$[M\tilde{\boldsymbol{r}}_g \quad \boldsymbol{I}_\omega]\begin{bmatrix}\boldsymbol{v}_0\\ \boldsymbol{\omega}_0\end{bmatrix}+\boldsymbol{I}_\varphi\dot{\boldsymbol{\Theta}}=\boldsymbol{0} \tag{5-34}$$

联立式(5－27)和式(5－34)，可得

$$\begin{bmatrix}ME & M\tilde{r}_{0g}^{\mathrm{T}}\\ M\tilde{r}_g & \mathrm{I}_\omega\end{bmatrix}\begin{bmatrix}\boldsymbol{v}_0\\ \boldsymbol{\omega}_0\end{bmatrix}+\begin{bmatrix}\boldsymbol{J}_{T\omega}\\ \boldsymbol{I}_\varphi\end{bmatrix}\dot{\boldsymbol{\Theta}}=\boldsymbol{0} \tag{5-35}$$

式(5－35)即为自由漂浮空间机器人系统的角动量守恒方程，可将其写成矩阵的形式：

$$\boldsymbol{G}_b\dot{\boldsymbol{x}}_b+\boldsymbol{G}_{bm}\dot{\boldsymbol{\Theta}}=\boldsymbol{0} \tag{5-36}$$

根据线动量守恒方程，即式(5－35)的前 3 行，可以解出：

$$\boldsymbol{v}_0=-\tilde{r}_{0g}^{\mathrm{T}}\boldsymbol{\omega}_0-\frac{\boldsymbol{J}_{T\omega}\dot{\boldsymbol{\Theta}}}{M}=\tilde{\boldsymbol{r}}_{0g}\boldsymbol{\omega}_0-\frac{\boldsymbol{J}_{T\omega}\dot{\boldsymbol{\Theta}}}{M} \tag{5-37}$$

将式(5－37)代入角动量守恒方程，即代入式(5－35)的后 3 行，得

$$(\boldsymbol{I}_\omega+M\tilde{r}_g\tilde{\boldsymbol{r}}_{0g})\boldsymbol{\omega}_0+(\boldsymbol{I}_\varphi-\tilde{\boldsymbol{r}}_g\boldsymbol{J}_{T\omega})\dot{\boldsymbol{\Theta}}=\boldsymbol{0} \tag{5-38}$$

令 $\boldsymbol{I}_s=\boldsymbol{I}_\omega+M\tilde{\boldsymbol{r}}_g\tilde{\boldsymbol{r}}_{0g}$，$\boldsymbol{I}_m=\boldsymbol{I}_\varphi-\tilde{\boldsymbol{r}}_g\boldsymbol{J}_{T\omega}$，式(5－38)可表示为

$$\boldsymbol{I}_s\boldsymbol{\omega}_0+\boldsymbol{I}_m\dot{\boldsymbol{\Theta}}=\boldsymbol{0} \tag{5-39}$$

又由于 $\boldsymbol{I}_s$ 非奇异，根据式(5-39)和式(5-37)可解出：

$$\boldsymbol{\omega}_0 = -\boldsymbol{I}_s^{-1}\boldsymbol{I}_m\dot{\boldsymbol{\Theta}} \tag{5-40}$$

$$\boldsymbol{v}_0 = -\left(\tilde{\boldsymbol{r}}_{0g}\boldsymbol{I}_s^{-1}\boldsymbol{I}_m + \frac{\boldsymbol{J}_{T\omega}}{M}\right)\dot{\boldsymbol{\Theta}} \tag{5-41}$$

将式(5-40)和式(5-41)写成矩阵的形式，为

$$\begin{bmatrix} \boldsymbol{v}_0 \\ \boldsymbol{\omega}_0 \end{bmatrix} = \begin{bmatrix} -\left(\tilde{\boldsymbol{r}}_{0g}\boldsymbol{I}_s^{-1}\boldsymbol{I}_m + \dfrac{\boldsymbol{J}_{T\omega}}{M}\right) \\ -\boldsymbol{I}_s^{-1}\boldsymbol{I}_m \end{bmatrix}\dot{\boldsymbol{\Theta}} = \boldsymbol{J}_{bm}\dot{\boldsymbol{\Theta}} \tag{5-42}$$

当然，也可由式(5-36)也可以直接得到：

$$\dot{\boldsymbol{x}}_b = -\boldsymbol{G}_b^{-1}\boldsymbol{G}_{bm}\dot{\boldsymbol{\Theta}} = \boldsymbol{J}_{bm}\dot{\boldsymbol{\Theta}} \tag{5-43}$$

将式(5-43)代入式(5-20)，可得自由漂浮模式下，空间机器人系统的运动学方程：

$$\begin{bmatrix} \boldsymbol{v}_e \\ \boldsymbol{\omega}_e \end{bmatrix} = \boldsymbol{J}_b\begin{bmatrix} \boldsymbol{v}_0 \\ \boldsymbol{\omega}_0 \end{bmatrix} + \boldsymbol{J}_m\dot{\boldsymbol{\Theta}} = (\boldsymbol{J}_m + \boldsymbol{J}_b\boldsymbol{J}_{bm})\dot{\boldsymbol{\Theta}} = \boldsymbol{J}_g\dot{\boldsymbol{\Theta}} \tag{5-44}$$

式中：$\boldsymbol{J}_g \in \mathbf{R}^{6\times n}$ 为空间机器人的广义雅可比矩阵，它是基座姿态 $\boldsymbol{\Psi}_b$、机械臂关节角 $\boldsymbol{\Theta}$ 以及各刚体质量 m_i 和惯量 $\boldsymbol{I}_i$ 的函数，式(5-44)也可写为

$$\begin{bmatrix} \boldsymbol{v}_e \\ \boldsymbol{\omega}_e \end{bmatrix} = \boldsymbol{J}_g(\boldsymbol{\Psi}_b, \boldsymbol{\Theta}, m_i, \boldsymbol{I}_i)\dot{\boldsymbol{\Theta}} = \begin{bmatrix} \boldsymbol{J}_{g\_v} \\ \boldsymbol{J}_{g\_\omega} \end{bmatrix}\dot{\boldsymbol{\Theta}} \tag{5-45}$$

广义雅可比矩阵是空间机器人学中的一个重要概念，它是地面固定基座机器人普通雅可比矩阵的推广。引入广义雅可比矩阵后，那些用于地面固定基座机器人的分解运动速度控制、分解运动加速度控制等均可用于自由漂浮空间机器人系统，只需要将普通雅可比矩阵换为广义雅可比矩阵即可。

此外，从上面的推导可以看出，由 n 自由度机械臂和作为其基座的航天器组成的空间机器人系统，其运动特性一般由 $n+6$ 个变量描述。当系统处于自由漂浮状态时，系统的线动量和角动量守恒。线动量守恒方程为完整约束，而角动量守恒方程为非完整约束。通过消去完整约束，整个系统成为一个可通过 $n+3$ 个变量描述的非完整系统(其中有 3 个变量为非独立变量)。根据非完整冗余特性，即使仅控制 n 个独立变量，也有可能使 $n+3$ 个变量收敛到期望状态。

5.3.3 空间机器人速度级逆运动学模型

空间机器人速度级逆运动学，即给定末端线速度 $\boldsymbol{v}_e$、角速度 $\boldsymbol{\omega}_e$，求解空间机器人系统状态变量对时间的微分值(速度量)。速度级逆运动学方程解的存在性条件与位置级逆运动学方程的存在性条件相同，即

(1) 若未知状态量的个数大于三维空间自由度数，则有无穷多组解。

(2) 若未知状态量的个数等于三维空间自由度数，则可能有有限组解(雅可比矩阵非奇异时)，也可能无解(雅可比矩阵奇异时)。

(3) 若未知状态量的个数小于三维空间自由度数，则无解。

对于一般的形式，速度级正运动学方程为

$$\begin{bmatrix} \boldsymbol{v}_e \\ \boldsymbol{\omega}_e \end{bmatrix} = \boldsymbol{J}_b\begin{bmatrix} \boldsymbol{v}_0 \\ \boldsymbol{\omega}_0 \end{bmatrix} + \boldsymbol{J}_m\dot{\boldsymbol{\Theta}} \tag{5-46}$$

这属于第一种情况，有无穷多组解，需加上其他约束条件，使得独立状态变量的个数与三维空间的维数相同，才有可能有有限组解。下面分析不同模式下的速度级逆运动学方程。

5.3.3.1　固定基座模式

该模式下，速度级正运动学方程如式(5－25)所示，即

$$\begin{bmatrix} \boldsymbol{v}_e \\ \boldsymbol{\omega}_e \end{bmatrix} = \boldsymbol{J}_m(\boldsymbol{\Theta})\dot{\boldsymbol{\Theta}} \tag{5-47}$$

假设机械臂的自由度数 $n=6$，则 $\boldsymbol{J}_m \in \mathbf{R}^{6\times 6}$ 为方阵，若 $\boldsymbol{J}_m$ 满秩，则根据式(5－47)可按下式求解相应的机械臂关节角速度：

$$\dot{\boldsymbol{\Theta}} = \boldsymbol{J}_m^{-1}(\boldsymbol{\Theta})\begin{bmatrix} \boldsymbol{v}_e \\ \boldsymbol{\omega}_e \end{bmatrix} \tag{5-48}$$

然而，并不是所有臂型下，$\boldsymbol{J}_m$ 均满秩。在某些臂型下，雅可比矩阵 $\boldsymbol{J}_m$ 的行列式为 0，即

$$|\boldsymbol{J}_m| = 0 \tag{5-49}$$

这些臂型称为机器人的奇异臂型，此时雅可比阵 $\boldsymbol{J}_m$ 的逆不存在，$\boldsymbol{J}_m$ 非满秩。这表明其列向量线性相关，表明末端工具至少有一个方向丧失了运动的能力，即失去了一个或几个自由度。此时，从计算层面看，对于给定的末端线速度 $\boldsymbol{v}_e$ 和角速度 $\boldsymbol{\omega}_e$，反解 $\dot{\boldsymbol{\Theta}}$ 不存在。且在奇异臂型或其微小邻域内，按式(5－48)解出的关节角速度可能非常大，超出机器人的实际运动能力。

进一步分析，$\boldsymbol{J}_m$ 与地面固定基座机器人的普通雅可比矩阵相同，仅与机械臂的连杆参数(运动学参数)有关，因此其奇异是运动学奇异，奇异臂型可预先分析确定。

5.3.3.2　基座姿态受控模式

当基座姿态受控，系统不受外力时，空间机器人的速度级正运动学方程为

$$\begin{bmatrix} \boldsymbol{v}_e \\ \boldsymbol{\omega}_e \end{bmatrix} = \hat{\boldsymbol{J}}_m(\boldsymbol{\Theta})\dot{\boldsymbol{\Theta}} \tag{5-50}$$

假设机械臂自由度数 $n=6$，其雅可比矩阵 $\hat{\boldsymbol{J}}_m(\boldsymbol{\Theta}) \in \mathbf{R}^{6\times 6}$。若 $\hat{\boldsymbol{J}}_m$ 满秩，则可按下式求解相应的机械臂关节角速度：

$$\dot{\boldsymbol{\Theta}} = \hat{\boldsymbol{J}}_m^{-1}\begin{bmatrix} \boldsymbol{v}_e \\ \boldsymbol{\omega}_e \end{bmatrix} \tag{5-51}$$

同样，不是所有臂型都能保证 $\hat{\boldsymbol{J}}_m$ 满秩，在某些臂型下，雅可比矩阵 $\hat{\boldsymbol{J}}_m$ 的行列式为 0，空间机器人处于奇异臂型。此时，虽然 $\hat{\boldsymbol{J}}_m$ 的表达式除了与连杆参数有关外，还与各杆件的质量比有关。但由于杆件质量一般是常数，且与各杆件坐标系的指向无关，因此，$\hat{\boldsymbol{J}}_m$ 的奇异也是运动学奇异，也可预先分析确定。

5.3.3.3　自由漂浮模式

当空间机器人系统处于自由漂浮模式时，速度级正运动学方程为

$$\begin{bmatrix} \boldsymbol{v}_e \\ \boldsymbol{\omega}_e \end{bmatrix} = \boldsymbol{J}_g(\boldsymbol{\Psi}_b, \boldsymbol{\Theta}, m_i, \boldsymbol{I}_i)\dot{\boldsymbol{\Theta}} \tag{5-52}$$

对于由 6 关节串联机械组成的空间机器人系统，当 $\boldsymbol{J}_g$ 满秩时，

$$\dot{\boldsymbol{\Theta}} = \boldsymbol{J}_g^{-1}\begin{bmatrix} \boldsymbol{v}_e \\ \boldsymbol{\omega}_e \end{bmatrix} \tag{5-53}$$

同样，$\boldsymbol{J}_g$ 并不总是满秩的。而与固定基座机械臂的雅可比矩阵不同，$\boldsymbol{J}_g$ 不但与运动学参数有关，还与基座姿态、关节角及各连杆动力学参数(质量、惯量)密切相关，因此，$\boldsymbol{J}_g$ 的奇异为动力学奇异。其奇异臂型是路径相关的，无法预先分析确定。

定理 5.1 自由漂浮空间机器人的广义雅可比矩阵是否奇异，与基座姿态无关，而与关节角和各杆的运动学、动力学参数有关。

证明：当各矢量、张量均在 Σ_0 中表示时，得到的微分运动方程为

$$\begin{bmatrix} {}^0\boldsymbol{v}_e \\ {}^0\boldsymbol{\omega}_e \end{bmatrix} = {}^0\boldsymbol{J}_g(\boldsymbol{\Theta}, m_i, \boldsymbol{I}_i) \cdot \dot{\boldsymbol{\Theta}} \tag{5-54}$$

式中：

$$\begin{cases} \boldsymbol{v}_e = \boldsymbol{A}_0 \cdot {}^0\boldsymbol{v}_e \\ \boldsymbol{\omega}_e = \boldsymbol{A}_0 \cdot {}^0\boldsymbol{\omega}_e \end{cases} \tag{5-55}$$

根据式(5-52)、式(5-54)和式(5-55)，可得如下关系：

$$\boldsymbol{J}_g(\boldsymbol{\Psi}_0, \boldsymbol{\Theta}, m_i, \boldsymbol{I}_i) = \begin{bmatrix} \boldsymbol{A}_0 & 0 \\ 0 & \boldsymbol{A}_0 \end{bmatrix} [{}^0\boldsymbol{J}_g(\boldsymbol{\Theta}, m_i, \boldsymbol{I}_i)] \tag{5-56}$$

由于矩阵 $\boldsymbol{A}_0$ 总是满秩的，由式(5-56)可知，$\boldsymbol{J}_g(\boldsymbol{\Psi}_0, \boldsymbol{\Theta}, m_i, \boldsymbol{I}_i)$ 奇异等价于 ${}^0\boldsymbol{J}_g(\boldsymbol{\Theta}, m_i, \boldsymbol{I}_i)$ 奇异，因此，结论成立。证毕。

为进一步讨论自由漂浮空间机器人的动力学奇异特点，简单给出如下名词定义。

(1)臂型：指空间机器人 n 个关节角的组合 $\boldsymbol{\Theta}$，即 $\boldsymbol{\Theta}=[\theta_1, \theta_2, \cdots, \theta_n]$。

(2)奇异臂型：使空间机器人广义雅可比矩阵奇异的关节角组合 $\boldsymbol{\Theta}$。

(3)奇异球：奇异臂型对应于任务空间中的以系统质心为球心的球面。

(4)路径相关工作空间(PDW)：由所有奇异臂型对应的任务空间的点组成的集合。

(5)路径无关工作空间(PIW)：可达工作空间减去路径相关工作空间后的部分。

奇异臂型对应于任务空间中以系统质心为球心的球，多种臂型可能对应同一个球，而这些臂型并不一定全是奇异臂型。由此可将空间机器人的关节空间分为 3 部分：奇异臂型、非奇异臂型Ⅰ和非奇异臂型Ⅱ。其中奇异臂型与非奇异臂型Ⅰ对应的工作空间为路径相关工作空间 PDW，而非奇异臂型Ⅱ对应的工作空间为路径无关工作空间 PIW。

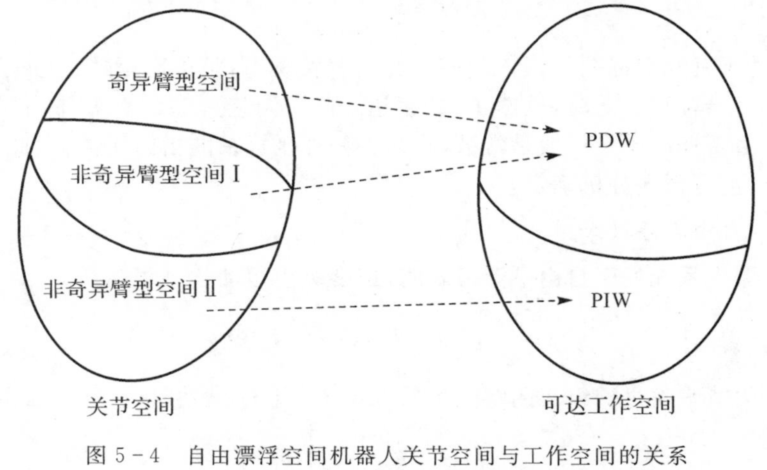

图 5-4 自由漂浮空间机器人关节空间与工作空间的关系

一般来说，可采用数值法计算自由漂浮空间机器人的奇异臂型及工作空间。对于动力学奇异的回避，一种做法是使机械臂的末端始终工作于路径无关工作空间 PIW 内。然而，由于 PIW 范围有限，机械臂末端往往需要工作于 PDW 中。此时，另外一种奇异回避思路是：若需要使机械臂末端从可达空间内的有点到达另一点，可在 PIW 中找一个过渡的中间点。先使机械臂末端运动到过渡点，然后再执行关节空间的闭合路径运动以调节基座姿态，再运动到终点。

5.3.4　基于虚拟机械臂的微分运动学建模

空间机器人处于姿态受控或自由漂浮模式时，系统的线动量守恒，将其代入一般运动方程，可消去 3 个独立变量。利用此原理，Z. Vafa 等提出了虚拟机械臂（Virtual Manipulator，VM）的建模思想，下面简要论述。

由于不受外力，系统质心不变，即

$$\sum_{i=0}^{n} m_i \boldsymbol{r}_i = M\boldsymbol{r}_{\mathrm{g}} \tag{5-57}$$

因此，基座质心的位置：

$$\boldsymbol{r}_0 = \boldsymbol{r}_{\mathrm{g}} - \frac{(m_1 + \cdots + m_n)(\boldsymbol{b}_0 + \boldsymbol{a}_1)}{M} - \cdots - \frac{m_n(\boldsymbol{b}_{n-1} + \boldsymbol{a}_n)}{M} \tag{5-58}$$

推导得到空间机器人末端的位置矢量为

$$\begin{aligned}\boldsymbol{p}_{\mathrm{e}} = \boldsymbol{r}_{\mathrm{g}} + \frac{m_0\boldsymbol{b}_0}{M} + \left(\frac{m_0\boldsymbol{a}_1}{M} + \frac{(m_0 + m_1)\boldsymbol{b}_1}{M}\right) + \cdots + \\ \left(\frac{(m_0 + \cdots + m_{n-2})\boldsymbol{a}_{n-1}}{M} + \frac{(m_0 + \cdots + m_{n-1})\boldsymbol{b}_{n-1}}{M}\right) + \\ \left(\frac{(m_0 + \cdots + m_{n-1})\boldsymbol{a}_n}{M} + \boldsymbol{b}_n\right)\end{aligned} \tag{5-59}$$

令

$$\begin{cases} \hat{\boldsymbol{b}}_i = \dfrac{\sum\limits_{q=0}^{i} m_q}{M}\boldsymbol{b}_i \\ \hat{\boldsymbol{a}}_i = \dfrac{\sum\limits_{q=0}^{i-1} m_q}{M}\boldsymbol{a}_i \end{cases},\ i = 1,2,\cdots,n \tag{5-60}$$

由式(5-60)可知，$\hat{\boldsymbol{a}}_i$、$\hat{\boldsymbol{b}}_i$ 与 $\boldsymbol{a}_i$、$\boldsymbol{b}_i$ 的矢量方向相同，而长度的比例为一个常数，称为虚拟连杆矢量。则机械臂末端位置矢量表示为

$$\boldsymbol{p}_{\mathrm{e}} = \boldsymbol{r}_{\mathrm{g}} + \hat{\boldsymbol{b}}_0 + \sum_{i=1}^{n}(\hat{\boldsymbol{a}}_i + \hat{\boldsymbol{b}}_i) \tag{5-61}$$

式(5-61)为消去完整约束后的位置级正运动学表达式。构造单臂空间机器人虚拟机械臂模型如图 5-5 所示。其中以系统质心为虚地（VG），由式(5-60)所确定的矢量为对应的虚拟连杆矢量，而 VM 的第一个连杆通过一个被动球形关节与虚地连接在一起。被动球形关节体现了空间机器人系统的非完整约束特性。

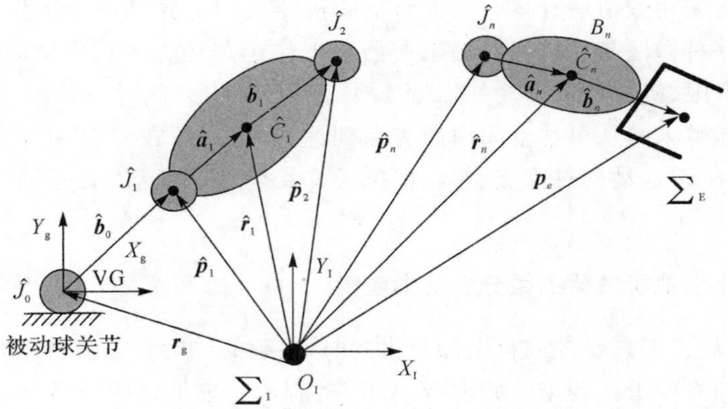

图 5-5　单臂空间机器人虚拟机械臂模型

对式(5-61)两边进行求导,得

$$v_e = v_g + \dot{\hat{b}}_0 + \sum_{i=1}^{n}(\dot{\hat{a}}_i + \dot{\hat{b}}_i) \tag{5-62}$$

式中:v_g 为系统质心的线速度。由于整个系统不受外力,所以 $v_g = 0$,又,

$$\dot{\hat{b}}_i = \frac{\mathrm{d}\hat{b}_i}{\mathrm{d}t} = \frac{\mathrm{d}(A_i \cdot {}^i\hat{b}_i)}{\mathrm{d}t} = \frac{\mathrm{d}(A_i)}{\mathrm{d}t}({}^i\hat{b}_i) = (\omega_i \times A_i)({}^i\hat{b}_i) = \omega_i \times \hat{b}_i \tag{5-63}$$

同理,

$$\dot{\hat{a}}_i = \omega_i \times \hat{a}_i \tag{5-64}$$

所以,

$$v_e = \dot{\hat{b}}_0 + \sum_{i=1}^{n}(\dot{\hat{a}}_i + \dot{\hat{b}}_i) = \omega_0 \times \hat{b}_0 + \sum_{i=1}^{n}\omega_i \times (\hat{a}_i + \hat{b}_i) \tag{5-65}$$

式中:ω_i 为各杆的角速度,按下式计算:

$$\omega_i = \omega_0 + \sum_{k=1}^{i} k_k \dot{\theta}_k \tag{5-66}$$

将式(5-66)代入式(5-65)并简化,有

$$v_e = -\tilde{p}_{ge}\omega_0 + \sum_{k=1}^{n}[k_k \times (p_e - \hat{p}_k)]\dot{\theta}_k \tag{5-67}$$

式中:

$$\tilde{p}_{ge} = p_e - r_g \tag{5-68}$$

又,机械臂末端的角速度为

$$\omega_e = \omega_0 + \sum_{k=1}^{n} k_k \dot{\theta}_k \tag{5-69}$$

根据式(5-67)和式(5-69)可得机械臂末端的线速度和角速度表达式为

$$\begin{bmatrix} v_e \\ \omega_e \end{bmatrix} = \hat{J}_b \omega_0 + \hat{J}_m \dot{\Theta} \tag{5-70}$$

式中:

$$\begin{cases}\hat{\boldsymbol{J}}_{\mathrm{b}}=\begin{bmatrix}-\widetilde{\boldsymbol{p}}_{\mathrm{ge}}\\ \boldsymbol{I}_3\end{bmatrix}\in\mathbf{R}^{6\times 3}\\ \hat{\boldsymbol{J}}_{\mathrm{m}}=\begin{bmatrix}\boldsymbol{k}_1\times(\boldsymbol{p}_{\mathrm{e}}-\hat{\boldsymbol{p}}_1) & \cdots & \boldsymbol{k}_n\times(\boldsymbol{p}_{\mathrm{e}}-\hat{\boldsymbol{p}}_n)\\ \boldsymbol{k}_1 & \cdots & \boldsymbol{k}_n\end{bmatrix}\in\mathbf{R}^{6\times n}\end{cases}\tag{5-71}$$

式(5-70)称为空间机器人的虚拟机械臂速度级运动学方程，是另一种描述姿态受控和自由漂浮空间机器人运动学的方程。

5.4　空间机器人运动学建模示例

5.4.1　一般运动方程的推导

本节以平面 2 关节机器人运动学建模为例，说明建模过程。该机器人如图 5-6 所示，可以看出，连杆 1 质心$\boldsymbol{r}_1=[\boldsymbol{r}_{1x}\quad \boldsymbol{r}_{1y}]^{\mathrm{T}}$和连杆 2 质心$\boldsymbol{r}_2=[\boldsymbol{r}_{2x}\quad \boldsymbol{r}_{2y}]^{\mathrm{T}}$在惯性系下的表达式为

$$\begin{cases}r_{1x}=r_{0x}+b_0\mathrm{c}_0+a_1\mathrm{c}_{01}\\ r_{1y}=r_{0y}+b_0\mathrm{s}_0+a_1\mathrm{s}_{01}\\ r_{2x}=r_{0x}+b_0\mathrm{c}_0+l_1\mathrm{c}_{01}+a_2\mathrm{c}_{012}\\ r_{2y}=r_{0y}+b_0\mathrm{s}_0+l_1\mathrm{s}_{01}+a_2\mathrm{s}_{012}\end{cases}\tag{5-72}$$

式中：

$$\mathrm{s}_0=\sin\theta_0$$

$$\mathrm{c}_0=\cos\theta_0$$

$$\mathrm{s}_{01}=\sin(\theta_0+\theta_1)$$

$$\mathrm{c}_{01}=\cos(\theta_0+\theta_1)$$

$$\mathrm{s}_{012}=\sin(\theta_0+\theta_1+\theta_2)$$

$$\mathrm{c}_{012}=\cos(\theta_0+\theta_1+\theta_2)$$

机械臂末端工具坐标系原点在惯性系中的位置矢量为

$$\begin{cases}p_{\mathrm{ex}}=r_{0x}+b_0\mathrm{c}_0+l_1\mathrm{c}_{01}+l_2\mathrm{c}_{012}\\ p_{\mathrm{ey}}=r_{0y}+b_0\mathrm{s}_0+l_1\mathrm{s}_{01}+l_2\mathrm{s}_{012}\end{cases}\tag{5-73}$$

式中：r_{0x}、r_{0y}为基座质心位置矢量$\boldsymbol{r}_0$的两个分量。

设m_0、m_1、m_2和M分别表示基座、连杆 1、连杆 2 和系统总质量，系统质心位置为$\boldsymbol{r}_{\mathrm{g}}$，则基座质心位置可表示为

$$\boldsymbol{r}_0=\boldsymbol{r}_{\mathrm{g}}-\begin{bmatrix}\dfrac{m_1}{M}(b_0\mathrm{c}_0+a_1\mathrm{c}_{01})+\dfrac{m_2}{M}(b_0\mathrm{c}_0+l_1\mathrm{c}_{01}+a_2\mathrm{c}_{012})\\ \dfrac{m_1}{M}(b_0\mathrm{s}_0+a_1\mathrm{s}_{01})+\dfrac{m_2}{M}(b_0\mathrm{s}_0+l_1\mathrm{s}_{01}+a_2\mathrm{s}_{012})\end{bmatrix}\tag{5-74}$$

当系统不受外力，且系统的初始线动量为 0 时，系统质心位置保持不变。为简化推导，不妨假设惯性参考坐标系的原点在系统质心，则：

$$
\boldsymbol{r}_0 = \begin{bmatrix} \dfrac{m_1}{M}(b_0\,\mathrm{c}_0 + a_1\,\mathrm{c}_{01}) + \dfrac{m_2}{M}(b_0\,\mathrm{c}_0 + l_1\,\mathrm{c}_{01} + a_2\,\mathrm{c}_{012}) \\ \dfrac{m_1}{M}(b_0\,\mathrm{s}_0 + a_1\,\mathrm{s}_{01}) + \dfrac{m_2}{M}(b_0\,\mathrm{s}_0 + l_1\,\mathrm{s}_{01} + a_2\,\mathrm{s}_{012}) \end{bmatrix} \tag{5-75}
$$

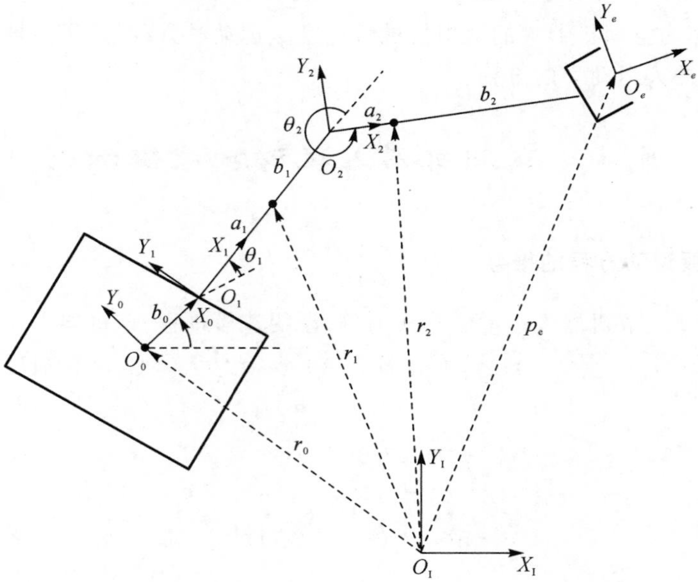

图 5-6　平面 2 自由度机器人示意

机械臂工具坐标系原点在惯性系中的位置矢量可推导为

$$
\begin{cases} p_{ex} = -\dfrac{m_1}{M}(b_0\,\mathrm{c}_0 + a_1\,\mathrm{c}_{01}) - \dfrac{m_2}{M}(b_0\,\mathrm{c}_0 + l_1\,\mathrm{c}_{01} + a_2\,\mathrm{c}_{012}) + b_0\,\mathrm{c}_0 + l_1\,\mathrm{c}_{01} + l_2\,\mathrm{c}_{012} \\ p_{ey} = -\dfrac{m_1}{M}(b_0\,\mathrm{s}_0 + a_1\,\mathrm{s}_{01}) - \dfrac{m_2}{M}(b_0\,\mathrm{s}_0 + l_1\,\mathrm{s}_{01} + a_2\,\mathrm{s}_{012}) + b_0\,\mathrm{s}_0 + l_1\,\mathrm{s}_{01} + l_2\,\mathrm{s}_{012} \end{cases} \tag{5-76}
$$

式(5-76)即为系统不受外力时的运动学模型。末端工具坐标系的姿态角为

$$
\Psi_{\mathrm{e}} = \theta_0 + \theta_1 + \theta_2 \tag{5-77}
$$

对式(5-72)两边分别进行微分,得到各连杆质心线速度,并写为矩阵形式,得

$$
\begin{aligned} \begin{bmatrix} v_{1x} \\ v_{1y} \end{bmatrix} &= \begin{bmatrix} 1 & 0 & -b_0\,\mathrm{s}_0 - a_1\,\mathrm{s}_{01} \\ 0 & 1 & b_0\,\mathrm{c}_0 + a_1\,\mathrm{c}_{01} \end{bmatrix} \begin{bmatrix} v_{0x} \\ v_{0y} \\ \omega_0 \end{bmatrix} + \begin{bmatrix} -a_1\,\mathrm{s}_{01} & 0 \\ a_1\,\mathrm{c}_{01} & 0 \end{bmatrix} \begin{bmatrix} \dot{\theta}_1 \\ \dot{\theta}_2 \end{bmatrix} \\ &= \boldsymbol{J}_{s\_v_1} \begin{bmatrix} v_{0x} \\ v_{0y} \\ \omega_0 \end{bmatrix} + \boldsymbol{J}_{m\_v_1} \begin{bmatrix} \dot{\theta}_1 \\ \dot{\theta}_2 \end{bmatrix} \end{aligned} \tag{5-78}
$$

$$
\begin{bmatrix} v_{2x} \\ v_{2y} \end{bmatrix} = \begin{bmatrix} 1 & 0 & -b_0\,\mathrm{s}_0 - l_1\,\mathrm{s}_{01} - a_2\,\mathrm{s}_{012} \\ 0 & 1 & b_0\,\mathrm{c}_0 + l_1\,\mathrm{c}_{01} + a_2\,\mathrm{c}_{012} \end{bmatrix} \begin{bmatrix} v_{0x} \\ v_{0y} \\ \omega_0 \end{bmatrix} + \begin{bmatrix} -l_1\,\mathrm{s}_{01} - a_2\,\mathrm{s}_{012} & -a_2\,\mathrm{s}_{012} \\ l_1\,\mathrm{c}_{01} + a_2\,\mathrm{c}_{012} & a_2\,\mathrm{c}_{012} \end{bmatrix} \begin{bmatrix} \dot{\theta}_1 \\ \dot{\theta}_2 \end{bmatrix}
$$

$$= \boldsymbol{J}_{s\_v2}\begin{bmatrix} v_{0x} \\ v_{0,y} \\ y_0 \end{bmatrix} + \boldsymbol{J}_{m\_v2}\begin{bmatrix} \dot{\theta}_1 \\ \dot{\theta}_2 \end{bmatrix} \tag{5-79}$$

类似地,对式(5-73)两边微分,并写为矩阵形式,得

$$\begin{bmatrix} v_{ex} \\ v_{ey} \end{bmatrix} = \begin{bmatrix} 1 & 0 & -b_0 s_0 - l_1 s_{01} - l_2 s_{012} \\ 0 & 1 & b_0 c_0 + l_1 c_{01} + l_2 c_{012} \end{bmatrix}\begin{bmatrix} v_{0x} \\ v_{0y} \\ \omega_0 \end{bmatrix} + \begin{bmatrix} -l_1 s_{01} - l_2 s_{012} & -l_2 s_{012} \\ l_1 c_{01} + l_2 c_{012} & l_2 c_{012} \end{bmatrix}\begin{bmatrix} \dot{\theta}_1 \\ \dot{\theta}_2 \end{bmatrix}$$

$$= \boldsymbol{J}_s\begin{bmatrix} v_{0x} \\ v_{0y} \\ \omega_0 \end{bmatrix} + \boldsymbol{J}_m\begin{bmatrix} \dot{\theta}_1 \\ \dot{\theta}_2 \end{bmatrix} \tag{5-80}$$

式中:

$$\boldsymbol{J}_s = \begin{bmatrix} 1 & 0 & -b_0 s_0 - l_1 s_{01} - l_2 s_{012} \\ 0 & 1 & b_0 c_0 + l_1 c_{01} + l_2 c_{012} \end{bmatrix}$$

$$\boldsymbol{J}_m = \begin{bmatrix} -l_1 s_{01} - l_2 s_{012} & -l_2 s_{012} \\ l_1 c_{01} + l_2 c_{012} & l_2 c_{012} \end{bmatrix}$$

各连杆的角速度为

$$\begin{cases} \omega_1 = \omega_0 + \dot{\theta}_1 \\ \omega_2 = \omega_0 + \dot{\theta}_1 + \dot{\theta}_2 \end{cases} \tag{5-81}$$

末端执行器的线速度为

$$\omega_e = \omega_0 + \dot{\theta}_1 + \dot{\theta}_2 \tag{5-82}$$

5.4.2　固定基座模式下的运动学方程

若基座位置、姿态固定,即 v_{0x}、v_{0y} 和 ω_0 均为零。不失一般性,不妨假设 $\theta_0 = 0$,此时,运动学方程为

$$\begin{bmatrix} v_{ex} \\ v_{ey} \end{bmatrix} = \begin{bmatrix} -l_1 s_1 - l_2 s_{12} & -l_2 s_{12} \\ l_1 c_1 + l_2 c_{12} & l_2 c_{12} \end{bmatrix}\begin{bmatrix} \dot{\theta}_1 \\ \dot{\theta}_2 \end{bmatrix} = \boldsymbol{J}_m\begin{bmatrix} \dot{\theta}_1 \\ \dot{\theta}_2 \end{bmatrix} \tag{5-83}$$

式中:

$$\boldsymbol{J}_m = \begin{bmatrix} -l_1 s_1 - l_2 s_{12} & -l_2 s_{12} \\ l_1 c_1 + l_2 c_{12} & l_2 c_{12} \end{bmatrix}$$

$$s_1 = \sin\theta_1$$

$$c_1 = \cos\theta_1$$

$$s_{12} = \sin(\theta_1 + \theta_2)$$

$$c_{12} = \cos(\theta_1 + \theta_2)$$

此时,雅克比矩阵的逆为

$$\boldsymbol{J}_m^{-1} = \frac{1}{l_1 l_2 s_2}\begin{bmatrix} l_2 c_{12} & l_2 s_{12} \\ -l_1 c_1 - l_2 c_{12} & -l_1 s_1 - l_2 s_{12} \end{bmatrix} \tag{5-84}$$

由式(5-84)可知,当 $\theta_2 = 0°$、$\pm 180°$ 时,雅克比矩阵 $\boldsymbol{J}_m$ 奇异,$\boldsymbol{J}_m^{-1}$ 不存在。该模式下,雅

可比矩阵的奇异属于运动学奇异。

5.4.3 基座姿态受控模式下的运动学方程

在基座姿态受控模式下，基座通过动量轮、控制力矩陀螺等进行姿态保持，而对位置不施加额外的控制力。此时，机械臂和航天器基座组成的空间机器人系统线动量守恒。令 $\boldsymbol{P}$ 表示系统的线动量，不妨假设其初始值为 0，则

$$\boldsymbol{P}=\sum_{i=0}^{2}m_i\dot{\boldsymbol{r}}_i=0 \tag{5-85}$$

针对本节所述 2 自由度平面机器人，将线动量展开，详细推导为

$$\begin{aligned}P_x&=m_0v_{0x}+m_1[v_{0x}-b_0\mathrm{s}_0\omega_0-a_1\mathrm{s}_{01}(\dot{\theta}_1+\omega_0)]+\\&\quad m_2[v_{0x}-b_0\mathrm{s}_0\omega_0-l_1\mathrm{s}_{01}(\dot{\theta}_1+\omega_0)-a_2\mathrm{s}_{012}(\dot{\theta}_2+\dot{\theta}_1+\omega_0)]\\P_y&=m_0v_{0y}+m_1[v_{0y}+b_0\mathrm{c}_0\omega_0+a_1\mathrm{c}_{01}(\dot{\theta}_1+\omega_0)]+\\&\quad m_2[v_{0y}+b_0\mathrm{c}_0\omega_0+l_1\mathrm{c}_{01}(\dot{\theta}_1+\omega_0)+a_2\mathrm{c}_{012}(\dot{\theta}_2+\dot{\theta}_1+\omega_0)]\end{aligned} \tag{5-86}$$

利用式(5-86)，重新列写式(5-85)，并将其表述为矩阵形式：

$$\boldsymbol{H}_1\begin{bmatrix}v_{0x}\\v_{0y}\\\omega_0\end{bmatrix}+\boldsymbol{H}_2\begin{bmatrix}\dot{\theta}_1\\\dot{\theta}_2\end{bmatrix}=0 \tag{5-87}$$

式中：

$$\boldsymbol{H}_1=\begin{bmatrix}M&0&k_{vx}\\0&M&k_{vy}\end{bmatrix}$$

$$\boldsymbol{H}_2=\begin{bmatrix}k_{px1}&k_{px2}\\k_{py1}&k_{py2}\end{bmatrix}$$

$$M=m_0+m_1+m_2$$

$$\begin{aligned}k_{vx}&=-m_1(b_0\mathrm{s}_0+a_1\mathrm{s}_{01})-m_2(b_0\mathrm{s}_0+l_1\mathrm{s}_{01}+a_2\mathrm{s}_{012})\\&=-[m_1(\boldsymbol{r}_1-\boldsymbol{r}_0)+m_2(\boldsymbol{r}_2-\boldsymbol{r}_0)]_y\\&=-[M\boldsymbol{r}_g-M\boldsymbol{r}_0]_y\\&=-M\boldsymbol{r}_{0g,y}\end{aligned}$$

$$\begin{aligned}k_{vy}&=m_1(b_0\mathrm{c}_0+a_1\mathrm{c}_{01})+m_2(b_0\mathrm{c}_0+l_1\mathrm{c}_{01}+a_2\mathrm{c}_{012})\\&=M\boldsymbol{r}_{0g,x}\end{aligned}$$

$$k_{px1}=-m_1a_1\mathrm{s}_{01}-m_2(l_1\mathrm{s}_{01}+a_2\mathrm{s}_{012})$$

$$k_{px2}=-m_2a_2\mathrm{s}_{012}$$

$$k_{py1}=m_1a_1\mathrm{c}_{01}+m_2(l_1\mathrm{c}_{01}+a_2\mathrm{c}_{012})$$

$$k_{py2}=m_2a_2\mathrm{c}_{012}$$

在基座姿态受控模式下，可令 $\omega_0=0$，代入线动量守恒方程式(5-86)，得

$$\begin{bmatrix}v_{0x}\\v_{0y}\end{bmatrix}=\frac{1}{M}\boldsymbol{H}_2\begin{bmatrix}\dot{\theta}_1\\\dot{\theta}_2\end{bmatrix} \tag{5-88}$$

将 $\omega_0=0$ 及式(5-88)代入(5-80)，化简得：

$$\begin{bmatrix} v_{ex} \\ v_{ey} \end{bmatrix} = \begin{bmatrix} v_{0x} \\ v_{0y} \end{bmatrix} + \begin{bmatrix} -l_1 s_{01} - l_2 s_{012} & -l_2 s_{012} \\ l_1 c_{01} + l_2 c_{012} & l_2 c_{012} \end{bmatrix} \begin{bmatrix} \dot{\theta}_1 \\ \dot{\theta}_2 \end{bmatrix}$$
$$= \left(-\frac{1}{M}\boldsymbol{H}_2 + \boldsymbol{J}_m \right) \begin{bmatrix} \dot{\theta}_1 \\ \dot{\theta}_2 \end{bmatrix}$$
$$= \hat{\boldsymbol{J}}_m \begin{bmatrix} \dot{\theta}_1 \\ \dot{\theta}_2 \end{bmatrix} \tag{5-89}$$

利用前文推导，进一步化简 $\hat{\boldsymbol{J}}_m$，并假设 $\theta_0 = 0$，得

$$\hat{\boldsymbol{J}}_m = \begin{bmatrix} -\dfrac{m_0 a_1 + (m_0 + m_1) b_1}{M} s_1 - \dfrac{(m_0 + m_1) a_2 + M b_2}{M} s_{12} & -\dfrac{(m_0 + m_1) a_2 + M b_2}{M} s_{12} \\ \dfrac{m_0 a_1 + (m_0 + m_1) b_1}{M} c_1 + \dfrac{(m_0 + m_1) a_2 + M b_2}{M} c_{12} & \dfrac{(m_0 + m_1) a_2 + M b_2}{M} c_{12} \end{bmatrix}$$
$$= \begin{bmatrix} -\hat{l}_1 s_1 - \hat{l}_2 s_{12} & -\hat{l}_2 s_{12} \\ \hat{l}_1 c_1 + \hat{l}_2 c_{12} & \hat{l}_2 c_{12} \end{bmatrix} \tag{5-90}$$

令

$$\hat{l}_1 = \frac{m_0 a_1 + (m_0 + m_1) b_1}{M}$$
$$\hat{l}_2 = \frac{(m_0 + m_1) a_2 + M b_2}{M}$$

则

$$\hat{\boldsymbol{J}}_m = \begin{bmatrix} -\hat{l}_1 s_1 - \hat{l}_2 s_{12} & -\hat{l}_2 s_{12} \\ \hat{l}_1 c_1 + \hat{l}_2 c_{12} & \hat{l}_2 c_{12} \end{bmatrix} \tag{5-91}$$

从推导结果可以看出，当航天器基座受控，系统不受外力时，雅克比矩阵与固定基座的雅克比矩阵具有类似的表达形式。该雅克比矩阵的逆为

$$\hat{\boldsymbol{J}}_m^{-1} = \frac{1}{\hat{l}_1 \hat{l}_2 s_2} \begin{bmatrix} \hat{l}_2 c_{12} & \hat{l}_2 s_{12} \\ -\hat{l}_1 c_1 - \hat{l}_2 c_{12} & -\hat{l}_1 s_1 - \hat{l}_2 s_{12} \end{bmatrix} \tag{5-92}$$

分析式(5-92)可以看出，当 $\theta_2 = 0°$、$\pm 180°$时，雅克比矩阵$\hat{\boldsymbol{J}}_m$ 奇异，$\hat{J}_m^{-1}$ 不存在，该模式下仍为运动学奇异。

5.4.4　自由漂浮模式下的运动学方程

基座质心矢量在惯性系下的表达式为

$$\boldsymbol{r}_0 = \begin{bmatrix} r_{0x} \\ r_{0y} \end{bmatrix} = -\begin{bmatrix} \dfrac{m_1 + m_2}{M}(b_0 c_0 + a_1 c_{01}) + \dfrac{m_2}{M}(b_1 c_{01} + a_2 c_{012}) \\ \dfrac{m_1 + m_2}{M}(b_0 s_0 + a_1 s_{01}) + \dfrac{m_2}{M}(b_1 s_{01} + a_2 s_{012}) \end{bmatrix} \tag{5-93}$$

在自由漂浮模式下，航天器基座的姿态和位置均不受控，系统处于自由漂浮状态，线动量、角动量均守恒。

对系统质心的线动量及角动量守恒方程为

$$\begin{cases} \boldsymbol{P} = \sum_{i=0}^{2} m_i \dot{r}_i = m_0 \dot{r}_0 + m_1 \dot{r}_1 + m_2 \dot{r}_2 = 0 \\ \boldsymbol{L} = \sum_{i=0}^{2} (I_i \omega_i + r_i \times m_i \dot{r}_i) = 0 \end{cases} \tag{5-94}$$

进一步分析，线动量守恒方程为

$$\boldsymbol{H}_1 \begin{bmatrix} v_{0x} \\ v_{0y} \\ \omega_0 \end{bmatrix} + \boldsymbol{H}_2 \begin{bmatrix} \dot{\theta}_1 \\ \dot{\theta}_2 \end{bmatrix} = 0 \tag{5-95}$$

式中：

$$\boldsymbol{H}_1 = \begin{bmatrix} M & 0 & k_{vx} \\ 0 & M & k_{vy} \end{bmatrix}$$

$$\boldsymbol{H}_2 = \begin{bmatrix} k_{px1} & k_{px2} \\ k_{py1} & k_{py2} \end{bmatrix}$$

对于平面机器人，角动量仅绕 z 轴的不为零，可采用标量形式的 L 表示绕 z 轴的角动量，详细推导并化简得

$$\begin{aligned} L &= I_0\omega_0 + I_1\omega_1 + I_2\omega_2 + m_0(r_{0x}v_{0y} - r_{0y}v_{0x}) + \\ &\quad m_1(r_{1x}v_{1y} - r_{1y}v_{1x}) + m_2(r_{2x}v_{2y} - r_{2y}v_{2x}) \\ &= k_\omega\omega_0 + k_{q1}\dot{\theta}_1 + k_{q2}\dot{\theta}_2 \end{aligned} \tag{5-96}$$

式中：

$$\begin{aligned} k_\omega =& (I_0 + I_1 + I_2) + m_1(b_0 c_0 + a_1 c_{01})2 + m_1(b_0 s_0 + a_1 s_{01})2 + \\ & m_2(b_0 c_0 + l_1 c_{01} + a_2 c_{012})2 + m_2(b_0 s_0 + l_1 s_{01} + a_2 s_{012})2 - \\ & M(r_{0x}^2 + r_{0y}^2) \\ k_{q1} =& (I_1 + I_2) + m_1 a_1 c_{01}(b_0 c_0 + a_1 c_{01}) + m_1 a_1 s_{01}(b_0 s_0 + a_1 s_{01}) + \\ & m_2(l_1 c_{01} + a_2 c_{012})(b_0 c_0 + l_1 c_{01} + a_2 c_{012}) + \\ & m_2(l_1 s_{01} + a_2 s_{012})(b_0 s_0 + l_1 s_{01} + a_2 s_{012}) + \\ & r_{0x}[m_1 a_1 c_{01} + m_2(l_1 c_{01} + a_2 c_{012})] + \\ & r_{0y}[m_1 a_1 s_{01} + m_2(l_1 s_{01} + a_2 s_{012})] \end{aligned}$$

$$\begin{aligned} k_{q2} =& I_2 + m_2 a_2 c_{012}(b_0 c_0 + l_1 c_{01} + a_2 c_{012}) + m_2 a_2 s_{012}(b_0 s_0 + l_1 s_{01} + a_2 s_{012}) + \\ & m_2 a_2 c_{012} r_{0x} + m_2 a_2 s_{012} r_{0y} \end{aligned}$$

可以看出，系数 k_ω、k_{q1}、k_{q2} 是连杆质量、惯量及基座姿态、机械臂关节角的函数，角动量守恒方程可写为

$$k_\omega\omega_0 + k_{q1}\dot{\theta}_1 + k_{q2}\dot{\theta}_2 = 0 \tag{5-97}$$

将线动量守恒方程、角动量守恒方程联立，并考虑 $r_{g,x} = r_{g,y} = 0$，化简，得

$$\begin{bmatrix} M & 0 & k_{vx} \\ 0 & M & k_{vy} \\ 0 & 0 & k_\omega \end{bmatrix} \begin{bmatrix} v_{0x} \\ v_{0y} \\ \omega_0 \end{bmatrix} + \begin{bmatrix} k_{px1} & k_{px2} \\ k_{py1} & k_{py2} \\ k_{q1} & k_{q2} \end{bmatrix} \begin{bmatrix} \dot{\theta}_1 \\ \dot{\theta}_2 \end{bmatrix} = 0 \tag{5-98}$$

将式(5-98)写为矩阵的形式

$$\boldsymbol{J}_1\begin{bmatrix}v_{0x}\\v_{0y}\\\omega_0\end{bmatrix}+\boldsymbol{J}_2\begin{bmatrix}\dot{\theta}_1\\\dot{\theta}_2\end{bmatrix}=0 \tag{5-99}$$

式中：

$$\boldsymbol{J}_1=\begin{bmatrix}M&0&k_{vx}\\0&M&k_{vy}\\0&0&k_\omega\end{bmatrix}$$

$$\boldsymbol{J}_2=\begin{bmatrix}k_{px1}&k_{px2}\\k_{py1}&k_{py2}\\k_{q1}&k_{q2}\end{bmatrix}$$

可以证明 $\boldsymbol{J}_1$ 是可逆的，推导其逆为

$$\boldsymbol{J}_1^{-1}=\frac{1}{M(k_{vx}^2-Mk_w+k_{vy}^2)}\begin{bmatrix}k_{vy}^2-Mk_\omega&-k_{vx}k_{vy}&Mk_{vx}\\-k_{vx}k_{vy}&k_{vx}^2-Mk_\omega&Mk_{vy}\\Mk_{vx}&Mk_{vy}&-M^2\end{bmatrix} \tag{5-100}$$

则

$$\begin{bmatrix}v_{0x}\\v_{0y}\\\omega_0\end{bmatrix}=-\boldsymbol{J}_1^{-1}\boldsymbol{J}_2\begin{bmatrix}\dot{\theta}_1\\\dot{\theta}_2\end{bmatrix}=\boldsymbol{J}_{\mathrm{bm}}\begin{bmatrix}\dot{\theta}_1\\\dot{\theta}_2\end{bmatrix} \tag{5-101}$$

将式(5-101) 带入(5-80)，得

$$\begin{bmatrix}\boldsymbol{v}_{\mathrm{ex}}\\\boldsymbol{v}_{\mathrm{ey}}\end{bmatrix}=(-\boldsymbol{J}_{\mathrm{s}}\boldsymbol{J}_1^{-1}\boldsymbol{J}_2+\boldsymbol{J}_{\mathrm{m}})\begin{bmatrix}\dot{\theta}_1\\\dot{\theta}_2\end{bmatrix}=\boldsymbol{J}^*\begin{bmatrix}\dot{\theta}_1\\\dot{\theta}_2\end{bmatrix} \tag{5-102}$$

$\boldsymbol{J}^*$ 即为自由漂浮模式下的广义雅克比矩阵，可以看出：在该模式下，雅克比矩阵的奇异为动力学奇异。

5.5　空间机器人工作空间分析

由于空间机器人的机械臂与其基座之间存在动力学耦合，使得空间机器人工作空间的分析变得更加复杂。按照基座是否受控，空间机器人可分为位置姿态均受控、位置不受控姿态受控(基座姿态受控模式)、位置姿态均不受控(自由漂浮模式)。根据不同的模式，空间机器人的工作空间可分为固定基座工作空间、航天器姿态受限工作空间以及自由工作空间。此外，也有学者将工作空间进一步细分为固定基座工作空间、航天器姿态受限工作空间、可达工作空间、直线路径工作空间及有保证工作空间等。本节仅考虑三种重要的工作空间：最大可达工作空间、姿态受限工作空间及有保证工作空间。

1. 最大可达工作空间(RWS)

最大可达工作空间指除了机械本身的约束外，不对机械臂关节角和基座姿态角做任何

特别限制下的机械臂末端点所能到达的最大包络。

由式(5－59)可知,从系统质心到机械臂末端的位置矢量可按下式计算:

$$\boldsymbol{p}_{ge}(\boldsymbol{\Psi}_b,\boldsymbol{\Theta}) = \boldsymbol{p}_e - \boldsymbol{r}_g = \boldsymbol{A}_0\left[{}^0\hat{\boldsymbol{b}}_0 + \sum_{i=1}^{n}{}^0\boldsymbol{A}_i\cdot({}^i\hat{\boldsymbol{a}}_i + {}^i\hat{\boldsymbol{b}}_i)\right] \tag{5-103}$$

根据定义,可达工作空间(RWS)的中心为系统质心,半径为

$$\boldsymbol{R}_{RWS} = \max_{\boldsymbol{\Psi}_b,\boldsymbol{\Theta}}(\|\boldsymbol{p}_{ge}(\boldsymbol{\Psi}_b,\boldsymbol{\Theta})\|) \tag{5-104}$$

式中:$\boldsymbol{\Psi}_b \in [\boldsymbol{\Psi}_{min},\boldsymbol{\Psi}_{max}]$,$\boldsymbol{\Theta} \in [\boldsymbol{\Theta}_{min},\boldsymbol{\Theta}_{max}]$,$[\boldsymbol{\Psi}_{min},\boldsymbol{\Psi}_{max}]$和$[\boldsymbol{\Theta}_{min},\boldsymbol{\Theta}_{max}]$是基座姿态及机械臂关节角的范围。根据式(5－103),从系统质心到机械臂末端的距离为

$$\begin{aligned} d_{ge}(\boldsymbol{\Theta}) &= \|\boldsymbol{p}_{ge}(\boldsymbol{\Psi}_b,\boldsymbol{\Theta})\| = \left\|\boldsymbol{A}_0\left[{}^0\hat{b}_0 + \sum_{i=1}^{n}{}^0\boldsymbol{A}_i\cdot({}^i\hat{\boldsymbol{a}}_i + {}^i\hat{\boldsymbol{b}}_i)\right]\right\| \\ &= \left\|{}^0\hat{\boldsymbol{b}}_0 + \sum_{i=1}^{n}{}^0\boldsymbol{A}_i\cdot({}^i\hat{\boldsymbol{a}}_i + {}^i\hat{\boldsymbol{b}}_i)\right\| \end{aligned} \tag{5-105}$$

式(5－105)表明,系统质心到机械臂末端的距离d_{ge}与基座姿态角$\boldsymbol{\Psi}_b$无关。对于一组给定的臂型,机械臂末端可能有无穷多个潜在的位置(具体的位置点与机械臂姿态角有关),但这些点有共同的特征,那就是均位于球心为系统质心的球面上,因此,最大可达工作空间的半径R_{RWS}的计算式可化简为

$$R_{RWS} = \max_{\boldsymbol{\Theta}}(d_{ge}(\boldsymbol{\Theta})) \tag{5-106}$$

最大可达工作空间中心位置矢量为

$$\boldsymbol{O}_{RWS} = \boldsymbol{r}_g \tag{5-107}$$

2. 姿态受限工作空间(CWS)

姿态受限工作空间定义为相应于某一给定的基座姿态下机械臂末端点所能到达的空间。

假设基座稳定在固定姿态,$\boldsymbol{\Psi}_b = \boldsymbol{\Psi}_0$,则姿态变换矩阵$\boldsymbol{A}_0$为常值矩阵,相应的矢量$\boldsymbol{A}_0\cdot{}^0\hat{\boldsymbol{b}}_0$为常值矢量。根据式(5－102)可知,机械臂末端点相对于固定点P(位置由矢量$\boldsymbol{r}_g + \boldsymbol{A}_0\cdot{}^0\hat{\boldsymbol{b}}_0$确定)的位置为

$$\boldsymbol{p}_{Pe}(\boldsymbol{\Theta}) = \boldsymbol{p}_e - (\boldsymbol{r}_g + \boldsymbol{A}_0\cdot{}^0\hat{\boldsymbol{b}}_0) = \boldsymbol{A}_0\sum_{i=1}^{n}{}^0\boldsymbol{A}_i\cdot({}^i\hat{\boldsymbol{a}}_i + {}^i\hat{\boldsymbol{b}}_i) \tag{5-108}$$

式中:$\boldsymbol{p}_{Pe}$为从点P到机械臂末端的位置矢量,其距离为

$$\begin{aligned} d_{ge}(\boldsymbol{\Theta}) &= \|\boldsymbol{p}_{Pe}(\boldsymbol{\Theta})\| = \left\|\boldsymbol{A}_0\sum_{i=1}^{n}{}^0\boldsymbol{A}_i\cdot({}^i\hat{\boldsymbol{a}}_i + {}^i\hat{\boldsymbol{b}}_i)\right\| \\ &= \left\|\sum_{i=1}^{n}{}^0\boldsymbol{A}_i\cdot({}^i\hat{\boldsymbol{a}}_i + {}^i\hat{\boldsymbol{b}}_i)\right\| \end{aligned} \tag{5-109}$$

因此,姿态受限工作空间是中心为$\boldsymbol{r}_g + \boldsymbol{A}_0\cdot{}^0\hat{\boldsymbol{b}}_0$,半径为$R_{CWS}$由下式确定:

$$R_{CWS} = \max_{\boldsymbol{\Theta}}(d_{Pe}(\boldsymbol{\Theta})) = \max_{\boldsymbol{\Theta}}\left(\left\|\sum_{i=1}^{n}{}^0\boldsymbol{A}_i\cdot({}^i\hat{\boldsymbol{a}}_i + {}^i\hat{\boldsymbol{b}}_i)\right\|\right) \tag{5-110}$$

式中:$\boldsymbol{\Theta} \in [\boldsymbol{\Theta}_{min},\boldsymbol{\Theta}_{max}]$。

式(5－108)和式(5－110)表明,姿态受限工作空间CWS半径的长度与给定姿态$\boldsymbol{\Psi}_0$无关,对于不同的姿态角,其CWS半径大小一样。唯一的区别在于工作空间的中心不同,由下

式确定：

$$\boldsymbol{O}_{\mathrm{CWS}} = \boldsymbol{r}_{\mathrm{g}} + \boldsymbol{A}_0 \cdot {}^0\hat{\boldsymbol{b}}_0 \tag{5-111}$$

3. 有保证工作空间(GWS)

有保证工作空间是指不管基座处于什么姿态下，机械末端均可到达的工作空间。

根据其定义，有保证工作空间实际上是所有可能基座姿态下空间机器人的 CWS 的交集：

$$\mathrm{GWS} = \bigcap_{\boldsymbol{\Psi}_{\mathrm{b}}} \mathrm{CWS}(\boldsymbol{\Psi}_{\mathrm{b}}) \tag{5-112}$$

式中：$\boldsymbol{\Psi}_{\mathrm{b}} \in [\boldsymbol{\Psi}_{\min}, \boldsymbol{\Psi}_{\max}]$。

因此，有保证工作空间的中心是系统质心，即位于 $\boldsymbol{r}_{\mathrm{g}}$ 的点，半径为

$$R_{\mathrm{GWS}} = R_{\mathrm{CWS}} - \| {}^0\hat{\boldsymbol{b}}_0 \| \tag{5-113}$$

GWS 的中心表示为

$$\boldsymbol{O}_{\mathrm{GWS}} = \boldsymbol{r}_{\mathrm{g}} \tag{5-114}$$

4. 各工作空间的分析

根据上述定义，每一种工作空间由两个参数确定，即中心点 $\boldsymbol{O}$ 及半径 R，RWS 由式(5-106) 和 式(5-107) 确定，CWS 由式(5-110) 和式(5-111) 确定，GWS 由式(5-113) 和式(5-114) 确定，它们之间的关系为

$$\mathrm{GWS} \subset \mathrm{CWS} \subset \mathrm{RWS} \tag{5-115}$$

这几种类型工作空间半径的大小只与空间机器人的几何尺寸及质量分布有关。对于实际的空间机器人系统，几何尺寸及质量分布一般是常数，因此可采取几何法或数值法计算工作空间的半径。

从上面的定义和分析可知，RWS 及 GWS 与基座姿态无关，只要空间机器人的几何及质量参数确定，它们就是固定的。但 CWS 却依赖于基座的姿态，可通过控制基座的姿态实现期望的 CWS(实际上，CWS 的半径大小是不变的，控制基座姿态的目的是为了调整 CWS 的中心位置)。

习　　题

1. 以典型的 PUMA560 机器人为对象，建立 D-H 坐标系，并推导位置级正向运动学模型。

2. 以平面 3 自由度机械臂为对象，推导其微分运动学模型。

3. 自由漂浮空间机器人的奇异与固定基座空间机器人的奇异是否相同？为什么？

4. 最大可达工作空间、姿态受限工作空间、有保证工作空间三种工作空间是什么关系？

5. 路径相关工作空间、路径无关工作空间的含义是什么？

6. 广义雅克比矩阵的含义是什么？

第 6 章　机器人路径规划技术

6.1　机器人规划基本概念

机器人规划，是指机器人根据自身的任务，求得完成这一任务的解决方案的过程。机器人的规划是分层次的，从高层的任务规划、动作规划到低层的手部轨迹规划和关节轨迹规划，最后才是底层的机器人控制。

第一层次的规划称为任务规划(Task Planning)，主要完成总体任务的分解，得到多个子任务。然后再针对每一个子任务进行进一步的规划，以“把门打开”这一子任务为例，可以进一步分解为“把手放到门把手上”“下压门把手”“往外推门”等一系列动作，这一层次的规划称为动作规划(Motion Planning)，它把实现每一个子任务的过程分解为一系列具体的动作。为了实现每一个动作，需要对机械臂末端的运动轨迹进行必要的设计，这是末端效应器轨迹规划(End Effector Trajectory Planning)或笛卡儿空间规划。为了使机械臂完成预定的运动，就需要设计各关节的运动，这是关节轨迹规划(Joint Trajectory Planning)。最后利用关节的运动控制(Motion Control)实现各运动。

上述的空间机器人分层规划如图 6-1 所示，智能化程度越高，规划的层次越多，操作就越简单。对空间机器人来说，高层的任务规划和动作规划一般是依赖人来完成的。本章重点介绍其底层规划即轨迹规划部分。

轨迹是指机器人末端执行器在运动过程中的位移、速度和加速度。由初始点运动到终止点，所经过的由中间形态序列构成的空间曲线称为路径。轨迹规划即是根据作业任务的要求计算出预期的运动轨迹。

通常将机器人操作臂的运动看作是末端工具坐标系相对于工作坐标系的运动。对于点位作业，需要描述它的起始状态和目标状态；对于曲面加工，不仅要规定操作臂的起始点和终止点，而且要指明两点之间的若干中间点(称路径点)、必须沿特定的路径运动(路径约束)。这类运动称为连续路径运动。

轨迹规划的目的是将操作人员输入的简单的任务描述变为详细的运动轨迹描述。例如，对一般的工业机器人来说，操作员可能只输入机械手末端的目标位置和方位，而规划的任务便是要确定达到目标的关节轨迹的形状、运动的时间和速度等。这里所说的轨迹是指随时间变化的位置、速度和加速度。在规划机器人的运动时，还需要弄清楚在其路径上是否存在障碍物(障碍约束)。路径约束和障碍约束的组合将机器人的规划与控制方式划分为 4

类，如表 6－1 所示。

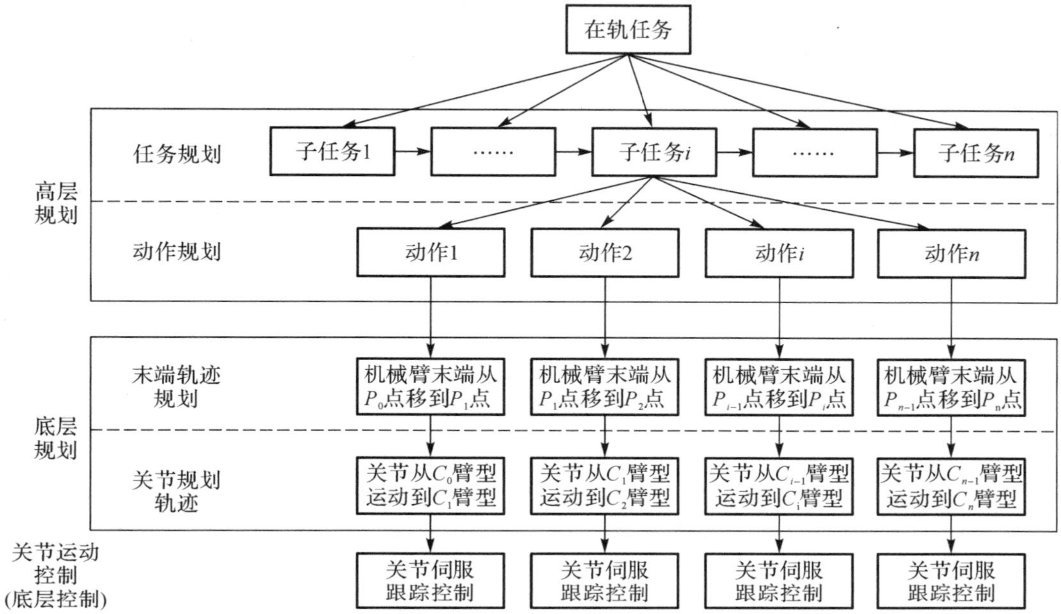

图 6－1　空间机器人层级规划

表 6－1　机器人操作控制方式

约束条件		障碍约束	
		有	无
路径约束	有	离线无碰撞路径规划＋在线路径跟踪	离线路径规划＋在线路径跟踪
	无	位置控制＋在线障碍检测防碰撞	位置控制

机器人轨迹规划器的输入包括路径的“设定”和“约束”，输出是机器人末端执行器的“位姿序列”，表示手部在各个离散时刻的中间形位。

机器人最常用的轨迹规划方法有两种：第一种要求用户对于选定的轨迹节点（插值点）上的位姿、速度和加速度给出显式约束（例如连续性和光滑程度等），轨迹规划器从某类函数（例如 n 次多项式）中选取参数化轨迹，对节点进行插值，并满足约束条件；第二种方法要求用户给出运动路径的解析式，如笛卡儿空间中的直线路径，轨迹规划器在关节空间或笛卡儿空间中确定一条轨迹来逼近预定的路径。第一种方法中，约束的设定和轨迹规划均在关节空间进行。由于对操作臂手部（直角坐标形位）没有施加任何约束，用户很难弄清机器人末端的实际路径，因此可能会与障碍物相碰。第二种方法的路径约束是在笛卡儿空间中给定的，而关节驱动器是在关节空间中受控的。因此，为了得到与给定路径十分接近的轨迹，首先必须采用某种函数逼近的方法将笛卡儿空间的坐标路径约束转化为关节坐标路径约束，然后确定满足关节路径约束的参数化路径。

轨迹规划既可在关节空间也可在笛卡儿空间中进行，但是做规划的轨迹函数都必须连续和平滑，使得机器人运动平稳，如图 6 - 2 所示。在关节空间进行规划时，是将关节变量表示为时间的函数，并规划它的一阶与二阶的时间导数；在笛卡儿空间进行规划是指将机器人末端位姿、速度和加速度表示为时间的函数。而相应的关节位移、速度和加速度由机器人末端执行器的信息导出。通常通过运动学反解得出关节位移，也可用逆雅可比求出关节速度，用逆雅可比及其导数求解关节加速度。

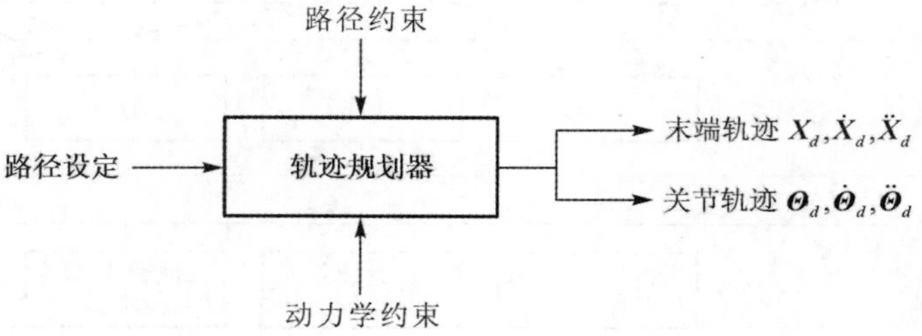

图 6 - 2　机器人轨迹规划器

在分析完笛卡儿空间规划和关节空间规划的基础上，继续回到运动轨迹的类型上。机器人的运动，根据其运动轨迹可以分为点到点运动和连续路径跟踪运动。

点到点运动只关心特定的起始和目标位置点，对运动路径没有限制。在点到点运动中，机器人的末端在笛卡儿坐标系下具有多条可能的轨迹。通常，点到点运动根据目标点的机器人位姿，利用逆向运动学求取机器人各个关节的目标位置，通过控制各个关节的运动，使机器人末端达到目标位姿。由于对机器人末端在笛卡儿坐标系下的运动路径没有限制，各个关节的运动不需要联动，各个关节可以具有不同的运动时间。点到点运动不需要在笛卡儿坐标系下进行规划，只需要在关节空间对每个关节进行运动规划，以保证机器人运动平稳。

连续路径跟踪运动，希望机器人的末端以特定的姿态沿给定的路径运动。为了保证机器人的末端处于给定的路径上，需要计算出路径上各点的位置，以及在各个位置点上机器人所需要达到的姿态。上述计算路径上各点处的机器人位置和姿态的过程，称为机器人笛卡儿空间的路径规划。根据规划出的各个路径点处的机器人位置和姿态，利用逆向运动学求取机器人各个关节的目标位置，通过控制各个关节的运动，使机器人的末端到达各个路径点处的期望位姿。

连续轨迹跟踪是以点到点运动为基础的，而点到点运动的中间路径是不确定的。因此，轨迹跟踪运动只是在给定的路径点上能够保证机器人末端到达期望位姿，而在各个路径点中间不能保证机器人末端到达期望位姿。因此，若为了使机器人末端尽可能的接近期望轨迹，在进行机器人笛卡儿空间的路径规划时，两个路径点之间的距离应尽可能的小。此外，为了消除两个路径点之间机器人末端位姿的不确定性，通过对各个关节按照联动控制进行关节空间的运动规划。具体而言，就是在进行关节空间的运动规划时，要使得各个关节具有相同的运动时间。此外，连续轨迹跟踪运动需要在笛卡儿空间对机器人末端位姿进行运动规划，同时还需要在机器人的关节空间进行运动规划。

机器人路径规划的分类如表 6 - 2 所示。

表 6-2　机器人路径规划分类

轨迹分类	点到点运动	连续路径跟踪运动
关节空间	关节空间点到点路径规划	关节空间连续路径规划
笛卡儿空间	笛卡儿空间点到点路径规划	笛卡儿空间连续路径规划

6.2　关节空间路径规划

为了控制机器人的关节空间运动量，使其运动轨迹平滑，关节运动平稳，需要对机器人关节运动进行规划。关节运动规划主要是指对关节运动轨迹的插值，即对于给定的关节空间起始位置与时间、目标位置与时间，通过插值计算中间时刻的关节位置。

以某单关节转动为例，其 t_0 时刻关节位置为 θ_0，希望其在 t_f 时刻关节位置达到 θ_f。该关节的运动轨迹曲线非常多。以图 6-3 为例，如果按照轨迹 1、2 运动，机器人运动过程会出现波动，这是不期望出现的。而如果按照轨迹 3 运动，机器人运动较为平稳，且可以从起始位置到达目标位置。因此，可选择类似轨迹 3 的运动轨迹，再通过插值得到关节的运动。在插值函数选择上，可以采用多项式、抛物线、样条曲线等多种曲线。

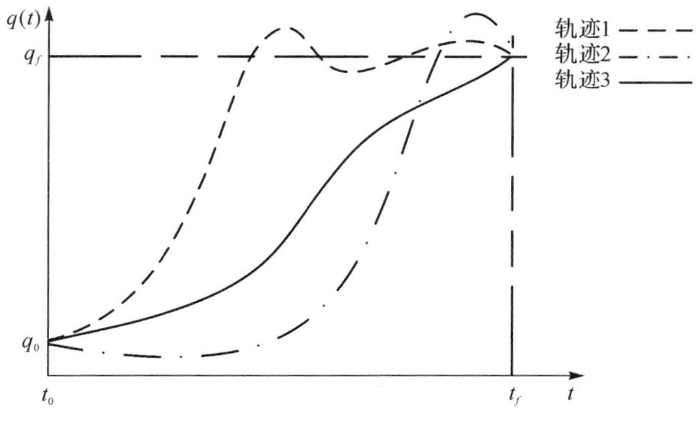

图 6-3　关节运动轨迹示意

6.2.1　三次多项式插值法

针对关节空间点到点路径规划任务，以某单关节的运动规划为例，若起始点 t_0 时刻的关节角 θ_0 及终止点关节角 t_f 时刻的关节角 θ_f 已知，以运动轨迹平滑为目的，通过增加终点的速度约束，可采用如下的三次多项式进行关节运动路径规划：

$$\theta(t)=a_0+a_1t+a_2t^2+a_3t^3 \tag{6-1}$$

式中：$a_0 \sim a_3$ 为待定参数。关节运动轨迹规划的目的就是确定这些参数。

为确定式(6-1)的参数，需要 4 个约束条件。首先，初始及终止时刻的关节角满足：

$$\begin{cases}\theta(0)=\theta_0\\ \theta(t_f)=\theta_f\end{cases} \tag{6-2}$$

另外，还需要保证关节速度函数连续，即初始时刻和终止时刻的关节速度为 0，即

$$\begin{cases}\dot{\theta}(0)=0\\ \dot{\theta}(t_f)=0\end{cases} \tag{6-3}$$

将约束条件式(6-2)和式(6-3)代入式(6-1)，可解出待定参数：

$$\begin{cases}a_0=\theta_0\\ a_1=0\\ a_2=\dfrac{3}{t_f^2}(\theta_f-\theta_0)\\ a_3=-\dfrac{2}{t_f^3}(\theta_f-\theta_0)\end{cases} \tag{6-4}$$

则该关节的点到点路径规划得到的运动为

$$\theta(t)=\theta_0+\frac{3}{t_f^2}(\theta_f-\theta_0)t^2-\frac{2}{t_f^3}(\theta_f-\theta_0)t^3 \tag{6-5}$$

例如，在某次点到点运动规划中，某关节期望在 10 s 从 0°变化到 50°，利用式(6-4)规划该关节的运动，规划得到的关节角度、角速度、角加速度曲线如图 6-4～图 6-6 所示。

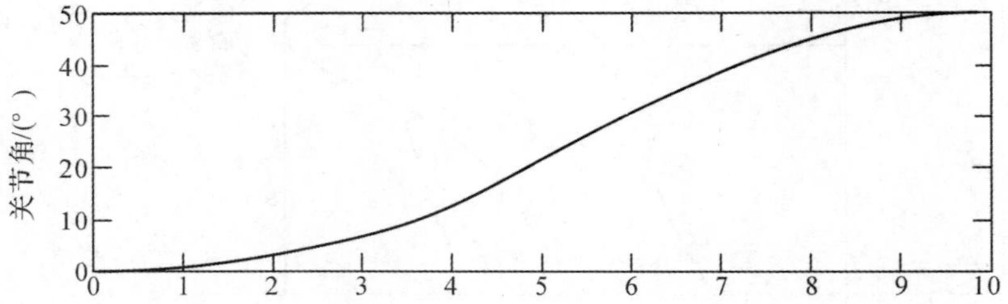

图 6-4　按三次多项式规划的关节角

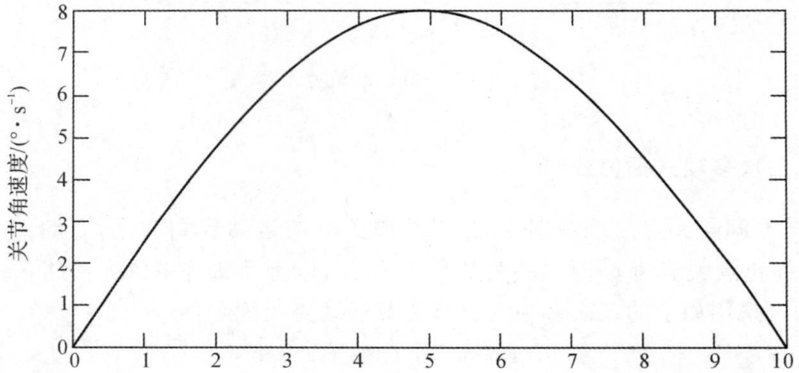

图 6-5　按三次多项式规划的关节角速度

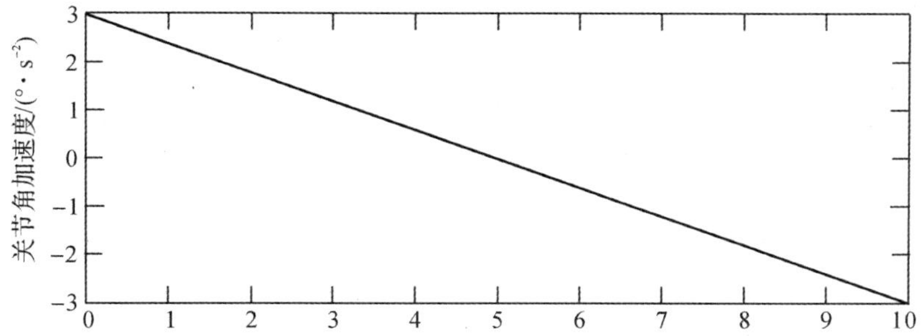

图 6－6　按三次多项式规划的关节角加速度

6.2.2　五次多项式插值法

如果对运动轨迹的平滑性要求更加严格，或要考虑路径段起始点和终止点的位置、速度和加速度时，需要用五次多项式进行插值。

同样，假设起始点 t_0 时刻的关节角 θ_0 及终止点关节角 t_f 时刻的关节角 θ_f 已知，首先设计五次多项式：

$$\theta(t)=a_0+a_1t+a_2t^2+a_3t^3+a_4t^4+a_5t^5 \tag{6-6}$$

其约束条件可表示为

$$\begin{cases}\theta(0)=\theta_0, & \dot{\theta}(0)=0, & \ddot{\theta}(0)=0\\ \theta(t_f)=\theta_f, & \dot{\theta}(t_f)=0, & \ddot{\theta}(t_f)=0\end{cases} \tag{6-7}$$

分别将 $t=0$ 和 $t=t_f$ 代入式(6－6)。分别求出 6 个约束方程的左侧表达式：

$$\begin{cases}\theta_0=a_0\\ \theta_f=a_0+a_1t_f+a_2t_f^2+a_3t_f^3+a_4t_f^4+a_5t_f^5\\ \dot{\theta}_0=a_1\\ \dot{\theta}_f=a_1+2a_2t_f+3a_3t_f^2+4a_4t_f^3+5a_5t_f^4\\ \ddot{\theta}_0=2a_2\\ \ddot{\theta}_f=2a_2+6a_3t_f+12a_4t_f^2+20a_5t_f^3\end{cases} \tag{6-8}$$

带入约束方程，可解出五次多项式的各参数为

$$\begin{cases}a_0=\theta_0\\ a_1=0\\ a_2=0\\ a_3=\dfrac{20(\theta_f-\theta_0)}{2t_f^3}\\ a_4=\dfrac{-30(\theta_f-\theta_0)}{2t_f^4}\\ a_5=\dfrac{12(\theta_f-\theta_0)}{2t_f^5}\end{cases} \tag{6-9}$$

代入式(6-6),即可得到该关节运动的五次多项式插值形式:

$$\theta(t)=\theta_0+\frac{20(\theta_f-\theta_0)}{2t_f^3}t^3-\frac{30(\theta_f-\theta_0)}{2t_f^4}t^4+\frac{12(\theta_f-\theta_0)}{2t_f^5}t^5 \tag{6-10}$$

例如,在某次点到点运动规划中,某关节期望在 10 s 从 0°变化到 50°,利用式(6-9)规划该关节的运动,规划得到的关节角度、角速度、角加速度曲线如图 6-7~图 6-9 所示。可以看出,加入角速度约束后,曲线更加平滑。

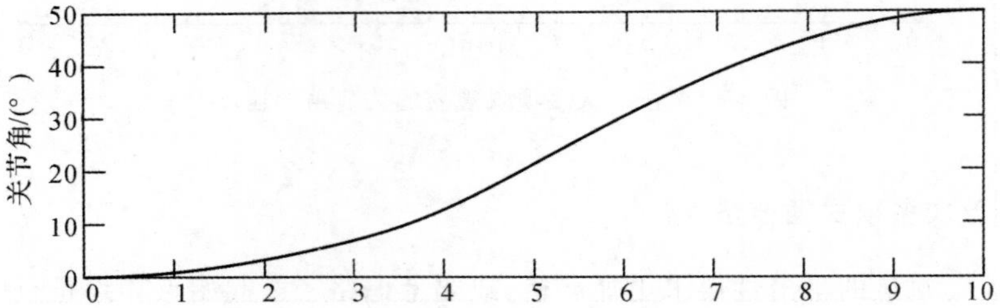

图 6-7　按五次多项式规划的关节角

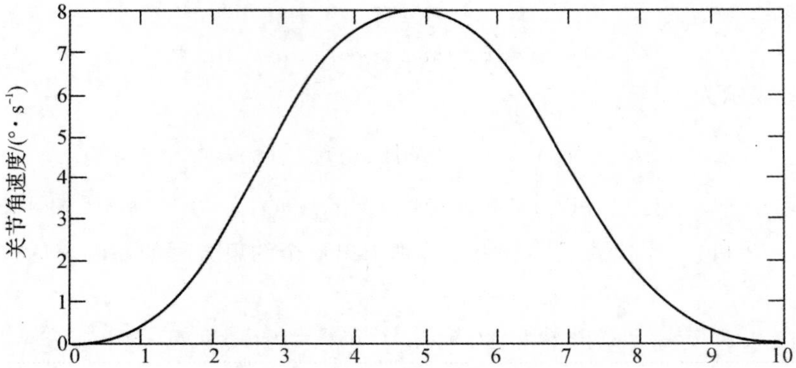

图 6-8　按五次多项式规划的关节角速度

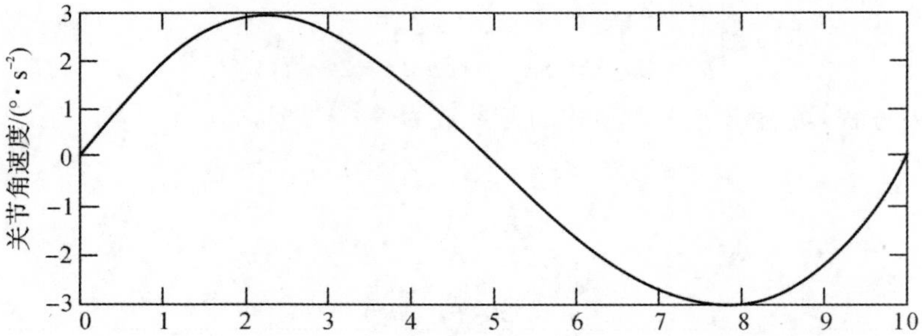

图 6-8　按五次多项式规划的关节角加速度

6.2.3　过路径点的多项式插值法

考虑路径跟踪运动或点到点运动时，起始点、终止点均为路径的中间点，即速度、加速度不为零。该问题称为过路径点的多项式插值。解决方法同上述 6.2.1 节和 6.2.2 节类似。

以三次多项式插值为例，当终止关节角速度不为 0（如该段路径终点作为下段路径起点的情况），约束条件改为

$$\begin{cases}\dot{\theta}(0)=\dot{\theta}_0\\ \dot{\theta}(t_f)=\dot{\theta}_f\end{cases} \tag{6-11}$$

采用类似方法推导，得

$$\begin{cases}a_0=\theta_0\\ a_1=\dot{\theta}_0\\ a_2=\dfrac{3}{t_f^2}(\theta_f-\theta_0)-\dfrac{2}{t_f}\dot{\theta}_0-\dfrac{1}{t_f}\dot{\theta}_f\\ a_3=-\dfrac{2}{t_f^3}(\theta_f-\theta_0)+\dfrac{1}{t_f^2}(\dot{\theta}_0+\dot{\theta}_f)\end{cases} \tag{6-12}$$

则，该关节的点到点路径规划得到的运动为

$$\theta(t)=\theta_0+\dot{\theta}_0 t+\left[\frac{3}{t_f^2}(\theta_f-\theta_0)-\frac{2}{t_f}\dot{\theta}_0-\frac{1}{t_f}\dot{\theta}_f\right]t^2+\left[-\frac{2}{t_f^3}(\theta_f-\theta_0)+\frac{1}{t_f^2}(\dot{\theta}_0+\dot{\theta}_f)\right]t^3 \tag{6-13}$$

若采用五次多项式插值进行过路径点的规划，采用与上述类似的方法。带入约束方程，可解出五次多项式的各参数为

$$\begin{cases}a_0=\theta_0\\ a_1=\dot{\theta}_0\\ a_2=\dfrac{\ddot{\theta}_0}{2}\\ a_3=\dfrac{20(\theta_f-\theta_0)-(8\dot{\theta}_f+12\dot{\theta}_0)t_f+(\ddot{\theta}_f-3\ddot{\theta}_0)t_f^2}{2t_f^3}\\ a_4=\dfrac{-30(\theta_f-\theta_0)+(14\dot{\theta}_f+16\dot{\theta}_0)t_f-(2\ddot{\theta}_f-3\ddot{\theta}_0)t_f^2}{2t_f^4}\\ a_5=\dfrac{12(\theta_f-\theta_0)-(6\dot{\theta}_f+6\dot{\theta}_0)t_f+(\ddot{\theta}_f-\ddot{\theta}_0)t_f^2}{2t_f^5}\end{cases} \tag{6-14}$$

将各参数代入五次多项式，即可得到该关节运动的五次多项式插值形式：

$$\begin{aligned}\theta(t)=&\theta_0+\dot{\theta}_0 t+\frac{\ddot{\theta}_0}{2}t^2+\frac{20(\theta_f-\theta_0)-(8\dot{\theta}_f+12\dot{\theta}_0)t_f+(\ddot{\theta}_f-3\ddot{\theta}_0)t_f^2}{2t_f^3}t^3+\\ &\frac{-30(\theta_f-\theta_0)+(14\dot{\theta}_f+16\dot{\theta}_0)t_f-(2\ddot{\theta}_f-3\ddot{\theta}_0)t_f^2}{2t_f^4}t^4+\\ &\frac{12(\theta_f-\theta_0)-(6\dot{\theta}_f+6\dot{\theta}_0)t_f+(\ddot{\theta}_f-\ddot{\theta}_0)t_f^2}{2t_f^5}t^5\end{aligned} \tag{6-15}$$

6.2.4 抛物线结合线性插值法

对于给定的起始点和终止点的关节角度，还可以采用直线插值函数来规划关节路径。然而，直接进行线性插值将导致起始点和终止点的关节运动速度不连续。为了生成一条位置和速度都连续的平滑运动轨迹，在每个节点间增加一段抛物线拟合区域，使得速度平滑过渡。线性函数与两段抛物线函数平滑地衔接在一起形成的轨迹称为带有抛物线过渡域的线性轨迹，如图 6－10 所示

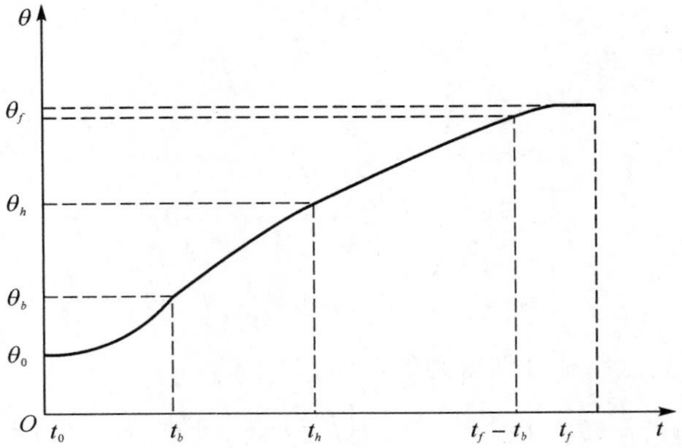

图 6－10　带抛物线过渡的线性插值

假设 θ_b 为拟合段终点的值，$\ddot{\theta}$ 为拟合区段的加速度，t_h 和 θ_h 分别是时间中点和位置中点。借鉴抛物线方程，θ_b 按下式给出：

$$\theta_b=\theta_0+\frac{1}{2}\ddot{\theta}(t_b-t_0)^2 \tag{6-16}$$

式中：

$$\ddot{\theta}t_b=\frac{\theta_h-\theta_b}{t_h-t_b} \tag{6-17}$$

联立上述两式(6－16)和(6－17)得

$$\ddot{\theta}t_b^2-\ddot{\theta}t_f t_b+(\theta_f-\theta_0)=0 \tag{6-18}$$

一般来说，可以先选择 $\ddot{\theta}$，再根据式(6－18)求解出相应的 t_b

$$t_b=\frac{t}{2}-\frac{\sqrt{\ddot{\theta}^2t^2-4\ddot{\theta}(\theta_f-\theta_0)}}{2\ddot{\theta}} \tag{6-19}$$

需要说明的是，选择的加速度必须足够大，否则解不存在。在拟合区段使用的加速度约束条件为

$$\theta\geqslant\frac{4(\theta_f-\theta_0)}{t^2} \tag{6-20}$$

当式(6－20)中等号成立时，直线部分的长度缩短为 0，整个路径由两个拟合区段组成，且衔接处的斜率相等。如果加速度取值越来越大，则拟合区段的长度将随之越来越短。当

处于极限状态，即加速度无穷大时，路径又转化为简单的线性插值。

6.2.5　梯形速度插值法

梯形速度插值法是将关节运动速度设计为梯形曲线，规划的关节速度曲线如图 6－11 所示。该插值算法的输入条件包括起始时刻 t_0、终点时刻 t_f、起点位置 q_0、终点位置 q_f、指定匀速段的速度 v。这里需要注意的是：由于关节运动包括旋转、平动等运动形式，因此本节关节位置用 q 表示。

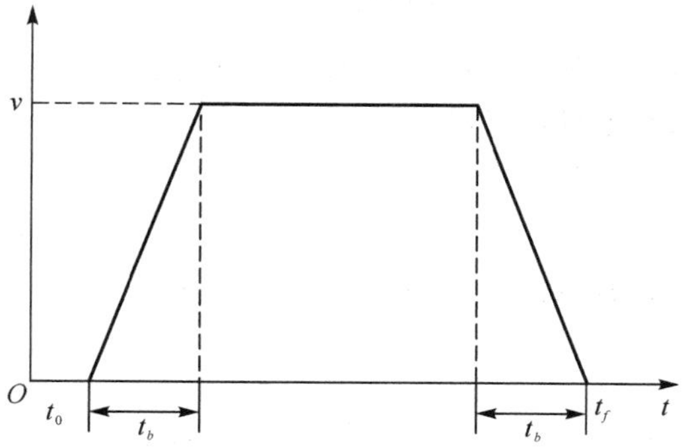

图 6－11　关节速度梯形曲线示意

首先设计关节运动加速段（减速段）的时间为 t_b，则匀速段的速度 v 和加速度（减速段）的加速度 a 有以下关系：

$$v=at_b \tag{6-21}$$

根据关节运动曲线，可以得到：

$$\frac{1}{2}at_b^2+v(t_f-t_0-2t_b)+\frac{1}{2}at_b^2=q_f-q_0 \tag{6-22}$$

当给定速度 v 时，通过推导，可以得到：

$$v(t_f-t_0-t_b)=q_f-q_0 \tag{6-23}$$

据此，可以得到加速（减速）时间 t_b 为

$$t_b=t_f-t_0-\frac{q_f-q_0}{v} \tag{6-24}$$

令

$$v_{\mathrm{Lim}}=\frac{q_f-q_0}{t_f-t_0} \tag{6-25}$$

因此

（1）当 $v_{\mathrm{Lim}}=0$ 时：

$$q(t)=q_0,\quad v(t)=0,\quad a(t)=0 \tag{6-26}$$

（2）当 $v_{\mathrm{Lim}}>0$ 时：

1）当 $v_{\mathrm{Lim}}<v<2v_{\mathrm{Lim}}$ 时，所规划的路径加速（减速）时间为 $t_b=t_f-t_0-\frac{q_f-q_0}{v}$，关节运动的 3 段路径方程分别为

$$
\begin{cases}
q(t)=q_0+\dfrac{v}{2t_b}(t-t_0)^2, & v(t)=\dfrac{v(t-t_0)}{t_b}, \quad a(t)=\dfrac{v}{t_b}, \quad t_0\leqslant t\leqslant t_0+t_b \\
q(t)=q_0+v\left(t-t_0-\dfrac{1}{2}t_b\right), & v(t)=v \quad a(t)=0, \quad t_0+t_b\leqslant t\leqslant t_f-t_b \\
q(t)=q_f-\dfrac{v}{2t_b}(t_f-t)^2, & v(t)=\dfrac{v(t_f-t)}{t_b} \quad a(t)=-\dfrac{v}{t_b}, \quad t_f-t_b\leqslant t\leqslant t_f
\end{cases}
\tag{6-27}
$$

2)当 $v=2v_{\text{Lim}}$ 时,所规划的路径加速时间正好为 $\frac{1}{2}(t_f-t_0)$,没有匀速运动段。

3)当 $v=v_{\text{Lim}}$ 时,刚好没有加速(减速)段,整个为匀速段。

4)当 $v<v_{\text{Lim}}$ 时,没有加速(减速)段,无解。

5)当 $v>2v_{\text{Lim}}$ 时,没有匀速段。

(3)当 $v_{\text{Lim}}<0$ 时:

1)当 $2v_{\text{Lim}}<v<v_{\text{Lim}}$,所规划路径的加速(减速)时间为 $t_b=t_f-t_0-\frac{q_f-q_0}{v}$,关节运动的3段路径方程分别为

$$
\begin{cases}
q(t)=q_0+\dfrac{v}{2t_b}((t-t_0)^2, & v(t)=\dfrac{v(t-t_0)}{t_b} \quad a(t)=\dfrac{v}{t_b}, \quad t_0\leqslant t\leqslant t_0+t_b \\
q(t)=q_0+v\left(t-t_0-\dfrac{1}{2}t_b\right), & v(t)=v, \quad a(t)=0, \quad t_0+t_b\leqslant t\leqslant t_f-t_b \\
q(t)=q_f-\dfrac{v}{2t_b}(t_f-t)^2, & v(t)=\dfrac{v(t_f-t)}{t_b}, \quad a(t)=-\dfrac{v}{t_b}, \quad t_f-t_b\leqslant t\leqslant t_f
\end{cases}
\tag{6-28}
$$

2)当 $v=2v_{\text{Lim}}$ 时,所规划路径的加速时间刚好为 $\frac{1}{2}(t_f-t_0)$,没有匀速运动段。

3)当 $v=v_{\text{Lim}}$ 时,刚好没有加速(减速)段,整个为匀速段。

4)当 $v>v_{\text{Lim}}$ 时,没有加速(减速)段,无解。

5)当 $v<2v_{\text{Lim}}$ 时,没有匀速段。

6.2.6 样条插值法

样条插值是使用一种名为样条的特殊分段多项式进行插值的形式。由于样条插值可以使用低阶多项式样条实现较小的插值误差,避免了使用高阶多项式所出现的龙格现象,所以样条插值被广泛应用在数值分析中。

使用多项式插值,对给定数据集进行插值的 n 阶多项式就被给定数据点所唯一地定义出来。但是,对同样的数据进行插值的 n 阶样条并不是唯一的,为了构建一个唯一的样条插值式,还必须满足另外 $n-1$ 个自由度。当 $n=3$ 时,即为 3 次样条插值。除此之外,还可以采用 B 样条插值等多种样条插值方法。本节以 B 样条(Basic Spline)插值为例进行介绍。

在介绍 B 样条插值之前,首先简要介绍一下 B 样条。设 m 为样条的次数,在$(m+1)$个子区间以外的其他子区间上,B 样条的取值都为 0。B 样条函数可以采用递归的方式进行定义。假设对于自变量 x,有$(m+2)$个点 $x_i,x_{i+1},\cdots,x_{i+m+1}$,构成$(m+1)$个子区间$[x_i,x_{i+1})$,$[x_{i+1},x_{i+2})$,$\cdots$,$[x_{i+m},x_{i+m+1})$。

首先定义下式所示的 0 次 B 样条函数，然后根据第$(m+1)$次 B 样条函数定义在区间$[x_{i+m},x_{i+m+1})$的第 m 次 B 样条函数。

$$N_{i,0}(x)=\begin{cases}1, & x\in[x_i,x_{i+1})\\0, & x\notin[x_i,x_{i+1})\end{cases} \tag{6-29}$$

式中：$N_{i,0}(x)$是 0 次 B 样条函数；$[x_i,x_{i+1}]$是 0 次 B 样条函数的非 0 区间。

$$N_{i,m}(x)=\frac{x-x_i}{x_{i+m}-x_i}N_{i,m-1}(x)+\frac{x_{i+m+1}-x}{x_{i+m+1}-x_{i+1}}N_{i+1,m-1}(x) \tag{6-30}$$

式中：$N_{i,m}(x)$是 m 次 B 样条函数；$[x_i,x_{i+1}]$是$(m-1)$次 B 样条函数的非 0 区间。

根据式(6-29)和式(6-30)的 B 样条函数定义，可以得到 1 次、2 次、3 次 B 样条函数：

$$N_{i,1}(x)=\begin{cases}\dfrac{x-x_i}{x_{i+1}-x_i}, & x\in[x_i,x_{i+1})\\[2ex]\dfrac{x_{i+2}-x}{x_{i+2}-x_{i+1}}, & x\in[x_{i+1},x_{i+2})\end{cases} \tag{6-31}$$

$$N_{i,2}(x)=\begin{cases}\dfrac{(x-x_i)^2}{(x_{i+1}-x_i)(x_{i+2}-x_i)}, & x\in[x_i,x_{i+1})\\[2ex]\dfrac{(x-x_i)(x_{i+2}-x)}{(x_{i+1}-x_i)(x_{i+2}-x_{i+1})}+\dfrac{(x-x_{i+1})(x_{i+3}-x)}{(x_{i+2}-x_{i+1})(x_{i+3}-x_{i+1})}, & x\in[x_{i+1},x_{i+2})\\[2ex]\dfrac{(x-x_{i+3})^2}{(x_{i+3}-x_{i+1})(x_{i+3}-x_{i+2})}, & x\in[x_{i+2},x_{i+3})\end{cases} \tag{6-32}$$

$$N_{i,3}(x)=\begin{cases}\dfrac{(x-x_i)^3}{(x_{i+1}-x_i)(x_{i+2}-x_i)(x_{i+3}-x_i)}, & x\in[x_i,x_{i+1})\\[2ex]\left[\begin{array}{l}\dfrac{(x-x_i)^2(x_{i+2}-x)}{(x_{i+2}-x_i)(x_{i+2}-x_{i+1})(x_{i+3}-x_i)}+\\[2ex]\dfrac{(x-x_i)(x-x_{i+1})(x_{i+3}-x)}{(x_{i+2}-x_{i+1})(x_{i+3}-x_{i+1})(x_{i+3}-x_i)}+\\[2ex]\dfrac{(x-x_{i+1})^2(x_{i+4}-x)}{(x_{i+2}-x_{i+1})(x_{i+3}-x_{i+1})(x_{i+4}-x_{i+1})}\end{array}\right], & x\in[x_{i+1},x_{i+2})\\[2ex]\left[\begin{array}{l}\dfrac{(x-x_i)(x_{i+3}-x)^2}{(x_{i+3}-x_i)(x_{i+3}-x_{i+1})(x_{i+3}-x_{i+2})}+\\[2ex]\dfrac{(x-x_{i+1})(x_{i+3}-x)(x_{i+4}-x)}{(x_{i+4}-x_{i+1})(x_{i+3}-x_{i+1})(x_{i+3}-x_{i+2})}+\\[2ex]\dfrac{(x-x_{i+2})(x_{i+4}-x)^2}{(x_{i+3}-x_{i+2})(x_{i+4}-x_{i+1})(x_{i+4}-x_{i+2})}\end{array}\right], & x\in[x_{i+2},x_{i+3})\\[2ex]\dfrac{(x-x_{i+4})^3}{(x_{i+4}-x_{i+1})(x_{i+4}-x_{i+2})(x_{i+4}-x_{i+3})}, & x\in[x_{i+3},x_{i+4})\end{cases} \tag{6-33}$$

在区间$[x_0,x_k]$内的任意函数，均可以表达为利用第 m 次 B 样条函数作为基函数的加权和

$$f(x)=\sum_{i=-m}^{k}a_iN_{i,m}(x) \tag{6-34}$$

式中：$f(x)$是区间$[x_0,x_k]$的任意函数；a_i 是 m 次 B 样条函数 $N_{i,m}(x)$的加权系数。

在式(6-34)中，包含$(k+m+1)$个参数，即$a_{-m},a_{-m+1},\cdots,a_k$。在每一个子区间上，最多为$(m+1)$个B样条函数的加权和。在进行曲线插值或拟合时，需要确定这$(k+m+1)$个参数。例如，在利用3次B样条插值时，在一个开区间上，可以有4个B样条函数起作用。

例如，对于时间区间[0,4 s]，某关节的位置为$q(0)=2,q(1)=2.8,q(2)=1.2,q(3)=2.2,q(4)=0.9$。利用式(6-34)进行3次B样条插值。

取时间间隔1 s构成子区间。对于5个期望位置点，而式(6-34)中有8个未知B样条函数系数$a_{-3}\sim a_4$。但是$N_{4,3}(4)=0$，a_4不起作用。所以，式(6-34)中有7个未知B样条函数系数$a_{-3}\sim a_3$。为便于求解，很自然地考虑取$a_{-3}=0,a_{-2}=0$。此时，由3次B样条的定义及式(6-34)，得到含有系数$a_{-1}\sim a_3$的方程：

$$\begin{cases}a_{-1}N_{-1,3}(0)+a_0N_{0,3}(0)=q(0)\\a_{-1}N_{-1,3}(1)+a_0N_{0,3}(1)+a_1N_{1,3}(1)=q(1)\\a_{-1}N_{-1,3}(2)+a_0N_{0,3}(2)+a_1N_{1,3}(2)+a_2N_{2,3}(2)=q(2)\\a_0N_{0,3}(3)+a_1N_{1,3}(3)+a_2N_{2,3}(3)=q(3)\\a_1N_{1,3}(4)+a_2N_{2,3}(4)+a_3N_{3,3}(4)+a_4N_{4,3}(4)=q(4)\end{cases}\tag{6-35}$$

利用式(6-33)计算出$N_{0,3}(0)$和$N_{1,3}(1)$等，代入式(6-35)中，整理后得到下式

$$\begin{cases}a_{-1}=6q(0)\\a_0=6q(1)-4a_{-1}\\a_1=6q(2)-4a_0-a_{-1}\\a_2=6q(3)-4a_1-a_0\\a_3=6q(4)-4a_2-a_1\end{cases}\tag{6-36}$$

经计算，得到系数$a_{-1}\sim a_3$的值。$a_{-1}=12,a_0=-7.2,a_1=14.4,a_2=-4.8,a_3=2.4$。对应的插值函数表达式如下：

$$f(x)=12N_{-1,3}(x)-7.2N_{0,3}(x)+14.4N_{1,3}(x)-4.8N_{2,3}(x)+2.4N_{3,3}(x)\tag{6-37}$$

利用式(6-37)函数，在工作区间[0,4 s]内间隔0.1 s描出插值曲线，如图6-12(a)图所示。可以发现，虽然插值函数准确地经过期望位置点，但在非期望位置点具有很大波动，这是机器人控制所不希望的。为消除波动，利用相邻期望位置的中间点作为控制点，得到含有$a_{-3}\sim a_3$的方程：

$$\begin{cases}a_{-3}N_{-3,3}(0)+a_{-2}N_{-2,3}(0)+a_{-1}N_{-1,3}(0)+a_0N_{0,3}(0)=q(0)\\a_{-3}N_{-3,3}(0.5)+a_{-2}N_{-2,3}(0.5)+a_{-1}N_{-1,3}(0.5)+a_0N_{0,3}(0.5)=[q(0)+q(1)]/2\\a_{-2}N_{-2,3}(1)+a_{-1}N_{-1,3}(1)+a_0N_{0,3}(1)+a_1N_{1,3}(1)=q(1)\\a_{-2}N_{-2,3}(1.5)+a_{-1}N_{-1,3}(1.5)+a_0N_{0,3}(1.5)+a_1N_{1,3}(1.5)=[q(1)+q(2)]/2\\a_{-1}N_{-1,3}(2)+a_0N_{0,3}(2)+a_1N_{1,3}(2)+a_{-2}N_{-2,3}(2)=q(2)\\a_{-1}N_{-1,3}(2.5)+a_0N_{0,3}(2.5)+a_1N_{1,3}(2.5)+a_2N_{2,3}(2.5)=[q(2)+q(3)]/2\\a_0N_{0,3}(3)+a_1N_{1,3}(3)+a_2N_{2,3}(3)+a_3N_{3,3}(3)=q(3)\\a_0N_{0,3}(3.5)+a_1N_{1,3}(3.5)+a_2N_{2,3}(3.5)+a_3N_{3,3}(3.5)=[q(3)+q(4)]/2\\a_1N_{1,3}(3)+a_2N_{2,3}(3)+a_3N_{3,3}(3)+a_4N_{4,3}(3)=q(4)\end{cases}\tag{6-38}$$

利用式(6－33)计算出 $N_{-3,3}(0)$ 和 $N_{-2,3}(1)$ 等，代入式(6－38)中，整理后得到下式：

$$\begin{cases}0.1667a_{-3}+0.6667a_{-2}+0.1667a_{-1}=q(0)\\0.0208a_{-3}+0.4792a_{-2}+0.4792a_{-1}+0.0208a_0=[q(0)+q(1)]/2\\0.1667a_{-2}+0.6667a_{-1}+0.1667a_0=q(1)\\0.0208a_{-2}+0.4792a_{-1}+0.4792a_0+0.0208a_1=[q(1)+q(2)]/2\\0.1667a_{-1}+0.6667a_0+0.1667a_1=q(2)\\0.0208a_{-1}+0.4792a_0+0.4792a_1+0.0208a_2=[q(2)+q(3)]/2\\0.1667a_0+0.6667a_1+0.1667a_2=q(3)\\0.0208a_0+0.4792a_1+0.4792a_2+0.0208a_3=[q(3)+q(4)]/2\\0.1667a_1+0.6667a_2+0.1667a_3=q(4)\end{cases} \tag{6-39}$$

利用最小二乘法求解式(6－39)，得到系数 $a_{-3}\sim a_3$ 的值。对应的插值函数表达式如下

$$\begin{aligned}f(x)=&4.8666N_{-3,3}(x)+0.7783N_{-2,3}(x)+4.0189N_{-1,3}(x)-0.0392N_{0,3}(x)+\\&3.3999N_{1,3}(x)-0.3105N_{2,3}(x)+3.2430N_{3,3}(x)\end{aligned} \tag{6-40}$$

利用式(6－40)函数，在工作区间[0，4 s]内间隔 0.1 s 描出插值曲线，如图 6－12(b)所示。可以发现，插值函数能够准确地经过期望位置点，而且没有波动。

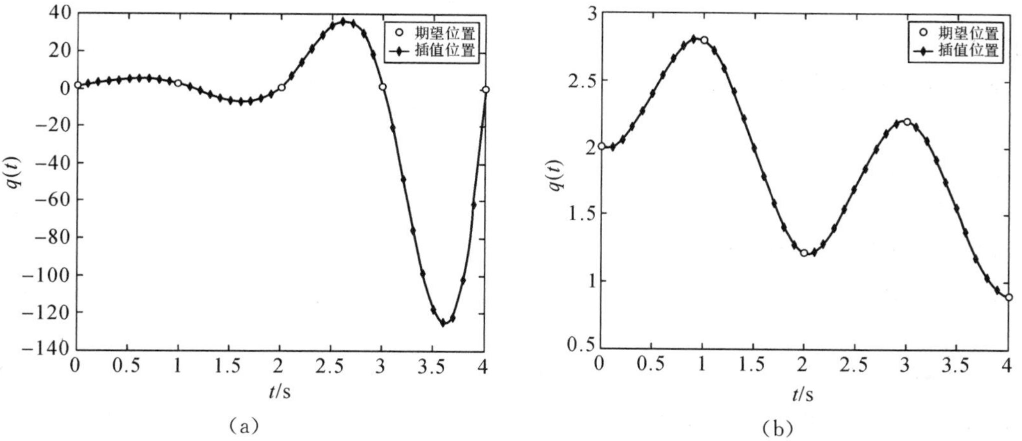

6－12　三次 B 样条插值示意

B 样条是一种广泛使用的样条曲线，其主要特点是对其进行局部的修改，不会引起样条形状的大范围变化。换言之，修改样条的某些部分时，不会过多地影响曲线的其他部分。因此，B 样条插值被广泛应用于机器人的路径规划。目前市场上的很多运动控制卡采用 3 次 B 样条插值，实现运动轨迹的规划。

6.3　笛卡儿空间路径规划

前面介绍的在关节空间内的规划可以保证运动路径经过给定的路径点。但是在笛卡儿空间，路径点之间的路径形状往往十分复杂。在有些情况下，对机械臂末端执行器的路径形

状也有一定要求，如要求它在两点之间走一条直线，或者沿着一个圆弧运动以绕过障碍物等。这时便需要在笛卡儿坐标空间内规划机械臂末端执行器的运动路径。笛卡儿空间的路径点指的是机械臂末端的工具坐标相对于基坐标的位置和姿态。每一个点由 6 个量组成，其中 3 个量描述位置，另外 3 个量描述姿态。笛卡儿空间路径规划是指给定机械臂末端执行器位姿的约束条件（起点、终点或中间节点的位置、速度、加速度等），生成各关节变量的变化曲线的过程。

6.3.1　笛卡儿空间运动规划

为了保证机器人的末端沿给定的路径从初始位姿均匀运动到期望位姿，需要计算出路径上各点的位置，以及在各个位置点上机器人所需要达到的位姿。换而言之，机器人笛卡儿空间运动规划，就是计算机器人在给定路径上各路径点处的位置与姿态。

6.3.1.1　位置运动规划

位置运动规划用于求取机器人在给定路径上各点处的位置。下面分别介绍直线运动和圆弧运动的位置运动规划。

1. 直线运动

对于直线运动，假设起点位置为 P_1，目标位置为 P_2，则第 i 步的位置可以表示为

$$P(i)=P_1+\alpha i \tag{6-41}$$

式中：$P(i)$为机器人在第 i 步时的位置；α 为每步的运动步长。

假设从起点位置 P_1 到目标位置 P_2 的直线运动规划为 n 步，则步长为

$$\alpha=(P_2-P_1)/n \tag{6-42}$$

2. 圆弧运动

对于圆弧运动，一般可以包括过 3 点进行圆弧运动或者给定 2 点及半径进行圆弧运动。本节以 3 点圆弧运动为例进行分析。

假设圆弧由 P_1、P_2 和 P_3 点构成，其位置记为 $\boldsymbol{P}_1=[x_1 \quad y_1 \quad z_1]^{\mathrm{T}}$，$\boldsymbol{P}_2=[x_2 \quad y_2 \quad z_2]^{\mathrm{T}}$，$\boldsymbol{P}_3=[x_3 \quad y_3 \quad z_3]^{\mathrm{T}}$。

首先，确定圆弧运动的圆心。如图 6-13 所示，圆心点为 3 个平面 $\Pi_1 \sim \Pi_3$ 的交点。其中，Π_1 是由 P_1、P_2 和 P_3 点构成的平面，Π_2 是过直线 P_1P_2 的中点且与直线 P_1P_2 垂直的平面，Π_3 是过直线 P_2P_3 的中点且与直线 P_2P_3 垂直的平面。

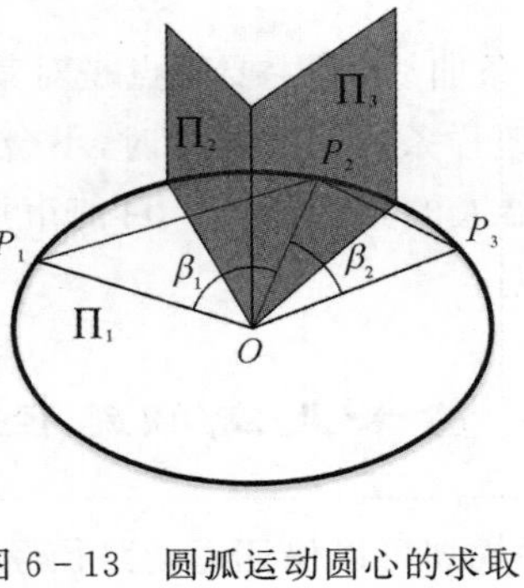

图 6-13　圆弧运动圆心的求取

Π_1 平面的方程为

$$A_1x+B_1y+C_1z-D_1=0 \tag{6-43}$$

式中：$A_1=\begin{vmatrix} y_1 & z_1 & 1 \\ y_2 & z_2 & 1 \\ y_3 & z_3 & 1 \end{vmatrix}$；$B_1=-\begin{vmatrix} x_1 & z_1 & 1 \\ x_2 & z_2 & 1 \\ x_3 & z_3 & 1 \end{vmatrix}$；$C_1=\begin{vmatrix} x_1 & y_1 & 1 \\ x_2 & y_2 & 1 \\ x_3 & y_3 & 1 \end{vmatrix}$；$D_1=\begin{vmatrix} x_1 & y_1 & z_1 \\ x_2 & y_2 & z_2 \\ x_3 & y_3 & z_3 \end{vmatrix}$

Π_2 平面的方程为

$$A_2x+B_2y+C_2z-D_2=0 \tag{6-44}$$

式中：$A_2=x_2-x_1$；$B_2=y_2-y_1$；$C_2=z_2-z_1$；$D_2=\frac{1}{2}(x_2^2+y_2^2+z_2^2-x_1^2-y_1^2-z_1^2)$。

Π_3 平面的方程为

$$A_3x+B_3y+C_3z-D_3=0 \tag{6-45}$$

式中：$A_3=x_2-x_3$；$B_3=y_2-y_3$；$C_3=z_2-z_3$；$D_3=\frac{1}{2}(x_2^2+y_2^2+z_2^2-x_3^2-y_3^2-z_3^2)$。

求解式(6-43)～式(6-45)，得到圆心点坐标，如下式所示

$$\begin{cases} x_0=\dfrac{F_x}{E} \\ y_0=\dfrac{F_y}{E} \\ z_0=\dfrac{F_z}{E} \end{cases} \tag{6-46}$$

式中：$E=\begin{vmatrix} A_1 & B_1 \\ A_2 & B_2 \\ A_3 & B_3 \end{vmatrix}$；$F_x=-\begin{vmatrix} D_1 & B_1 & C_1 \\ D_2 & B_2 & C_2 \\ D_3 & B_3 & C_3 \end{vmatrix}$；$F_y=\begin{vmatrix} A_1 & D_1 & C_1 \\ A_2 & D_2 & C_2 \\ A_3 & D_3 & C_3 \end{vmatrix}$；$F_z=\begin{vmatrix} A_1 & B_1 & D_1 \\ A_2 & B_2 & D_2 \\ A_3 & B_3 & D_3 \end{vmatrix}$。

圆的半径为

$$R=\sqrt{(x_1-x_0)^2+(y_1-y_0)^2+(z_1-z_0)^2} \tag{6-47}$$

如图6-14(a)所示，延长 P_1O 与圆交于 P_4 点。三角形 P_2OP_4 是等腰三角形，所以 $\angle P_1P_4P_2=\angle P_1OP_2/2=\beta_1/2$。而三角形 $P_1P_4P_2$ 是直角三角形，所以 β_1 可以计算如下：

$$\sin\left(\frac{\beta_1}{2}\right)=\frac{P_1P_2}{2R}\Rightarrow\beta_1=2\arcsin\left[\frac{\sqrt{(x_1-x_2)^2+(y_1-y_2)^2+(z_1-z_2)^2}}{2R}\right] \tag{6-48}$$

同样，β_2 可以由下式计算得到：

$$\sin(\frac{\beta_2}{2})=\frac{P_2P_3}{2R}\Rightarrow\beta_2=2\arcsin\left[\frac{\sqrt{(x_3-x_2)^2+(y_3-y_2)^2+(z_3-z_2)^2}}{2R}\right] \tag{6-49}$$

如图6-14(b)所示，将$\overrightarrow{OP_i}$沿$\overrightarrow{OP_1}$和$\overrightarrow{OP_2}$方向分解。

$$\overrightarrow{OP_i}=\overrightarrow{OP'_1}+\overrightarrow{OP'_2} \tag{6-50}$$

$$\begin{cases} OP'_1=\dfrac{R\sin(\beta_1-\beta_i)}{\sin\beta_1}\dfrac{OP_1}{|OP_1|}=\dfrac{\sin(\beta_1-\beta_i)}{\sin\beta_1}OP_1 \\ OP'_2=\dfrac{\sin\beta_i}{\sin\beta_1}OP_2 \end{cases} \tag{6-51}$$

式中：β_i 为第 i 步的$\overrightarrow{OP_i}$与$\overrightarrow{OP_1}$的夹角，$\beta_i=(\beta_1/n_1)i$；n_1 是$\widehat{P_1P_2}$圆弧段的总步数。

于是，由式(6－50)和式(6－51)，得到矢量$\overrightarrow{OP_i}$。

$$OP_i=\frac{\sin(\beta_1-\beta_i)}{\sin\beta_1}OP_1+\frac{\sin\beta_i}{\sin\beta_1}OP_2=\lambda_1 OP_1+\delta_1 OP_2 \tag{6-52}$$

式中：$\lambda_1=\dfrac{\sin(\beta_1-\beta_i)}{\sin\beta_1}$；$\delta_1=\dfrac{\sin\beta_i}{\sin\beta_1}$。

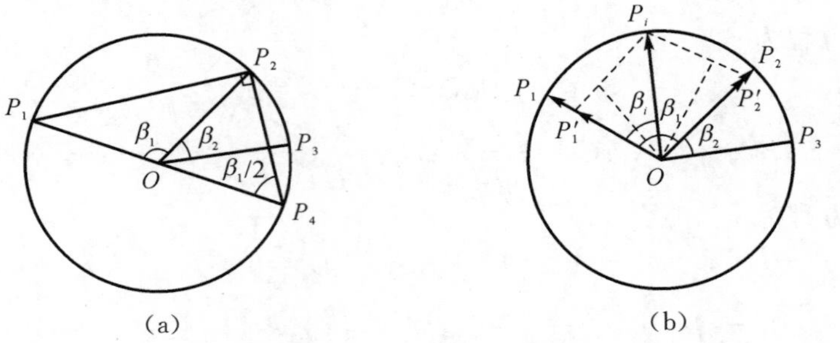

图 6－14　圆心角的求取与圆弧规划

$\widehat{P_1P_2}$圆弧段的第 i 步的位置，由矢量$\overrightarrow{OP_i}$与圆心 O 的位置矢量相加获得

$$\boldsymbol{P}(i)=\begin{bmatrix}x_i\\y_i\\z_i\end{bmatrix}=\begin{bmatrix}x_0+\lambda_1(x_1-x_0)+\delta_1(x_2-x_0)\\y_0+\lambda_1(y_1-y_0)+\delta_1(y_2-y_0)\\z_0+\lambda_1(z_1-x_0)+\delta_1(z_2-x_0)\end{bmatrix},\ (i=0,1,2,\cdots,n_1) \tag{6-53}$$

同理，$\widehat{P_2P_3}$圆弧段的第 j 步的位置为

$$\boldsymbol{P}(j)=\begin{bmatrix}x_j\\y_j\\z_j\end{bmatrix}=\begin{bmatrix}x_0+\lambda_2(x_2-x_0)+\delta_2(x_3-x_0)\\y_0+\lambda_2(y_2-y_0)+\delta_2(y_3-y_0)\\z_0+\lambda_2(z_2-x_0)+\delta_2(z_3-x_0)\end{bmatrix},\ (j=0,1,2,\cdots,n_2) \tag{6-54}$$

式中：$\lambda_2=\sin(\beta_2-\beta_j)/\sin\beta_2$；$\delta_2=\sin\beta_j/\sin\beta_2$；$\beta_j$ 为第 j 步的$\overrightarrow{OP_j}$与$\overrightarrow{OP_2}$的夹角，$\beta_j=(\beta_2/n_2)j$，n_2 是 P_2P_3 圆弧段的总步数。

6.3.1.2　*姿态运动规划*

与位置运动规划不同，由于姿态角的导数和角速度之间存在较为复杂的转换关系，所以姿态运动规划需要利用通用旋转变换进行推导。

假设机器人在起始位置的姿态为 $\boldsymbol{R}_1$，在目标位置的姿态为 $\boldsymbol{R}_2$，则机器人需要调整的姿态 $\boldsymbol{R}$ 为

$$\boldsymbol{R}=\boldsymbol{R}_1^{\mathrm{T}}\boldsymbol{R}_2 \tag{6-55}$$

利用通用旋转变换求取等效转轴与转角，进而求取机器人第 i 步相对于初始姿态的调整量：

$$\boldsymbol{R}(i)=\mathrm{Rot}(f,\theta_i)=\begin{bmatrix}f_xf_x\mathrm{vers}\theta_i+\cos\theta_i & f_yf_x\mathrm{vers}\theta_i-f_z\sin\theta_i & f_zf_x\mathrm{vers}\theta_i+f_y\sin\theta_i & 0\\ f_xf_y\mathrm{vers}\theta_i+f_z\sin\theta_i & f_yf_y\mathrm{vers}\theta_i+\cos\theta_i & f_zf_y\mathrm{vers}\theta_i-f_x\sin\theta_i & 0\\ f_xf_z\mathrm{vers}\theta_i-f_y\sin\theta_i & f_yf_z\mathrm{vers}\theta_i+f_x\sin\theta_i & f_zf_z\mathrm{vers}\theta_i+\cos\theta_i & 0\\ 0 & 0 & 0 & 1\end{bmatrix} \tag{6-56}$$

式中：$\boldsymbol{f}=[f_x \quad f_y \quad f_z]^{\mathrm{T}}$ 为通用旋转变换的等效转轴；θ_i 是第 i 步的转角，$\theta_i=(\theta/m)i$；θ 是通用旋转变换的等效转角；m 是姿态调整的总步数。

在笛卡儿空间运动规划中，将机器人第 i 步的位置与姿态相结合，得到机器人第 i 步的位置与姿态矩阵

$$\boldsymbol{T}(i)=\begin{bmatrix}\boldsymbol{R}_1\boldsymbol{R}(i) & p(i)\\ 0 & 1\end{bmatrix} \tag{6-57}$$

6.3.2　基于位置级运动学的规划

在通过运动规划获得各路径点位置、姿态后，需要利用位置级逆运动学模型将各路径点的位姿转换为机器人各关节空间的状态。而对于冗余机械臂，需要给定额外约束条件（如臂型角，或指定某个关节的位置）后才能获得有限解；即使获得有限解，也不是唯一一组臂型，因此需要给定参考臂型，才能进一步确定所需要的关节角。

一般来说，基于位置级运动学的规划流程如图 6－15 所示。其中，笛卡儿空间路径点记为$\boldsymbol{X}_{\mathrm{e}}(t_0)$，$\boldsymbol{X}_{\mathrm{e}}(t_1)$，…，$\boldsymbol{X}_{\mathrm{e}}(t_n)$；相应的关节状态记为$\boldsymbol{\Theta}(t_0)$，$\boldsymbol{\Theta}(t_1)$，…，$\boldsymbol{\Theta}(t_n)$，规划得到任意时刻的关节状态表示为：角度 $\boldsymbol{\Theta}(t)$、角速度 $\dot{\boldsymbol{\Theta}}(t)$、角加速度 $\ddot{\boldsymbol{\Theta}}(t)$。其主要过程是先进行运动学求逆，得到相应的关节运动节点状态，然后采用关节空间规划方法，利用 5 次多项式插值、样条插值等方法在关节空间进行规划。

此外，也有学者采用先在笛卡儿空间进行插值，得到任意时刻的末端位姿 $\boldsymbol{X}(t)$、速度 $\dot{\boldsymbol{x}}(t)$、加速度 $\ddot{\boldsymbol{X}}(t)$，再进行运动学求逆，得到相应的关节角 $\boldsymbol{\Theta}(t)$、角速度 $\dot{\boldsymbol{\Theta}}(t)$、角加速度 $\ddot{\boldsymbol{\Theta}}(t)$的规划流程，如图 6－16 所示。

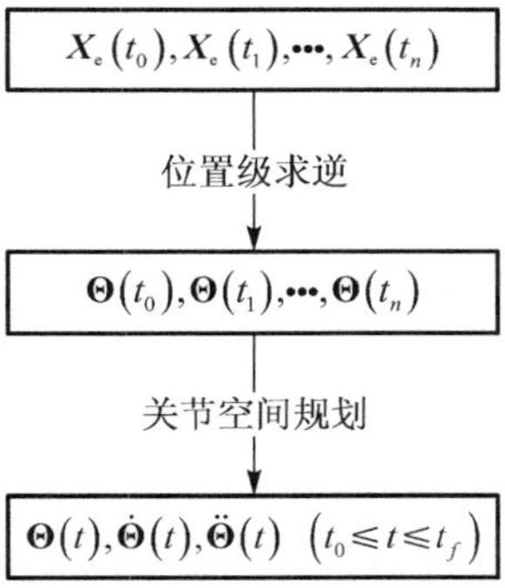

图 6－15　基于位置级运动学的规划流程 1

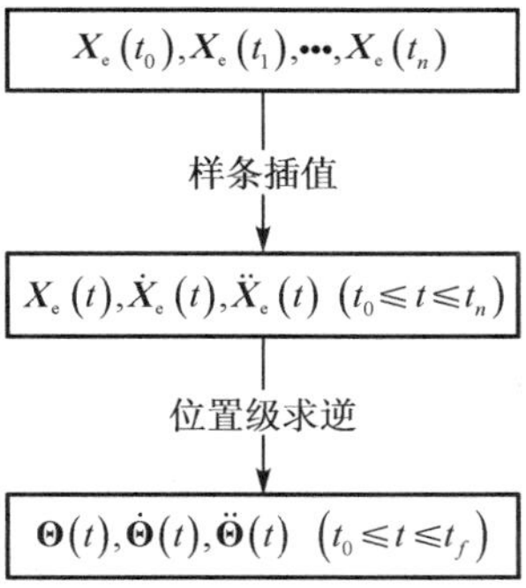

图 6－16　基于位置级运动学的规划流程 2

6.3.3　笛卡儿空间连续路径规划

基于位置级求逆的笛卡儿空间路径规划需要处理多解的情况，一般需要给定参考臂型或其他约束条件，才能进一步确定机械臂的关节角。而且对于有待定指标需要优化的情况，采用位置级逆解的方法并不方便。因此在实际中，很多机器人的笛卡儿空间路径规划常采用基于速度级逆运动的方法。这种方法也大量应用于连续路径的跟踪，称为笛卡儿空间连续路径规划，其典型的规划过程如图 6－17 所示。下面进行简要介绍。

（1）对笛卡儿空间下机器人的末端执行器位置和姿态进行关节空间规划或特殊的运动

速度规划，得到任意任务时刻 t 的末端运动速度 $\dot{\boldsymbol{x}}_e$。

由于机械臂末端位姿一般采用 $\boldsymbol{p}_e=[x_e, y_e, z_e]^T$ 和 $\boldsymbol{\Psi}_e=[\alpha_e, \beta_e, \gamma_e]^T$ 进行描述，因此，采用样条函数对这六个状态量进行插值时，得到的是各状态量对时间的变化率。其中，$\boldsymbol{p}_e$ 对时间的变化率即为末端线速度：

$$\boldsymbol{v}_e=\dot{\boldsymbol{p}}_e(t) \tag{6-58}$$

但 $\boldsymbol{\Psi}_e$ 对时间的变化率为欧拉角速度，不是末端运动角速度，即 $\boldsymbol{\omega}_e \neq \boldsymbol{\Psi}_e$，因此，需要将欧拉角速度转换为末端角速度：

$$\boldsymbol{\omega}_e(t)=\boldsymbol{J}_{\mathrm{Euler\_}ZXY}(\boldsymbol{\Psi}_e(t))\dot{\boldsymbol{\Psi}}_e \tag{6-59}$$

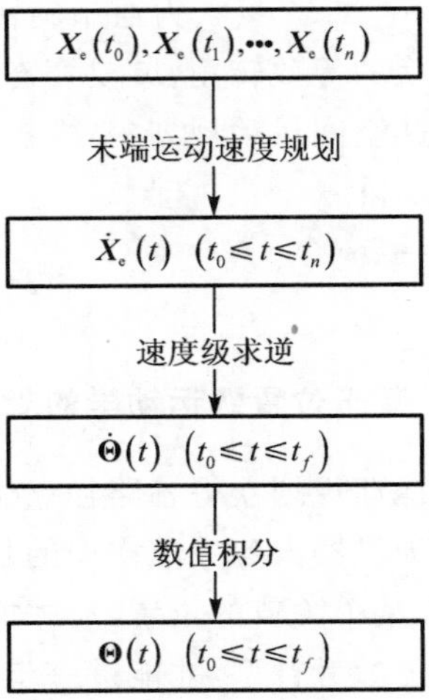

图 6-17　笛卡儿空间连续路径规划

结合式(6-58)与式(6-59)，得到 t 时刻末端运动速度的组合表达式：

$$\begin{bmatrix} \boldsymbol{v}_e(t) \\ \boldsymbol{\omega}_e(t) \end{bmatrix}=\begin{bmatrix} \dot{\boldsymbol{p}}_e(t) \\ \boldsymbol{J}_{\mathrm{Euler\_}ZXY}(\boldsymbol{\Psi}_e(t))\dot{\boldsymbol{\Psi}}_e \end{bmatrix} \tag{6-61}$$

(2)通过上述计算，得到 t 时刻机械臂末端的运动速度后，利用机器人微分运动学模型，可分别得到最小范数解或给定性能指标下的最优解。以最小范数解为例：

$$\dot{\boldsymbol{\Theta}}(t)=\boldsymbol{J}^{+}\begin{bmatrix} \boldsymbol{v}_e(t) \\ \boldsymbol{\omega}_e(t) \end{bmatrix}=\boldsymbol{J}^{+}\begin{bmatrix} \dot{\boldsymbol{p}}_e(t) \\ J_{\mathrm{Euler\_}ZXY}(\boldsymbol{\Psi}_e(t))\dot{\boldsymbol{\Psi}}_e \end{bmatrix} \tag{6-61}$$

(3)在计算得到机器人各关节角速度后，可采用下式的数值积分或更高阶的数值积分方法，得到机器人关节角函数：

$$\boldsymbol{\Theta}(t+\Delta t)=\boldsymbol{\Theta}(t)+\dot{\boldsymbol{\Theta}}(t)\Delta t \tag{6-62}$$

习　　题

1. 请列举三种常用的关节路径规划方法。

2. 在某次点到点规划中，假设某关节从 20°变化到 120°，运动时间为 10 s，请利用五次多项式进行该关节的运动规划。

3. 梯形速度插值的特点是什么？

4. 以直线路径跟踪为例，请简单论述路径规划的过程。

5. 简单论述笛卡儿空间连续路径规划的过程，并分析其优缺点。

第 7 章　空间机器人路径规划

7.1　空间机器人非完整路径规划

7.1.1　非完整路径规划分析

与固定基座机器人不同，非完整冗余特性是自由漂浮空间机器人的一个重要特点。对于由 n 个自由度的机械臂与卫星基座组成的空间机器人，其运动特性由 $n+6$ 个自由度描述。当系统处于自由漂浮状态时，系统的线动量和角动量守恒。其中，线动量守恒方程为完整约束，而角动量守恒方程为非完整约束。在上述约束影响下，该空间机器人系统变为一个可通过 $n+3$ 个变量描述的非完整系统。利用空间机器人的非完整特性进行的路径规划称为非完整路径规划。由于自由漂浮空间机器人能够更好的体现空间机器人的特点，本章重点介绍其路径规划技术。若无特别说明，本章的空间机器人指的是自由漂浮空间机器人

自由漂浮空间机器人的非完整路径规划主要有以下 3 种典型应用：

(1)通过控制机械臂关节角使其运动到期望状态，但不改变基座的最终姿态；

(2)通过机械臂关节的运动调整基座姿态，而关节角的终值与初值一样；

(3)通过机械臂关节运动，使机械臂关节角及基座姿态同时达到期望状态。

假设基座姿态角利用 $Z-Y-X$ 欧拉角描述，令 $\boldsymbol{\psi}_{b0}$、$\boldsymbol{\Theta}_0$ 表示起始状态的机器人基座姿态和各关节角，$\boldsymbol{\psi}_{bd}$、$\boldsymbol{\Theta}_d$ 表示期望的机器人基座姿态和各关节角，下面给出 3 种典型情况示意。

情况 1：

$$\begin{cases}[\boldsymbol{\psi}_{b0}{}^{T},\boldsymbol{\Theta}_0{}^{T}]=[5° \quad 5° \quad 5° \quad 0° \quad 40° \quad -75° \quad 0° \quad 55° \quad 30°] \\ [\boldsymbol{\psi}_{b0}{}^{T},\boldsymbol{\Theta}_0{}^{T}]=[5° \quad 5° \quad 5° \quad 10° \quad -5° \quad -25° \quad 10° \quad 45° \quad 20°]\end{cases} \tag{7-1}$$

情况 2：

$$\begin{cases}[\boldsymbol{\psi}_{b0}{}^{z}T,\boldsymbol{\Theta}_0{}^{T}]=[5° \quad 5° \quad 5° \quad 0° \quad 40° \quad -75° \quad 0° \quad 55° \quad 30°] \\ [\boldsymbol{\psi}_{b0}{}^{T},\boldsymbol{\Theta}_0{}^{T}]=[10° \quad 20° \quad 20° \quad 0° \quad 40° \quad -75° \quad 0° \quad 55° \quad 30°]\end{cases} \tag{7-2}$$

情况 3：

$$\begin{cases}[\boldsymbol{\psi}_{b0}{}^{T},\boldsymbol{\Theta}_0{}^{T}]=[5° \quad 5° \quad 5° \quad 0° \quad 40° \quad -75° \quad 0° \quad 55° \quad 30°] \\ [\boldsymbol{\psi}_{b0}{}^{T},\boldsymbol{\Theta}_0{}^{T}]=[10° \quad 20° \quad 20° \quad 10° \quad -5° \quad -25° \quad 10° \quad 45° \quad 20°]\end{cases} \tag{7-3}$$

在情况 1 中，基座姿态的初始值和期望值相同，机械臂关节角的初始值和期望值不同，

是第一种应用方式，意味着所规划的路径需要在实现机械臂关节角运动到期望值的同时，不影响基座的姿态。在情况 2 中，机械臂的关节角初始值和期望值相同，基座姿态的初始值和期望值不同，属于第二种应用方式，意味着所规划的路径需要在使机械臂各关节角运动回到初始值时，使基座的姿态到达期望值。在情况 3 中，基座姿态、机械臂关节角的初始值和期望值均不同，是第三种应用方式，意味着所规划的路径需要使机械臂的关节角达到期望的同时，使基座姿态角也达到期望值。可以看出，第一、二两种应用是第三种应用的特殊情况。

值得注意的是：上述描述是为了描述方便且易于理解。在实际应用中，由于欧拉角奇异约束的限制，为了进行规划，往往将其转化为四元数等具有全局非奇异特性的姿态描述方法。

7.1.2 常用规划方法简介

自由漂浮空间机器人非完整路径规划近年来研究十分广泛，学者也提出了很多规划方法。本节仅介绍几个较为典型的规划方法。

7.1.2.1 关节空间周期运动法

关节空间周期运动法通过关节的周期运动调整基座姿态，而不改变关节最终状态。

首先根据空间机器人系统的微分运动学模型写出基座的姿态欧拉角的导数与机器人各关节角速度之间的关系：

$$\dot{\boldsymbol{\psi}}_{\mathrm{b}}=\boldsymbol{J}_{\mathrm{Euler}}^{-1}\boldsymbol{J}_{\mathrm{bm\_}\omega}\dot{\boldsymbol{\Theta}}=F(\boldsymbol{\psi}_{\mathrm{b}},\boldsymbol{\Theta})\dot{\boldsymbol{\Theta}} \tag{7-4}$$

则基座姿态角微分量与关节角微分量之间的关系为

$$\delta\boldsymbol{\psi}_{\mathrm{b}}=F(\boldsymbol{\psi}_{\mathrm{b}},\boldsymbol{\Theta})\delta\boldsymbol{\Theta} \tag{7-5}$$

设 δV 和 δW 是关节的小运动，其闭合运动路径由其在关节空间线性移动构建。利用该变量，对式(7-5)进行泰勒展开，得到：

$$\delta\varphi_k=\sum_{i=0}^{n}\sum_{j=0}^{n}\left[\sum_{m=1}^{3}\left(\frac{\partial F_{kj}}{\partial\varphi_m}F_{mi}-\frac{\partial F_{ki}}{\partial\varphi_m}F_{mj}\right)+\frac{\partial F_{kj}}{\partial\theta_i}-\frac{\partial F_{ki}}{\partial\theta_i}\right]\delta W_j\delta V_i \tag{7-6}$$

式中：$\delta\varphi_k$、θ_i、δV_i 和 δW_i 分别是 $\delta\psi_{\mathrm{b}}$、$\delta\boldsymbol{\Theta}$、$\delta\boldsymbol{V}$ 和 $\delta\boldsymbol{W}$ 的元素。该方程组包含 6 个未知数，额外增加 3 个约束，即可求解所需的关节路径 $\delta\boldsymbol{V}$ 和 $\delta\boldsymbol{W}$。

该方法假设关节运动足够小，从而忽略了系统二阶以上的非线性，而且多次运动才能产生较小的姿态变化，同时要求总的姿态变化是每个周期运动产生的姿态变化的整数倍。

7.1.2.2 基于 Lyaponov 函数的双向搜索法

首先定义空间机器人系统的状态变量和输入量为

$$\begin{cases}\boldsymbol{x}=[\boldsymbol{\psi}_{\mathrm{b}}\quad\boldsymbol{\Theta}]^{\mathrm{T}}\\\boldsymbol{u}=\dot{\boldsymbol{\Theta}}\end{cases} \tag{7-7}$$

则，该机器人系统状态方程可表示为

$$\dot{\boldsymbol{x}}=\boldsymbol{K}(x)\boldsymbol{u} \tag{7-8}$$

设初始状态和期望状态分别为 $\boldsymbol{x}_0$ 和 $\boldsymbol{x}_{\mathrm{d}}$，定义 Lyaponov 函数为

$$V=\frac{1}{2}(\boldsymbol{x}_{\mathrm{d}}-\boldsymbol{x})^{\mathrm{T}}\boldsymbol{A}(\boldsymbol{x}_{\mathrm{d}}-\boldsymbol{x}) \tag{7-9}$$

式中：$\boldsymbol{A}$ 为正定对称矩阵。若

$$u=(\boldsymbol{AK})^{\mathrm{T}}\Delta\boldsymbol{x} \tag{7-10}$$

则 Lyapunov 函数的变化率：

$$\dot{V}=-\boldsymbol{u}^{\mathrm{T}}\boldsymbol{u}\leqslant 0 \tag{7-11}$$

且若 Δx 不处于($\boldsymbol{AK}$)的零空间，式(7 - 11)为负定。根据 Lyapunov 稳定性定理，系统在平衡状态 $\Delta x=0$ 下是全局稳定的。

由于上述方法不能保证渐进稳定，在上述的基础上，双向搜索法能够使输入量进入零空间的几率大大降低。该方法的原理是构造两个状态方程，分别从初始状态和终止状态向中间态搜索，最后合成实际的运动路径：

$$\begin{cases}\dot{\boldsymbol{x}}_1=\boldsymbol{K}_1\boldsymbol{u}_1, & \boldsymbol{x}_1(0)=\boldsymbol{x}_0\\ \dot{\boldsymbol{x}}_2=\boldsymbol{K}_2\boldsymbol{u}_2, & \boldsymbol{x}_2(0)=\boldsymbol{x}_{\mathrm{d}}\end{cases} \tag{7-12}$$

令 Lyapunov 函数为

$$V=\frac{1}{2}(\boldsymbol{x}_1-\boldsymbol{x}_2)^{\mathrm{T}}\boldsymbol{A}(\boldsymbol{x}_1-\boldsymbol{x}_2) \tag{7-13}$$

此时的控制量为

$$\begin{bmatrix}\boldsymbol{u}_1^{\mathrm{T}}\\ \boldsymbol{u}_2^{\mathrm{T}}\end{bmatrix}=-(\boldsymbol{A}[\boldsymbol{K}_1\quad -\boldsymbol{K}_2])^{+}\Delta\boldsymbol{x} \tag{7-14}$$

将控制量合并即得空间机器人的运动轨迹和输入量。该方法没有忽略系统的非线性，而且可以同时调节关节角和基座姿态，但是该方法未能证明系统的稳定性，且规划的关节运动不够平滑。

7.1.2.3　其他路径规划方法简介

基于增强扰动图技术的路径规划方法原理是对矩阵进行奇异值分解，即可得到使基座姿态扰动最大和最小的关节运动方向和幅值。由此，可构成增强扰动图。但该方法对多自由度机械臂应用较为困难。

反作用零空间法是令角动量守恒方程中的基座姿态角速度为零，进而得到运动规律。该方法规划的机械臂各关节运动，理论上对基座姿态不产生任何影响。但对非运动学冗余的机器人来说，路径十分有限。

除上述方法之外，由于应用十分广泛，路径规划方法的发展仍在与时俱进，每年均有研究学者提出新的方法，感兴趣的同学可以查阅相关的最新研究文献。

7.1.3　非完整路径规划过程

首先，假设空间机器人系统状态由基座姿态四元数及关节角组成

$$\boldsymbol{X}=\begin{bmatrix}\boldsymbol{Q}_{\mathrm{b}}\\ \boldsymbol{\Theta}\end{bmatrix}\in\mathbf{R}^{n+4} \tag{7-15}$$

式中：$\boldsymbol{Q}_{\mathrm{b}}$ 为基准姿态四元数；$\boldsymbol{\Theta}$ 为机械臂关节角向量。相应的状态初值、终值以及期望值分别表示为 $\boldsymbol{X}_0$、$\boldsymbol{X}_{\mathrm{f}}$ 以及 $\boldsymbol{X}_{\mathrm{d}}$。

$$\boldsymbol{X}_0=\begin{bmatrix}\boldsymbol{Q}_{\mathrm{b0}}\\ \boldsymbol{\Theta}_0\end{bmatrix},\boldsymbol{X}_{\mathrm{f}}=\begin{bmatrix}\boldsymbol{Q}_{\mathrm{bf}}\\ \boldsymbol{\Theta}_{\mathrm{f}}\end{bmatrix},\boldsymbol{X}_{\mathrm{d}}=\begin{bmatrix}\boldsymbol{Q}_{\mathrm{bd}}\\ \boldsymbol{\Theta}_{\mathrm{d}}\end{bmatrix} \tag{7-16}$$

式中：

$$\boldsymbol{Q}_{bf}=\begin{bmatrix}\eta_f\\\boldsymbol{q}_f\end{bmatrix},\boldsymbol{Q}_{bd}=\begin{bmatrix}\eta_d\\\boldsymbol{q}_d\end{bmatrix} \tag{7-17}$$

路径规划的目的是使最终状态趋向于期望状态，即 $\| X_d - X_f \| \rightarrow 0$。

7.1.3.1 关节参数化

为了将连续状态求解问题转化为容易求解的数值优化问题，首先进行关节函数的参数化。在此可以利用五次多项式、样条插值等关节空间规划方法。本节采用正弦函数表示法。

正弦函数能直接约束关节角的范围，在此采用正弦函数对关节角进行参数化。同时，为了保证初始时刻和终止时刻机械臂的运动平滑，通常要求关节的初始和终止状态满足：

$$\boldsymbol{\Theta}(t_0)=\boldsymbol{\Theta}_0,\dot{\boldsymbol{\Theta}}(t_0)=\boldsymbol{0},\ddot{\boldsymbol{\Theta}}(t_0)=\boldsymbol{0} \tag{7-18}$$

$$\dot{\boldsymbol{\Theta}}(t_f)=\boldsymbol{0},\ddot{\boldsymbol{\Theta}}(t_f)=\boldsymbol{0} \tag{7-19}$$

另外，机械臂关节角的运动范围受到机械结构的限制，假定为

$$\theta_{i\_\min}\leqslant\theta_i(t)\leqslant\theta_{i\_\max},\ (i=1,2,\cdots,6) \tag{7-20}$$

式中：$\theta_{i\_\min}$ 和 $\theta_{i\_\max}$ 分别为关节 i 的最小和最大值。

对机械臂关节角函数采用如下的参数化方式：

$$\theta_i(t)=\Delta_{i1}\sin(a_{i7}t^7+a_{i6}t^6+a_{i5}t^5+a_{i4}t^4+a_{i3}t^3+a_{i2}t^2+a_{i1}t+a_{i0})+\Delta_{i2} \tag{7-21}$$

式中：$(a_{i7}\sim a_{i0})$ 为待定参数，Δ_{i1} 及 Δ_{i2} 根据关节角的范围确定：

$$\Delta_{i1}=\frac{\theta_{i\_\max}-\theta_{i\_\min}}{2},\Delta_{i2}=\frac{\theta_{i\_\max}+\theta_{i\_\min}}{2} \tag{7-22}$$

由此，能够保证 $\theta_i\in[\theta_{i\_\min},\theta_{i\_\max}]$。相应的关节角速度和角加速度为

$$\begin{aligned}\dot{\theta}_i=&\Delta_{i1}\cos(a_{i7}t^7+a_{i6}t^6+a_{i5}t^5+a_{i4}t^4+a_{i3}t^3+a_{i2}t^2+a_{i1}t+a_{i0})\times\\&(7a_{i7}t^6+6a_{i6}t^5+5a_{i5}t^4+4a_{i4}t^3+3a_{i3}t^2+2a_{i2}t+a_{i1})\end{aligned} \tag{7-23}$$

$$\begin{aligned}\ddot{\theta}_i=&-\Delta_{i1}\sin(a_{i7}t^7+a_{i6}t^6+a_{i5}t^5+a_{i4}t^4+a_{i3}t^3+a_{i2}t^2+a_{i1}t+a_{i0})\times\\&(7a_{i7}t^6+6a_{i6}t^5+5a_{i5}t^4+4a_{i4}t^3+3a_{i3}t^2+2a_{i2}t+a_{i1})^2+\\&\Delta_{i1}\cos(a_{i7}t^7+a_{i6}t^6+a_{i5}t^5+a_{i4}t^4+a_{i3}t^3+a_{i2}t^2+a_{i1}t+a_{i0})\times\\&(42a_{i7}t^5+30a_{i6}t^4+20a_{i5}t^3+12a_{i4}t^2+6a_{i3}t+2a_{i2})\end{aligned} \tag{7-24}$$

如上所述，规划的目的是使机械臂关节角和基座姿态同时达到期望值，即

$$\boldsymbol{\Theta}(t_f)=\boldsymbol{\Theta}_d \tag{7-25}$$

将式(7-18)、式(7-19)及式(7-25)代入式(7-21)～式(7-24)，得：

$$a_{i0}=\arcsin[(\theta_{i0}-\Delta_{i2})/\Delta_{i1}]\ (a_{i1}=a_{i2}=0) \tag{7-26}$$

$$a_{i3}=-\frac{3a_{i7}+a_{i6}t_f^6-10\left(\arcsin\dfrac{\theta_{id}-\Delta_{i2}}{\Delta_{i1}}-\arcsin\dfrac{\theta_{i0}-\Delta_{i2}}{\Delta_{i1}}\right)}{t_f^3} \tag{7-27}$$

$$a_{i4}=\frac{8a_{i7}t_f^7+3a_{i6}t_f^6-15\left(\arcsin\dfrac{\theta_{id}-\Delta_{i2}}{\Delta_{i1}}-\arcsin\dfrac{\theta_{i0}-\Delta_{i2}}{\Delta_{i1}}\right)}{t_f^4} \tag{7-28}$$

$$a_{i5}=-\frac{6a_{i7}t_f^7+3a_{i6}t_f^6-6\left(\arcsin\dfrac{\theta_{id}-\Delta_{i2}}{\Delta_{i1}}-\arcsin\dfrac{\theta_{i0}-\Delta_{i2}}{\Delta_{i1}}\right)}{t_f^5} \tag{7-29}$$

式中,θ_{id}是关节 i 的期望角。

可以看出,仅剩的未知参数仅为参数 a_{i7} 和 a_{i6}。令

$$\boldsymbol{a}=[a_{17},a_{16},a_{27},a_{26},\cdots,a_{n7},a_{n6}]\in \mathbf{R}^{2n} \tag{7-30}$$

7.1.3.2　规划目标函数

规划的目标函数定义十分关键,需要根据不同的需求,定义不同的目标函数。下面分 3 种情况进行简介。

1.关节角速度及角加速度均不受限制

这是一种比较简单的情况,即关节角速度和角加速度均不受限制。可定义目标函数为

$$J=\frac{\|\delta\boldsymbol{q}\|}{K_q} \tag{7-31}$$

式中:$\delta\boldsymbol{q}$ 是基座姿态的四元数误差;$\|\delta\boldsymbol{q}\|$ 是基座姿态四元数误差的范数,定义为 $\|\boldsymbol{x}\|=\boldsymbol{x}^{\mathrm{T}}\boldsymbol{x}$;$K_q$ 为根据基座姿态控制精度要求给定的常系数。

2.关节角速度及角加速度受限制

将关节角速度和角加速度的大小约束包含到目标函数中,定义目标函数为

$$J=\frac{\|\delta\boldsymbol{q}\|}{K_q}+\frac{J_{\dot{\Theta}}}{K_{\dot{\Theta}}}+\frac{J_{\ddot{\Theta}}}{K_{\ddot{\Theta}}} \tag{7-32}$$

式中:K_q,$K_{\dot{\Theta}}$ 和 $K_{\ddot{\Theta}}$为加权系数;$J_{\dot{\Theta}}$ 和 $J_{\ddot{\Theta}}$可根据关节角速度和角加速度的约束定义。例如,可设:

$$J_{\dot{\Theta}}=\max_i(J_{\dot{\theta}_i}) \tag{7-33}$$

$$J_{\ddot{\Theta}}=\max_i(J_{\ddot{\theta}_i}) \tag{7-34}$$

式中:$J_{\dot{\theta}_i}$ 和 $J_{\ddot{\theta}_i}$ 分别是关节角速度和角加速度超出其允许值的百分比,即

$$J_{\dot{\theta}_i}=\begin{cases}0, & \dot{\theta}_{i\_\max}\leqslant\dot{\theta}_{i\_\mathrm{limit}}\\ \dfrac{\dot{\theta}_{i\_\max}-\dot{\theta}_{i\_\mathrm{limit}}}{\dot{\theta}_{i\_\mathrm{limit}}}, & \text{其他}\end{cases} \tag{7-35}$$

$$J_{\ddot{\theta}_i}=\begin{cases}0, & \ddot{\theta}_{i\_\max}\leqslant\ddot{\theta}_{i\_\mathrm{limit}}\\ \dfrac{\ddot{\theta}_{i\_\max}-\ddot{\theta}_{i\_\mathrm{limit}}}{\ddot{\theta}_{i\_\mathrm{limit}}}, & \text{其他}\end{cases} \tag{7-36}$$

式中:$\dot{\theta}_{i_\max}$和 $\ddot{\theta}_{i_\max}$分别为$[0,t_{\mathrm{f}}]$内第 i 个关节的角速度和角加速度的最大值。

3.基座姿态受限

为安全起见,在机械臂运动的过程中,不允许基座的姿态发生大的变化。因而,有必要对基座姿态的变化进行如下的限制。

$$\Delta\psi_m=\max_{0\leqslant t\leqslant t_{\mathrm{f}}}(|\psi(t)-\psi_0|)\leqslant\psi_{\mathrm{limit}} \tag{7-37}$$

式中:$\psi(t)$是 t 时刻的等效旋转角(绕欧拉轴的合成旋转角);ψ_0 是等效欧拉角的初值;ψ_{limit}是允许的相对于初值的最大变化值。

对于基座姿态受限的情况,目标函数定义为

$$J=\frac{\|\delta\boldsymbol{q}\|}{K_q}+\frac{J_\psi}{K_\psi} \tag{7-38}$$

式中：K_q 和 K_ψ 为加权系数；J_ψ 是等效旋转角相对于初值变化的百分比，即

$$J_\psi=\begin{cases}0, & \Delta\psi_m\leqslant\psi_{\text{limit}}\\ \dfrac{\Delta\psi_m-\psi_{\text{limit}}}{\psi_{\text{limit}}}, & \text{其他}\end{cases}\tag{7-39}$$

7.1.3.3 非完整路径规划问题求解

根据目标函数，对空间机器人进行优化计算就可以得到相应的关节运动轨迹。在规划方法方面，可以选择的方法包括遗传算法、粒子群算法等多种。本节以遗传算法为例，简要介绍规划过程。

遗传算法可用于求解有约束和无约束的优化问题，它重复地改变种群的个体。在每一步遗传操作中，遗传算法以当前种群作为父代，通过遗传算子产生子代作为下一代种群。通过持续不断的“遗传”，种群将进化到包含“最优”个体的种群。

使用遗传算法求解非完整路径规划问题，求解过程如下。

(1)遗传算法编码。

针对本节的规划问题，将待定参数作为个体，即

$$\boldsymbol{a}=[a_{17},a_{16},a_{27},a_{26},\cdots,a_{n7},a_{n6}]\tag{7-40}$$

并对个体进行二进制编码。

(2)适应度函数定义。

根据目标函数 J 定义适应度函数 F，即

$$F=J\tag{7-41}$$

需要注意的是，本文中遗传算法用于寻找 F 的最小值，根据不同的情况，分别按式(7-31)、式(7-32)和式(7-38)进行取值。

(3)遗传算法相关参数设置。

定义遗传算法的相关参数，如种群个体数（种群大小）n_{p}、种群代数 n_{g}、有效基因数 n_{e}、选择概率 P_{c}、交叉概率 P_{m} 等，则第 n_{g} 代的种群可表示为

$$P_{n_{\text{g}}}=\{a_{n_{\text{g}}}^1,a_{n_{\text{g}}}^2,\cdots,a_{n_{\text{g}}}^{n_{\text{p}}}\}\ ,\ 1\leqslant n_{\text{g}}\leqslant N_{\max}\tag{7-42}$$

式中：$\boldsymbol{a}_{n_g}^i$ 为第 i 个个体；$N_{\max}$ 为种群最大代数。

(4)令 $n_{\text{g}}=1$，随机产生含 n 个体的初始种群 P_0，遗传算法正式开始。

(5)计算每个个体的适应度，并进行尺度变换。如果最佳适应度满足算法收敛条件，算法结束，转(8)。

(6)通过遗传算子（包括选择、交叉、变异等）产生下一代种群。

(7)令 $n_{\text{g}}=n_{\text{g}}+1$，若 $n_{\text{g}}>N_{\max}$，算法结束，转(9)；否则，转(6)，遗传算法继续进行。

(8)得到包含最优个体的种群，该最优个体即为通过遗传算法的全局搜索得到的最优待定参数 $\boldsymbol{a}^*$，将该参数代入关节函数，即规划出关节的运动轨迹，规划过程结束。

7.2 空间机器人点到点运动规划

7.2.1 笛卡儿空间点到点运动规划分析

空间机器人末端位姿（位置和姿态，其中姿态用四元数表示）表示为 $\boldsymbol{X}_{\text{e}}$，其是基座姿态

（采用四元数表示）以及关节角的函数，即

$$\boldsymbol{X}_{\mathrm{e}}=\begin{bmatrix}\boldsymbol{Q}_{\mathrm{e}}\\ \boldsymbol{p}_{\mathrm{e}}\end{bmatrix}=[\eta_{\mathrm{e}}\quad q_{\mathrm{e1}}\quad q_{\mathrm{e2}}\quad q_{\mathrm{e3}}\quad p_{\mathrm{ex}}\quad p_{\mathrm{ey}}\quad p_{\mathrm{ez}}]^{\mathrm{T}}=\boldsymbol{f}(\boldsymbol{Q}_0,\ \boldsymbol{\Theta}) \tag{7-43}$$

空间机器人末端的初始状态、最终状态以及期望状态分别记为 $\boldsymbol{X}_{\mathrm{e0}}$、$\boldsymbol{X}_{\mathrm{ef}}$ 和 $\boldsymbol{X}_{\mathrm{ed}}$，则笛卡儿空间下点到点路径规划可以描述为

规划关节运动：$\theta_i(t)=f_i(t)$，$(i=1,2,\cdots,n)$，使得：$\boldsymbol{X}_{\mathrm{e}}(t_0)=\boldsymbol{X}_{\mathrm{e0}}$，$\boldsymbol{X}_{\mathrm{e}}(t_{\mathrm{f}})=\boldsymbol{X}_{\mathrm{ed}}$ 满足如下的等式约束：

$$\theta_i(0)=\theta_{i0},\dot{\theta}_i(0)=0,\ddot{\theta}_i(0)=0,\dot{\theta}_i(t_f)=\ddot{\theta}_i(t_f)=0 \tag{7-44}$$

以及不等式约束：

$$\theta_{i\_\min}\leqslant\theta_i(t)\leqslant\theta_{i\_\max},\dot{\theta}_{i\_\min}\leqslant\dot{\theta}_i(t)\leqslant\dot{\theta}_{i\_\max},\ddot{\theta}_{i\_\min}\leqslant\ddot{\theta}_i(t)\leqslant\ddot{\theta}_{i\_\max} \tag{7-45}$$

式中：$\theta_{i\_\min}$、$\theta_{i\_\max}$，$\dot{\theta}_{i\_\min}$、$\dot{\theta}_{i\_\max}$，$\ddot{\theta}_{i\_\min}$、$\ddot{\theta}_{i\_\max}$ 分别表示机械臂的关节角、角速度和角加速度的范围。则

$$\boldsymbol{\omega}_0=\boldsymbol{J}_{\mathrm{bm}\_\omega}\dot{\boldsymbol{\Theta}},\quad \boldsymbol{\omega}_{\mathrm{e}}=\boldsymbol{J}_{\mathrm{g}\_\omega}\dot{\boldsymbol{\Theta}} \tag{7-46}$$

因此，

$$\dot{\boldsymbol{q}}_0=\begin{bmatrix}\dot{\eta}_0\\ \dot{\boldsymbol{q}}_0\end{bmatrix}=\frac{1}{2}\begin{bmatrix}-\boldsymbol{q}_0^{\mathrm{T}}\\ \eta_0\boldsymbol{I}-\tilde{\boldsymbol{q}}_0\end{bmatrix}\boldsymbol{\omega}_0=\frac{1}{2}\begin{bmatrix}-\boldsymbol{q}_0^{\mathrm{T}}\\ \eta_0\boldsymbol{I}-\tilde{\boldsymbol{q}}_0\end{bmatrix}\boldsymbol{J}_{\mathrm{bm}\_\omega}\dot{\boldsymbol{\Theta}} \tag{7-47}$$

$$\dot{\boldsymbol{q}}_{\mathrm{e}}=\begin{bmatrix}\dot{\eta}_{\mathrm{e}}\\ \dot{\boldsymbol{q}}_{\mathrm{e}}\end{bmatrix}=\frac{1}{2}\begin{bmatrix}-\boldsymbol{q}_{\mathrm{e}}^{\mathrm{T}}\\ \eta_{\mathrm{e}}\boldsymbol{I}-\tilde{\boldsymbol{q}}_{\mathrm{e}}\end{bmatrix}\boldsymbol{\omega}_{\mathrm{e}}=\frac{1}{2}\begin{bmatrix}-\boldsymbol{q}_{\mathrm{e}}^{\mathrm{T}}\\ \eta_{\mathrm{e}}\boldsymbol{I}-\tilde{\boldsymbol{q}}_{\mathrm{e}}\end{bmatrix}\boldsymbol{J}_{\mathrm{g}\_\omega}\dot{\boldsymbol{\Theta}} \tag{7-48}$$

因此，t 时刻的基座姿态和末端姿态可以通过数值积分得：

$$Q_0(t)=\int_0^t\frac{1}{2}\begin{bmatrix}-\boldsymbol{q}_0^{\mathrm{T}}\\ \eta_0\boldsymbol{I}-\tilde{\boldsymbol{q}}_0\end{bmatrix}\boldsymbol{J}_{\mathrm{bm}\_\omega}\dot{\boldsymbol{\Theta}}\,\mathrm{d}t \tag{7-49}$$

$$Q_{\mathrm{e}}(t)=\int_0^t\frac{1}{2}\begin{bmatrix}-\boldsymbol{q}_{\mathrm{e}}^{\mathrm{T}}\\ \eta_{\mathrm{e}}I-\tilde{\boldsymbol{q}}_{\mathrm{e}}\end{bmatrix}\boldsymbol{J}_{\mathrm{g}\_\omega}\dot{\boldsymbol{\Theta}}\,\mathrm{d}t \tag{7-50}$$

末端位置：

$$P_{\mathrm{e}}(t)=\int_0^t\boldsymbol{J}_{\mathrm{g}\_\nu}\dot{\boldsymbol{\Theta}}\,\mathrm{d}t \tag{7-51}$$

t_{f} 时刻的末端姿态与期望姿态之差为

$$\delta\boldsymbol{q}_{\mathrm{e}}=\eta_{\mathrm{ef}}\boldsymbol{q}_{\mathrm{ed}}-\eta_{\mathrm{ed}}\boldsymbol{q}_{\mathrm{ef}}-\tilde{q}_{\mathrm{ef}}\boldsymbol{q}_{\mathrm{ed}} \tag{7-52}$$

式中：$\{\eta_{\mathrm{ef}},\boldsymbol{q}_{\mathrm{ef}}\}$ 和 $\{\eta_{\mathrm{ed}},\boldsymbol{q}_{\mathrm{ed}}\}$ 分别为 t_{f} 时刻的末端姿态与期望姿态的四元数表示。另一方面，t_{f} 时刻的末端位置与期望的末端位置之差为

$$\delta\boldsymbol{P}_{\mathrm{e}}=\boldsymbol{P}_{\mathrm{ed}}-\boldsymbol{P}_{\mathrm{ef}}=\boldsymbol{P}_{\mathrm{ed}}-\int_0^{t_{\mathrm{f}}}J_{\mathrm{g}\_\nu}\dot{\boldsymbol{\Theta}}\,\mathrm{d}t \tag{7-53}$$

7.2.2 关节函数参数化及归一化设计

使用五次多项式对关节函数进行参数化：

$$\theta_i(t)=a_{i5}t^5+a_{i4}t^4+a_{i3}t^3+a_{i2}t^2+a_{i1}t+a_{i0},(i=1,2,\cdots,6) \tag{7-54}$$

式中：$a_{i0} \sim a_{i5}$ 是五次多项式的系数。

根据边界条件(7-44)，可得

$$a_{i0} = \theta_{i0}, a_{i1} = a_{i2} = 0, a_{i3} = \frac{5}{3}a_{i5}t_f^2, a_{i4} = -\frac{5}{2}a_{i5}t_f \tag{7-55}$$

对应的关节角、角速度、角加速度为

$$\theta_i = a_{i5}\left(t^5 - \frac{5}{2}t_f t^4 + \frac{5}{3}t_f^2 t^3\right) + \theta_{i0} \tag{7-56}$$

$$\dot{\theta}_i = \frac{d\theta_i}{dt} = a_{i5}(5t^4 - 10t_f t^3 + 5t_f^2 t^2) \tag{7-57}$$

$$\ddot{\theta}_i = \frac{d^2\theta_i}{dt^2} = a_{i5}(20t^3 - 30t_f t^2 + 10t_f^2 t) \tag{7-58}$$

因此，参数化后每个关节函数中仅含有一个参数 a_{i5}，令待定参数：

$$\boldsymbol{a} = [a_{15}, a_{25}, \cdots, a_{n5}]^T \tag{7-59}$$

将式(7-56)和(7-57)代入式(7-49)～式(7-53)可得期望状态与 t_f 时刻实际状态之差：

$$F(\boldsymbol{a}) = \begin{bmatrix} \delta\boldsymbol{q}_e \\ \delta\boldsymbol{P}_e \end{bmatrix} \in \mathbf{R}^6 \tag{7-60}$$

因此，路径规划问题变成了求解下述非线性方程组的问题。

$$F(\boldsymbol{a}) = 0 \tag{7-61}$$

为进一步方便求解，可采用关节函数归一化设计。

令

$$\tau = \frac{t}{t_f} \quad (\tau \in [0,1]) \tag{7-62}$$

将式(7-62)代入式(7-56)～式(7-58)，则

$$\theta_i = \hat{a}_{i5}\left(\tau^5 - \frac{5}{2}\tau^4 + \frac{5}{3}\tau^3\right) + \theta_{i0} \tag{7-63}$$

$$\dot{\hat{\theta}}_i = \frac{d\theta_i}{d\tau} = \hat{a}_{i5}(5\tau^4 - 10\tau^3 + 5\tau^2) = t_f\dot{\theta}_i \tag{7-64}$$

$$\ddot{\hat{\theta}}_i = \frac{d\theta_i}{d\tau} = \hat{a}_{i5}(20\tau^3 - 30\tau^2 + 10\tau) = t_f^2\ddot{\theta}_i \tag{7-65}$$

式中：

$$\hat{a}_{i5} = a_{i5}t_f^5 \tag{7-66}$$

相应地，各项积分表示为

$$\boldsymbol{Q}_0(\tau) = \int_0^\tau \frac{1}{2}\begin{bmatrix} -\boldsymbol{q}_0^T \\ \eta_0\boldsymbol{I} - \tilde{\boldsymbol{q}}_0 \end{bmatrix}\boldsymbol{J}_{bm\_\omega}\dot{\hat{\boldsymbol{\Theta}}}d\tau \tag{7-67}$$

$$\boldsymbol{P}_{ef} = \int_0^{t_f}\boldsymbol{J}_{g\_v}\dot{\boldsymbol{\Theta}}dt = \int_0^1\boldsymbol{J}_{g\_v}\dot{\hat{\boldsymbol{\Theta}}}d\tau \tag{7-68}$$

$$\boldsymbol{Q}_{ef} = \int_0^{t_f}\frac{1}{2}\begin{bmatrix} -\boldsymbol{q}_e^T \\ \eta_e\boldsymbol{I} - \tilde{\boldsymbol{q}}_e \end{bmatrix}\boldsymbol{J}_{g\_\omega}\dot{\boldsymbol{\Theta}}dt = \int_0^1\frac{1}{2}\begin{bmatrix} -\boldsymbol{q}_e^T \\ \eta_e\boldsymbol{I} - \tilde{\boldsymbol{q}}_e \end{bmatrix}\boldsymbol{J}_{g\_\omega}\dot{\hat{\boldsymbol{\Theta}}}d\tau \tag{7-69}$$

根据式(7-61)，可得关于参数 $\hat{a}$ 的非线性方程组为

$$\boldsymbol{G}(\hat{a})=0 \tag{7-70}$$

因此，点到点路径规划的问题成了求解上述非线性方程组的问题。经过归一化处理后，参数 $\hat{a}$ 的范围可以预先确定，以限制关节角的范围。

令关于 τ 的函数：

$$f(\tau)=\tau^5-\frac{5}{2}\tau^4+\frac{5}{3}\tau^3,\quad (0\leqslant\tau\leqslant 1) \tag{7-71}$$

$f(\tau)$在[0,1]单调递增，则其函数值、一阶和二阶微分的范围为

$$0\leqslant f(\tau)\leqslant f(1)=\frac{1}{6} \tag{7-72}$$

$$0\leqslant f'(\tau)\leqslant f'(\frac{1}{2})=\frac{5}{16} \tag{7-73}$$

$$-0.962\ 3=f''\left(\frac{1}{2}-\frac{\sqrt{3}}{6}\right)\leqslant f''(\tau)\leqslant f'\left(\frac{1}{2}+\frac{\sqrt{3}}{6}\right)=0.962\ 3 \tag{7-74}$$

根据式(7-72)、式(7-56)以及式(7-45)可得满足关节角限制的参数 $\hat{a}$ 的范围为

$$\hat{a}_{i5}\in[6(\theta_{i\_\min}-\theta_{i0}),6(\theta_{i\_\max}-\theta_{i0})],(i=1,\cdots,n) \tag{7-75}$$

式(7-75)可写成矢量的形式：

$$\hat{\boldsymbol{a}}\in[\hat{a}_{\min},\hat{a}_{\max}] \tag{7-76}$$

待定参数 $\hat{\boldsymbol{a}}$ 的初值和收敛值必须位于此范围内。若迭代算法收敛时的 $\hat{a}$ 超出此范围，则需要重新赋初值并重解非线性方程组。上述过程一直重复，直到 $\hat{a}$ 收敛到上述范围内或者方程组求解次数超过一定值(此时认为不存在符合要求的参数)。当 $\hat{a}$ 收敛到符合要求的范围时，根据式(7-73)、式(7-74)、式(7-64)、式(7-65)以及式(7-45)，可按下列不等式确定满足关节角速度、角加速度范围的规划时间 t_{f}：

$$t_{\mathrm{f}}\geqslant|\dot{\theta}_{i\max}|/\dot{\theta}_{i\max}=\frac{5}{16}|\hat{a}_{i5}|/\dot{\theta}_{i\max} \tag{7-77}$$

$$t_{\mathrm{f}}^2\geqslant|\ddot{\theta}_{i\max}|/\ddot{\theta}_{i\max}=0.962\ 3|\hat{a}_{iS}|/\ddot{\theta}_{i\max} \tag{7-78}$$

7.2.3　路径规划问题的求解

非线性方程组[见式(7-70)]可以有很多方法求解，本节以牛顿迭代法求解为例，给出简要步骤如下：

(1) 初始化：$k=1,\hat{a}_k=\hat{a}_0,\varepsilon=10^{-6}$；

(2) 通过数值积分计算终止时刻($\tau=1$)的末端位姿，并计算其与期望状态的误差值 $\boldsymbol{G}(\hat{\boldsymbol{a}}_k)$；

(3) 如果 $\|\boldsymbol{G}(\hat{\boldsymbol{a}}_k)\|\leqslant\varepsilon$，转(5)；否则，按下面的式子更新参数；

$$\boldsymbol{G}'(\hat{\boldsymbol{a}}_k)=\begin{bmatrix}\dfrac{\partial g_1}{\partial\hat{a}_{15}} & \cdots & \dfrac{\partial g_1}{\partial\hat{a}_{65}}\\ \vdots & & \vdots\\ \dfrac{\partial g_6}{\partial\hat{a}_{15}} & \cdots & \dfrac{\partial g_6}{\partial\hat{a}_{65}}\end{bmatrix} \tag{7-79}$$

$$\Delta \hat{\boldsymbol{a}}_k = -[\boldsymbol{G}'(\hat{\boldsymbol{a}}_k)]^{-1}\boldsymbol{G}(\hat{\boldsymbol{a}}_k) \tag{7-80}$$

$$\hat{\boldsymbol{a}}_{k+1} = \hat{\boldsymbol{a}}_k + \Delta \hat{\boldsymbol{a}}_k \tag{7-81}$$

(4)$k=k+1$,转(2);

(5)若 $\hat{\boldsymbol{a}}_k \in [\hat{\boldsymbol{a}}_{\min}, \hat{\boldsymbol{a}}_{\max}]$,则转(6);否则,重赋初值,转(2);

(6)得到满足要求的收敛值 $\hat{\boldsymbol{a}}_k$,并根据不等式(7-77)和式(7-78)确定 t_f,则待定参数 $\boldsymbol{a}=\hat{\boldsymbol{a}}_k/t_f^5$,$[0,t_f]$的关节路径即确定得到。

7.3 空间机器人连续路径规划

假设期望空间机器人末端位置按如下轨迹变化为

$$\boldsymbol{p}_e = \boldsymbol{p}_e(t), (0 \leqslant t \leqslant t_f) \tag{7-82}$$

同时末端姿态从初始的 $\boldsymbol{\psi}_{e0}$ 连续平滑地调整到 $\boldsymbol{\psi}_{ef}$,即

$$\boldsymbol{\psi}_{e0} = [\alpha_{e0} \quad \beta_{e0} \quad \gamma_{e0}] \rightarrow \boldsymbol{\psi}_{ef} = [\alpha_{ef} \quad \beta_{ef} \quad \gamma_{ef}] \tag{7-83}$$

在空间机器人自由漂浮模式下,规划机械臂关节角的运动,控制机械臂末端跟踪设定的轨迹。

7.3.1 末端运动速度规划

对于末端线速度的规划,首先可以直接对末端轨迹进行微分,即

$$\boldsymbol{v}_e(t) = \dot{\boldsymbol{p}}_e(t), \ (0 \leqslant t \leqslant t_f) \tag{7-84}$$

需要注意的是:式(7-84)假设末端轨迹连续可微。对于分段可微函数,可采用恰当的过渡轨迹。

然后规划末端的角速度。令机械臂初始和终止时刻末端的旋转矩阵为

$$\begin{cases} \boldsymbol{A}_{e0} = R_z(\alpha_{e0})R_y(\beta_{e0})R_x(\gamma_{e0}) = [\boldsymbol{n}_0 \quad \boldsymbol{o}_0 \quad \boldsymbol{a}_0] \\ \boldsymbol{A}_{ef} = R_z(\alpha_f)R_y(\beta_f)R_x(\gamma_f) = [\boldsymbol{n}_f \quad \boldsymbol{o}_f \quad \boldsymbol{a}_f] \end{cases} \tag{7-85}$$

则末端指向偏差为

$$\boldsymbol{e}_0 = \frac{1}{2}(\boldsymbol{n}_0 \times \boldsymbol{n}_f + \boldsymbol{o}_0 \times \boldsymbol{o}_f + \boldsymbol{a}_0 \times \boldsymbol{a}_f) = \boldsymbol{r}\sin(\varphi_o) \tag{7-86}$$

式(7-86)表示,机械臂末端坐标系绕单位矢量 $\boldsymbol{r}$($\sum_0$ 中的矢量)旋转 φ_o 角后,指向从 $\sum_0 \rightarrow \sum_f$。通过式(7-86),可以求出 $\boldsymbol{r}$ 和 φ_o:

$$\boldsymbol{r} = \frac{\boldsymbol{e}_o}{|\boldsymbol{e}_o|}, \varphi_o = \arcsin(|e_o|) \tag{7-87}$$

选择适当的轨迹 $\varphi(t)[\varphi(0)=\varphi_o, \varphi(t_f)=0]$,使得机械臂末端坐标系指向连续平滑地运动到期望的姿态。则末端角速度按下式规划:

$$\omega_e(t) = r\dot{\varphi}(t), \ (0 \leqslant t \leqslant t_f) \tag{7-88}$$

7.3.2　机械臂关节运动规划

根据规划的末端运动速度，采用速度级逆运动学规划机械臂的关节路径。当空间机器人的广义雅可比矩阵满秩时，机械臂关节的期望速度为

$$\dot{\boldsymbol{\Theta}}_{sd}=(\boldsymbol{J}_g)^{-1}\begin{bmatrix}\boldsymbol{v}_e\\ \boldsymbol{\omega}_e\end{bmatrix} \tag{7-89}$$

则期望的关节角为

$$\boldsymbol{\Theta}_{sd}=\boldsymbol{\Theta}_s+\dot{\boldsymbol{\Theta}}_{sd}\Delta t \tag{7-90}$$

式中：Δt 为关节控制器的控制周期；$\boldsymbol{\Theta}_s$ 为当前（实际）关节角。

注意：基于速度级运动学的路径规划方法，必须考虑雅可比矩阵奇异的问题。

7.3.3　笛卡儿直线路径跟踪举例

对于笛卡儿空间直线路径的跟踪，可以按上面提出的方法规划末端的运动速度，但考虑到起始点和终值点的轨迹平滑性，采用梯形方法规划末端运动速度。初始时刻，各关节角为

$$\boldsymbol{\Theta}_0=[0° \quad 47.72° \quad -93.91° \quad 0° \quad -43.82° \quad 0°] \tag{7-91}$$

机械臂末端在惯性系（原点位于系统质心）下的位姿为

$$\boldsymbol{P}_{e0}=[1.3504\text{m} \quad -0.0137\text{m} \quad 0.4401\text{m}] \tag{7-92}$$

$$\psi_{e0}=[0° \quad 0° \quad -180°] \tag{7-93}$$

机械臂末端在惯性系下的终止位置：

$$\boldsymbol{P}_{ef}=[1.3004\text{m} \quad 0.0563\text{m} \quad 0.7401\text{m}] \tag{7-94}$$

$$\boldsymbol{\psi}_{ef}=[21.44° \quad -10.31° \quad 173.12°] \tag{7-95}$$

机械臂末端初始和终止状态（位姿）分别记为

$$\boldsymbol{X}_{e0}=[\boldsymbol{P}_{e0} \quad \boldsymbol{\psi}_{e0}] \tag{7-96}$$

$$\boldsymbol{X}_{ef}=[\boldsymbol{P}_{ef} \quad \boldsymbol{\psi}_{ef}] \tag{7-97}$$

要求规划机械臂做连接 $\boldsymbol{X}_{e0}$ 和 X_{ef} 的直线运动，总时间 $t_f=20$ s。假设按梯形法规划的加速和减速部分的时间为 $t_s=3$ s，则末端各轴的最大线速度为

$$\boldsymbol{v}_{em}=\frac{\boldsymbol{P}_{ef}-\boldsymbol{P}_{e0}}{t_f-t_s} \tag{7-98}$$

另外，根据式(7-97)可以计算末端姿态误差的轴角关系为

$$\boldsymbol{r}_e=[-0.2003 \quad -0.4741 \quad 0.8574]^T,\ \varphi_e=24.19° \tag{7-99}$$

即机械臂末端绕矢量 $\boldsymbol{r}_e$ 旋转 φ_e 角后，其指向与终止时刻的相同。

因此，按梯形法规划机械臂末端的最大角速度为

$$\boldsymbol{\omega}_{em}=\frac{\varphi_e}{t_f-t_s}\boldsymbol{r}_e \tag{7-100}$$

规划的末端线速度和角速度分别如图 7-1 和图 7-2 所示。

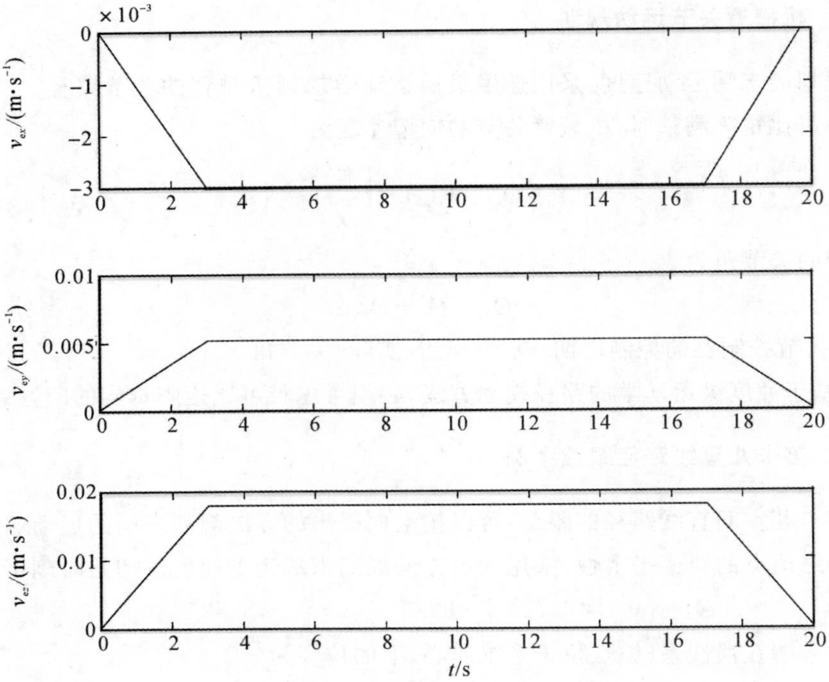

图 7-1 规划的末端线速度

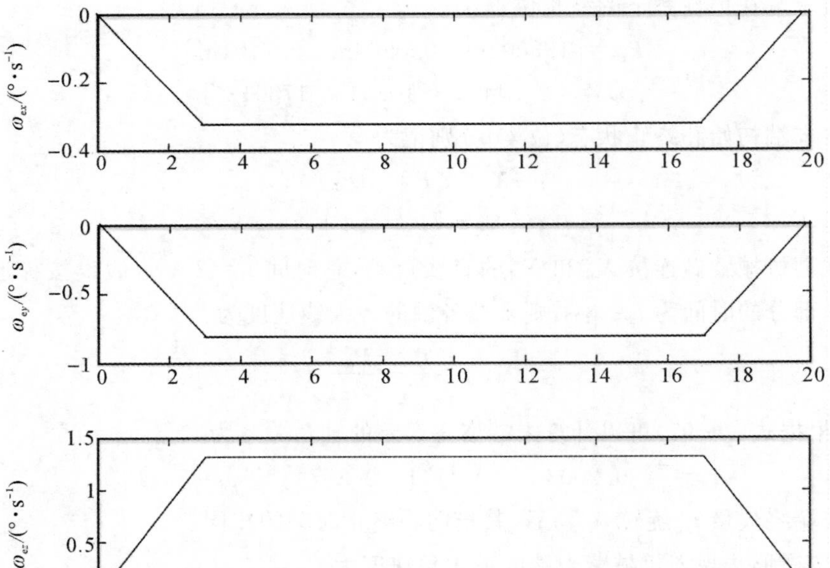

图 7-2 规划的末端角速度

采用上述方法跟踪机器人末端直线轨迹的动力学仿真结果如图 7－3 和图 7－4 所示，其中图 7－3 为实际的关节角运动曲线，而图 7－4 为末端位置和姿态跟踪误差。

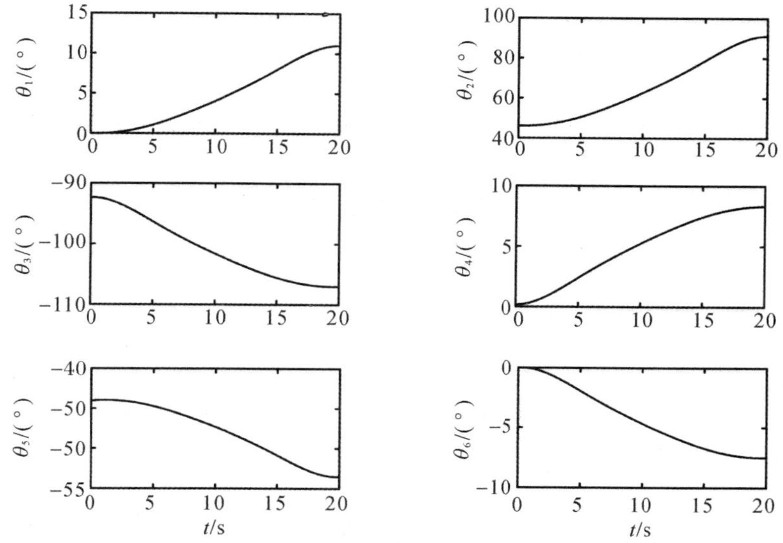

图 7－3　实际关节角运动曲线

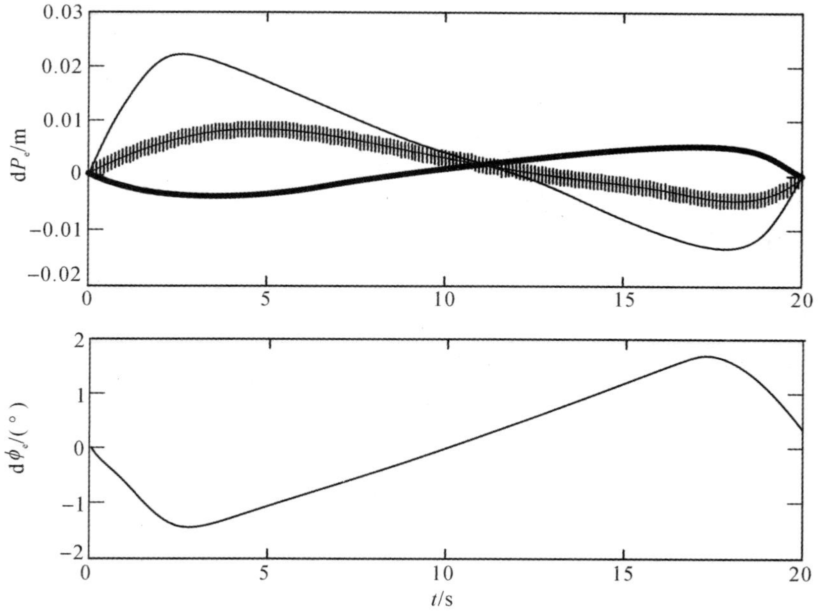

图 7－4　末端位置和姿态跟踪误差

7.4 空间机器人反作用优化

7.4.1 基座姿态无扰笛卡儿空间规划

由空间机器人的运动模型推导过程可知，自由漂浮空间机器人系统的角动量守恒，即满足：

$$\boldsymbol{H}_{\mathrm{s}}\boldsymbol{\omega}_0+\boldsymbol{H}_{\Theta}\dot{\boldsymbol{\Theta}}=\mathbf{0} \tag{7-101}$$

为了保证机械臂的运动不对基座姿态产生扰动，在机械臂的运动过程中，必须满足：

$$\boldsymbol{\omega}_0=\mathbf{0} \tag{7-102}$$

则根据动量守恒原理，机械臂的关节运动必须满足：

$$\boldsymbol{H}_{\Theta}\dot{\boldsymbol{\Theta}}=\mathbf{0} \tag{7-103}$$

在自由漂浮状态下，空间机器人的末端运动速度与关节角运动速度之间的关系在运动学建模时已推导，将其分为两部分，有

$$\boldsymbol{v}_{\mathrm{e}}=\boldsymbol{J}_{\mathrm{g\_}v}\dot{\boldsymbol{\Theta}} \tag{7-104}$$

$$\boldsymbol{\omega}_{\mathrm{e}}=\boldsymbol{J}_{\mathrm{g\_}\omega}\dot{\boldsymbol{\Theta}} \tag{7-105}$$

由于机械臂有 6 个自由度，理论上能控制 6 个独立变量。结合式(7－103)和式(7－104)，可得如下方程：

$$\begin{bmatrix}\boldsymbol{H}_{\Theta}\\ \boldsymbol{J}_{\mathrm{g\_}v}\end{bmatrix}\dot{\boldsymbol{\Theta}}=\begin{bmatrix}\mathbf{0}\\ \boldsymbol{v}_{\mathrm{e}}\end{bmatrix} \tag{7-106}$$

令矩阵为

$$\boldsymbol{G}_V(\boldsymbol{\Psi}_0,\boldsymbol{\Theta})=\begin{bmatrix}\boldsymbol{H}_{\Theta}\\ \boldsymbol{J}_{\mathrm{g\_}v}\end{bmatrix} \tag{7-107}$$

式中：$\boldsymbol{G}_V(\boldsymbol{\Psi}_0,\boldsymbol{\Theta})$表示矩阵 $\boldsymbol{G}_V$ 是基座姿态 $\boldsymbol{\Psi}_0$、机械臂关节角 $\boldsymbol{\Theta}$ 的函数。

当 $\boldsymbol{G}_V(\boldsymbol{\Psi}_0,\boldsymbol{\Theta})$满秩时，按下式规划关节的运动速度：

$$\dot{\boldsymbol{\Theta}}=\boldsymbol{G}_V^{-1}\begin{bmatrix}\mathbf{0}\\ \boldsymbol{v}_{\mathrm{e}}\end{bmatrix} \tag{7-108}$$

可实现机械臂末端位置的跟踪，同时不对基座的姿态产生扰动。

类似地，结合式(7－103)和式(7－105)，可得：

$$\begin{bmatrix}\boldsymbol{H}_{\Theta}\\ \boldsymbol{J}_{\mathrm{g\_}\omega}\end{bmatrix}\dot{\boldsymbol{\Theta}}=\begin{bmatrix}\mathbf{0}\\ \boldsymbol{\omega}_{\mathrm{e}}\end{bmatrix} \tag{7-109}$$

令矩阵

$$\boldsymbol{G}_W(\boldsymbol{\Psi}_0,\boldsymbol{\Theta})=\begin{bmatrix}\boldsymbol{H}_{\Theta}\\ \boldsymbol{J}_{\mathrm{g\_}\omega}\end{bmatrix} \tag{7-110}$$

按与上面类似的方法规划机械臂的关节运动：

$$\dot{\boldsymbol{\Theta}}=\boldsymbol{G}_W^{-1}\begin{bmatrix}\mathbf{0}\\ \boldsymbol{\omega}_{\mathrm{e}}\end{bmatrix} \tag{7-111}$$

可以控制机械臂末端姿态按期望的轨迹改变，而在整个过程中，机械臂的运动不对基座

姿态产生扰动。

7.4.2　基座姿态调整笛卡儿空间规划

利用机械臂的运动调整基座的姿态，对于节约基座姿态控制能源有很大的好处，可以作为基座姿态控制的备份手段。根据角动量守恒方程可得

$$\boldsymbol{H}_{\Theta}\dot{\boldsymbol{\Theta}} = -\boldsymbol{H}_{s}\boldsymbol{\omega}_{0} \tag{7-112}$$

类似于 7.4.1 节的基座姿态无扰规划方法，结合式(7－112)和(7－104)，规划机械臂的运动，不但可以调整基座姿态，还能使机械臂末端跟踪期望的笛卡儿路径。

构造如式(7－107)所示的矩阵，按下式规划机械臂的关节速度：

$$\dot{\boldsymbol{\Theta}} = \boldsymbol{G}_{V}^{-1}\begin{bmatrix} -\boldsymbol{H}_{s}\boldsymbol{\omega}_{0} \\ \boldsymbol{v}_{e} \end{bmatrix} \tag{7-113}$$

可以通过机械臂的关节运动，调整基座的姿态，同时机械臂末端跟踪期望的笛卡儿路径(位置)。

同理，按下式规划机械臂的关节速度：

$$\dot{\boldsymbol{\Theta}} = \boldsymbol{G}_{W}^{-1}\begin{bmatrix} -\boldsymbol{H}_{s}\boldsymbol{\omega}_{0} \\ \boldsymbol{\omega}_{e} \end{bmatrix} \tag{7-114}$$

可以通过机械臂的关节运动，调整基座的姿态，同时机械臂末端跟踪期望的连续姿态。

7.5　空间机器人奇异回避规划

笛卡儿空间连续路径规划(如目标捕获、笛卡儿路径跟踪等)过程中，需要用到空间机器人的速度级逆运动学方程，不可避免地会遇到雅可比矩阵奇异的情况，此时如果采用传统的基于雅可比矩阵逆的运动学求解方法，在奇异点附近，关节速度和加速度会变得无限大，使得相应的规划和控制算法失效。自由漂浮空间机器人的广义雅可比矩阵不但与空间机器人系统的运动学参数有关，还与系统的动力学参数有关，因而，空间机器人的奇异为“动力学奇异”。另外，工作空间内的某些点是否为动力学奇异点，不但与当前关节角有关，还与关节角的运动历史有关，这就决定了空间机器人的动力学奇异回避算法要比固定基座机器人的奇异回避算法复杂得多。以自由漂浮空间机器人为例，本节给出一种回避奇异的路径规划方法。

对于自由漂浮空间机器人，其微分运动学为

$$\begin{bmatrix} \boldsymbol{v}_{e} \\ \boldsymbol{\omega}_{e} \end{bmatrix} = \boldsymbol{J}_{b}\begin{bmatrix} \boldsymbol{v}_{0} \\ \boldsymbol{\omega}_{0} \end{bmatrix} + \boldsymbol{J}_{m}\dot{\boldsymbol{\Theta}} = \boldsymbol{J}_{g}(\boldsymbol{\Psi}_{0},\ \boldsymbol{\Theta},\ m_{i},\ \boldsymbol{I}_{i})\dot{\boldsymbol{\Theta}} \tag{7-115}$$

式中：$\boldsymbol{J}_{g}$ 是空间机器人的广义雅可比矩阵。对于由 6 关节串联机械臂组成的空间机器人系统，$\boldsymbol{J}_{g}$ 为 6×6 矩阵，当 $\boldsymbol{J}_{g}$ 满秩时，根据末端运动速度可以确定机械臂的关节角速度：

$$\dot{\boldsymbol{\Theta}} = (\boldsymbol{J}_{g})^{-1}\begin{bmatrix} \boldsymbol{v}_{e} \\ \boldsymbol{\omega}_{e} \end{bmatrix} \tag{7-116}$$

然而，$\boldsymbol{J}_{g}$ 并不总是满秩的。当 $\boldsymbol{J}_{g}$ 奇异时，机械臂末端将损失一个或多个自由度，导致式(7－116)求出的关节角速度无限大，不利于机械臂的控制。与地面固定基座机械臂的雅

可比矩阵不同，$\boldsymbol{J}_g$ 不但与运动学参数有关，还与基座姿态、关节角及各连杆动力学参数密切相关，因而，$\boldsymbol{J}_g$ 的奇异为“动力学奇异”。

当空间机器人处于动力学奇异时，7.4 节所述的连续路径规划方法、基于广义雅可比矩阵逆的分解运动速度控制方法等方法均会失效，因而需要采用相应的奇异回避方法。

一般情况下，阻尼最小方差法可用于空间机器人动力学奇异的回避。然而，实时计算广义雅可比矩阵的阻尼最小方差逆，运算量极大，对于资源紧张的星载处理器来说是不适合的。本节给出一种实用的回避奇异路径规划方法。

由上面的推导可知，当消去“线动量守恒”方程后，可得机械臂末端的线速度和角速度表达式为

$$\begin{bmatrix} \boldsymbol{v}_e \\ \boldsymbol{\omega}_e \end{bmatrix} = \hat{\boldsymbol{J}}_b(\boldsymbol{\Psi}_0, \boldsymbol{\Theta})\boldsymbol{\omega}_0 + \hat{\boldsymbol{J}}_m(\boldsymbol{\Psi}_0, \boldsymbol{\Theta})\dot{\boldsymbol{\Theta}} \tag{7-117}$$

当在基座坐标系中表示时，有

$$\begin{bmatrix} {}^0\boldsymbol{v}_e \\ {}^0\boldsymbol{\omega}_e \end{bmatrix} = {}^0\hat{\boldsymbol{J}}_b(\boldsymbol{\Theta})({}^0\boldsymbol{\omega}_0) + {}^0\hat{\boldsymbol{J}}_m(\boldsymbol{\Theta})\dot{\boldsymbol{\Theta}} \tag{7-118}$$

式中：

$$\begin{bmatrix} {}^0\boldsymbol{v}_e \\ {}^0\boldsymbol{\omega}_e \end{bmatrix} = \begin{bmatrix} \boldsymbol{A}_0^{\mathrm{T}} & 0 \\ 0 & \boldsymbol{A}_0^{\mathrm{T}} \end{bmatrix} \begin{bmatrix} \boldsymbol{v}_e \\ \boldsymbol{\omega}_e \end{bmatrix} \tag{7-119}$$

$${}^0\hat{\boldsymbol{J}}_b = \begin{bmatrix} -{}^0\tilde{\boldsymbol{p}}_{ge} \\ \boldsymbol{I}_3 \end{bmatrix} = \begin{bmatrix} {}^0\hat{\boldsymbol{b}}_0 + \sum_{i=1}^{n} {}^0\boldsymbol{A}_i({}^i\hat{\boldsymbol{a}}_i + {}^i\hat{\boldsymbol{b}}_i) \\ \boldsymbol{I}_3 \end{bmatrix} \in \mathbf{R}^{6\times 3} \tag{7-120}$$

$${}^0\tilde{\boldsymbol{p}}_{ge} = {}^0\hat{\boldsymbol{b}}_0 + \sum_{i=1}^{n} {}^0\boldsymbol{A}_i({}^i\hat{\boldsymbol{a}}_i + {}^i\hat{\boldsymbol{b}}_i) \tag{7-121}$$

$${}^0\hat{\boldsymbol{J}}_m = \begin{bmatrix} {}^0\boldsymbol{k}_1 \times ({}^0\boldsymbol{p}_e - {}^0\hat{\boldsymbol{p}}_1) & \cdots & {}^0\boldsymbol{k}_n \times ({}^0\boldsymbol{p}_e - {}^0\hat{\boldsymbol{p}}_n) \\ {}^0\boldsymbol{k}_1 & \cdots & {}^0\boldsymbol{k}_n \end{bmatrix} \in \mathbf{R}^{6\times n} \tag{7-122}$$

式(7-122)中，${}^0\hat{\boldsymbol{J}}_m$ 为机械臂相关的雅可比矩阵，当基座的姿态采用 $z-y-x$ 欧拉角表示时，欧拉角的时间变化率与基座姿态角速度之间有如下关系：

$$\dot{\boldsymbol{\Psi}}_0 = \begin{bmatrix} 0 & -s_{\alpha_0} & c_{\alpha_0}c_{\beta_0} \\ 0 & c_{\alpha_0} & s_{\alpha_0}c_{\beta_0} \\ 1 & 0 & -s_{\beta_0} \end{bmatrix} \boldsymbol{\omega}_0 \tag{7-123}$$

对式(7-123)进行数值积分，可以得出基座姿态的欧拉角表示。另外，空间机器人系统还满足角动量守恒方程，即

$$\boldsymbol{H}_s\boldsymbol{\omega}_0 + \boldsymbol{H}_\Theta\dot{\boldsymbol{\Theta}} = 0 \tag{7-124}$$

可以证明 $\boldsymbol{H}_s$ 是非奇异的，因而：

$$\boldsymbol{\omega}_0 = -\boldsymbol{H}_s^{-1}\boldsymbol{H}_\Theta\dot{\boldsymbol{\Theta}} = \boldsymbol{J}_{bm\_\omega}(\boldsymbol{\Psi}_0, \boldsymbol{\Theta})\dot{\boldsymbol{\Theta}} \tag{7-125}$$

同理，当各矢量在基座坐标系中表示时，基座角速度为

$${}^0\boldsymbol{\omega}_0 = {}^0\boldsymbol{J}_{bm\_\omega}(\Theta)\dot{\boldsymbol{\Theta}} \tag{7-126}$$

基座的姿态及姿态角速度可通过相应的敏感器实时测出，根据式(7-118)可得出如下

关系：

$$\begin{bmatrix} {}^0\boldsymbol{v}_{\mathrm{e}} \\ {}^0\boldsymbol{\omega}_{\mathrm{e}} \end{bmatrix} - ({}^0\hat{\boldsymbol{J}}_{\mathrm{b}})({}^0\boldsymbol{\omega}_0) = {}^0\hat{\boldsymbol{J}}_{\mathrm{m}}\dot{\boldsymbol{\Theta}} \tag{7-127}$$

式中：式(7－127)左边为机械臂末端相对于基座的运动速度(在基座坐标系中的表示)，因而可写为

$$\begin{bmatrix} {}^0\boldsymbol{v}_{\mathrm{e}}^0 \\ {}^0\boldsymbol{\omega}_{\mathrm{e}}^0 \end{bmatrix} = {}^0\hat{\boldsymbol{J}}_{\mathrm{m}}\dot{\boldsymbol{\Theta}} \tag{7-128}$$

${}^0\boldsymbol{v}_{\mathrm{e}}^0$、${}^0\boldsymbol{\omega}_{\mathrm{e}}^0$ 分别表示机械臂末端相对于基座的线速度、角速度在基座坐标系中的表示。从式(7－128)可知，可将复杂的动力学奇异回避转换为近似的“自由飞行”模式下的运动学奇异回避，所不同的是，该奇异回避方法需要实时地根据当前的基座姿态、姿态角速度、机械臂关节角，得到腕部运动速度在基座坐标系中的表示，其算法流程如图 7－5 所示。

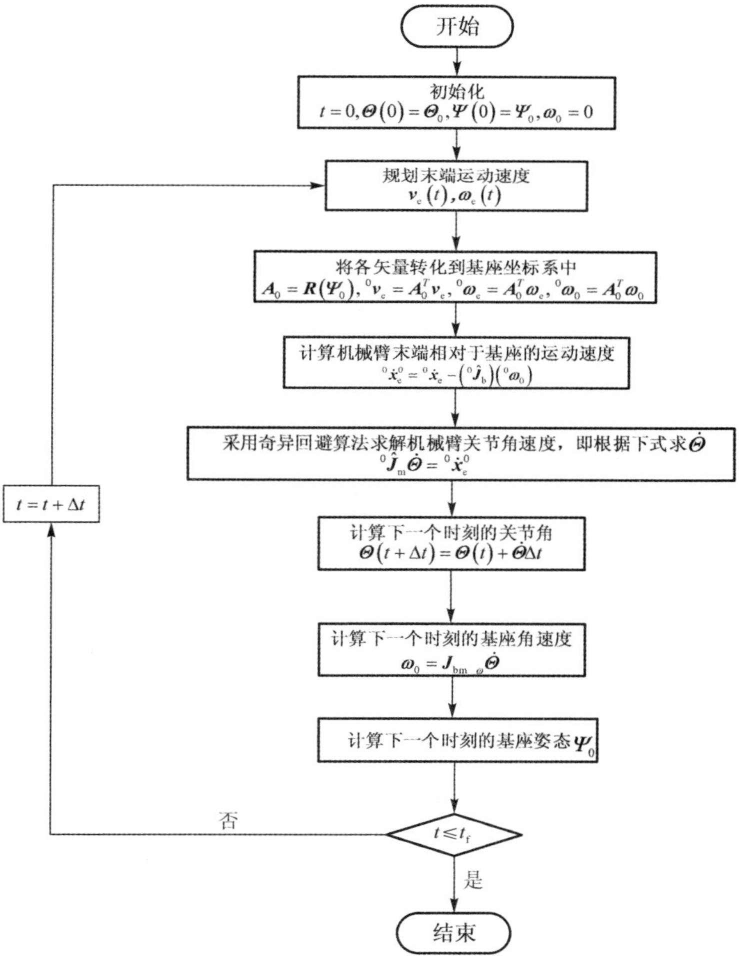

图 7－5　自由漂浮空间机器人奇异回避算法

习　题

1.请简述自由漂浮空间机器人非完整路径规划的特点及应用。

2.请简要论述自由漂浮空间机器人点到点运动规划的流程。

3.分析自由漂浮空间机器人的连续路径规划与传统固定基座机器人连续路径规划的异同。

4.论述自由漂浮空间机器人反作用优化的原理。

第 8 章　空间机器人动力学建模

8.1　空间机器人动力学建模基础

建立机器人系统动力学模型的方法有很多，包括拉格朗日法、牛顿-欧拉法、高斯法、凯恩法、旋量(对偶数)法、罗伯森-维滕博格法等。各种方法所建立的方程本质上是等价的，只是方程形式不同，从而在计算或分析方面存在差异。各种方法各有优缺点，在不同的场合可以采用相应的方法进行建模。本节主要介绍广泛使用的拉格朗日法和牛顿-欧拉法的动力学基本方程。

8.1.1　拉格朗日法建模介绍

对于任何机械系统来说，拉格朗日函数定义为系统动能 T 与势能 V 之差

$$L=T-V \tag{8-1}$$

则，系统的动力学方程(第二类拉格朗日方程)为

$$\tau_i=\frac{\mathrm{d}}{\mathrm{d}t}\left(\frac{\partial L}{\partial \dot{q}_i}\right)-\frac{\partial L}{\partial q_i},(i=1,2,\cdots,n) \tag{8-2}$$

式中：q_i、$\dot{q}_i$ 是系统的广义坐标及广义速度；τ_i 是与广义坐标相对应的广义力或力矩。若 q_i 是平动变量，则 τ_i 为力；若 q_i 是角度变量，则 τ_i 为力矩。

下面介绍利用拉格朗日法的机器人动力学建模。首先选择广义坐标。在机器人建模时，对于旋转关节，广义坐标选择为关节角 θ_i；针对平动关节，广义坐标为平动变量 d_i。

然后推导机械臂各连杆的动能。对于具有 n 个自由度的机械臂来说，系统的动能具有如下表达式：

$$\begin{aligned}T&=\sum_{i=1}^{n}T_i=\frac{1}{2}\sum_{i=1}^{n}(\boldsymbol{\omega}_i^{\mathrm{T}}\boldsymbol{I}_i\boldsymbol{\omega}_i+m_i\boldsymbol{v}_i^{\mathrm{T}}\boldsymbol{v}_i)\\&=\frac{1}{2}\sum_{i=1}^{n}\sum_{j=1}^{i}\sum_{k=1}^{i}\mathrm{Tr}\left[\frac{\partial\,({}^0\boldsymbol{T}_i)_i}{\partial q_j}\boldsymbol{J}_i\,\frac{\partial\,({}^0\boldsymbol{T})^{\mathrm{T}}}{\partial q_k}\right]\dot{q}_j\dot{q}_k\end{aligned} \tag{8-3}$$

式中：${}^i\boldsymbol{J}_i$ 可用惯性张量表示为

$${}^i\boldsymbol{J}_i=\int{}^i\bar{\boldsymbol{r}}\,{}^i\bar{\boldsymbol{r}}^{\mathrm{T}}\mathrm{d}m \tag{8-4}$$

式中：

$$
{}^{i}\bar{\boldsymbol{r}} = \begin{bmatrix} x_i \\ y_i \\ z_i \\ 1 \end{bmatrix} \tag{8-5}
$$

为第 i 杆上 $\mathrm{d}m$ 元相对于其质心坐标系(原点位于质心,指向与第 i 个杆件坐标系相同)的齐次坐标。

因此,有

$$
{}^{i}\boldsymbol{J}_i = \int {}^{i}\bar{\boldsymbol{r}}\,{}^{i}\bar{\boldsymbol{r}}^{\mathrm{T}}\mathrm{d}m = \begin{bmatrix} \int x_i^2\mathrm{d}m & \int x_i y_i \mathrm{d}m & \int x_i z_i \mathrm{d}m & \int x_i \mathrm{d}m \\ \int x_i y_i \mathrm{d}m & \int y_i^2 \mathrm{d}m & \int y_i z_i \mathrm{d}m & \int y_i \mathrm{d}m \\ \int x_i z_i \mathrm{d}m & \int y_i z_i \mathrm{d}m & \int z_i^2 \mathrm{d}m & \int z_i \mathrm{d}m \\ \int x_i \mathrm{d}m & \int y_i \mathrm{d}m & \int z_i \mathrm{d}m & \int \mathrm{d}m \end{bmatrix}
$$

$$
= \begin{bmatrix} \dfrac{-I_{xx}+I_{yy}+I_{zz}}{2} & -I_{xy} & -I_{xz} & m_i x_{ci} \\ -I_{xy} & \dfrac{I_{xx}-I_{yy}+I_{zz}}{2} & -I_{yz} & m_i y_{ci} \\ -I_{xz} & -I_{yz} & \dfrac{I_{xx}+I_{yy}-I_{zz}}{2} & m_i z_{ci} \\ m_i x_{ci} & m_i y_{ci} & m_i z_{ci} & m_i \end{bmatrix} \tag{8-6}
$$

式中:$[x_{ci} \quad y_{ci} \quad z_{ci}]^{\mathrm{T}}$ 为第 i 个杆件的质心坐标。

I_{xx}、I_{yy}、I_{zz}、I_{xy},I_{xz},I_{yz} 分别按下面的式子定义:

$$
\left.\begin{aligned} I_{xx} &= \iiint_m (y_i^2+z_i^2)\mathrm{d}m \quad & I_{xy} &= \iiint_m x_i y_i \mathrm{d}m \\ I_{yy} &= \iiint_m (z_i^2+x_i^2)\mathrm{d}m \quad & I_{xz} &= \iiint_m x_i z_i \mathrm{d}m \\ I_{zz} &= \iiint_m (x_i^2+y_i^2)\mathrm{d}m \quad & I_{yz} &= \iiint_m y_i z_i \mathrm{d}m \end{aligned}\right\} \tag{8-7}
$$

另外,根据齐次变换矩阵的性质,有

$$
\frac{\partial({}^{i-1}\boldsymbol{T}_i)}{\partial\theta_i} = \begin{bmatrix} -\mathrm{s}\theta_i & -\mathrm{c}\theta_i\mathrm{c}\alpha_i & \mathrm{c}\theta_i\mathrm{s}\alpha_i & -a_i\mathrm{s}\theta_i \\ \mathrm{c}\theta_i & -\mathrm{s}\theta_i\mathrm{c}\alpha_i & \mathrm{s}\theta_i\mathrm{s}\alpha_i & a_i\mathrm{c}\theta_i \\ 0 & 0 & 0 & 0 \\ 0 & 0 & 0 & 1 \end{bmatrix}
$$

$$
= \begin{bmatrix} 0 & -1 & 0 & 0 \\ 1 & 0 & 0 & 0 \\ 0 & 0 & 0 & 0 \\ 0 & 0 & 0 & 1 \end{bmatrix} \begin{bmatrix} \mathrm{c}\theta_i & -\mathrm{s}\theta_i\mathrm{c}\alpha_i & \mathrm{s}\theta_i\mathrm{s}\alpha_i & a_i\mathrm{c}\theta_i \\ \mathrm{s}\theta_i & \mathrm{c}\theta_i\mathrm{c}\alpha_i & -\mathrm{c}\theta_i\mathrm{s}\alpha_i & a_i\mathrm{s}\theta_i \\ 0 & \mathrm{s}\alpha_i & \mathrm{c}\alpha_i & d_i \\ 0 & 0 & 0 & 1 \end{bmatrix}
$$

$$=\boldsymbol{Q}_i{}^{i-1}\boldsymbol{T}_i \tag{8-8}$$

式中：

$$\boldsymbol{Q}_i=\begin{bmatrix}0 & -1 & 0 & 0\\ 1 & 0 & 0 & 0\\ 0 & 0 & 0 & 0\\ 0 & 0 & 0 & 1\end{bmatrix} \tag{8-9}$$

则

$$\frac{\partial({}^0\boldsymbol{T}_i)}{\partial q_i}=\frac{\partial({}^0\boldsymbol{T}_{i-1}{}^{i-1}\boldsymbol{T}_i)}{\partial q_i}={}^0\boldsymbol{T}_{i-1}\frac{\partial({}^{i-1}\boldsymbol{T}_i)}{\partial q_i}={}^0\boldsymbol{T}_{i-1}\boldsymbol{Q}_i{}^{i-1}\boldsymbol{T}_i \tag{8-10}$$

$$\frac{\partial({}^0\boldsymbol{T}_i)}{\partial q_j}=\begin{cases}\dfrac{\partial({}^0\boldsymbol{T}_{j-1}{}^{j-1}\boldsymbol{T}_j{}^j\boldsymbol{T}_i)}{\partial q_j}={}^0\boldsymbol{T}_{j-1}\dfrac{\partial({}^{j-1}\boldsymbol{T}_j)}{\partial q}{}^j\boldsymbol{T}_i={}^0\boldsymbol{T}_{j-1}\boldsymbol{Q}_i{}^j\boldsymbol{T}_i, & j\leqslant i\\ 0, & j>i\end{cases} \tag{8-11}$$

令

$$\boldsymbol{U}_{ij}=\begin{cases}{}^0\boldsymbol{T}_{j-1}\boldsymbol{Q}_i{}^j\boldsymbol{T}_i, & j\leqslant i\\ 0, & j>i\end{cases} \tag{8-12}$$

则机器人系统的总动能[式(8-3)]可表示为

$$\begin{aligned}E_k&=\frac{1}{2}\sum_{i=1}^{n}\sum_{j=1}^{i}\sum_{k=1}^{i}\mathrm{tr}\left(\frac{\partial\ ({}^0\boldsymbol{T}_i)_i}{\partial q_j}\boldsymbol{J}_i\ \frac{\partial\ ({}^0\boldsymbol{T}_i)^{\mathrm{T}}}{\partial q_k}\right)\dot{q}_j\dot{q}_k\\&=\frac{1}{2}\sum_{i=1}^{n}\sum_{j=1}^{i}\sum_{k=1}^{i}\mathrm{tr}(\boldsymbol{U}_{ij}{}^i\boldsymbol{J}_i\boldsymbol{U}_{ij}^{\mathrm{T}})\dot{q}_j\dot{q}_k\end{aligned} \tag{8-13}$$

再推导机器人各连杆的势能。各个连杆的势能可表示为

$$E_{pi}=-m_i\boldsymbol{g}{}^0\boldsymbol{r}_{ci}=-m_i\boldsymbol{g}({}^0\boldsymbol{T}_i{}^i\bar{\boldsymbol{r}}_{ci}) \tag{8-14}$$

式中：m_i 是连杆 i 的质量，$\boldsymbol{g}=[g_x,g_y,g_z,0]$是表示重力的行矢量，${}^i\boldsymbol{r}_{ci}$ 为杆件 i 的质心在坐标系 i 中的表示(齐次坐标)，即

$${}^i\bar{\boldsymbol{r}}_{ci}=\begin{bmatrix}x_{ci}\\ y_{ci}\\ z_{ci}\\ 1\end{bmatrix} \tag{8-15}$$

则机器人系统的总势能为

$$E_p=\sum_{i=1}^{n}E_{pi}=-\sum_{i=1}^{n}m_ig({}^0\boldsymbol{T}_i{}^i\bar{\boldsymbol{r}}_{ci}) \tag{8-16}$$

最后，利用拉格朗日方程进行动力学建模。

由式(8-3)和式(8-16)可得，系统的拉格朗日函数为

$$\begin{aligned}L&=E_k-E_p\\&=\frac{1}{2}\sum_{i=1}^{n}\sum_{j=1}^{i}\sum_{k=1}^{i}\mathrm{tr}\left(\frac{\partial\ ({}^0\boldsymbol{T}_i)_i}{\partial q_j}J_i\ \frac{\partial\ ({}^0\boldsymbol{T}_i)^{\mathrm{T}}}{\partial q_k}\right)\dot{q}_j\dot{q}_k+\sum_{i=1}^{n}m_ig({}^0\boldsymbol{T}_i{}^i\bar{\boldsymbol{r}}_{ci})\end{aligned} \tag{8-17}$$

利用拉格朗日函数式[式(8-2)]即可得到关节 i 驱动连杆 i 所需的广义力矩 $\boldsymbol{\tau}_i$，写成矩阵形式为

$$\boldsymbol{\tau}=\boldsymbol{D}(\boldsymbol{q})\ddot{\boldsymbol{q}}+\boldsymbol{h}(\boldsymbol{q},\dot{\boldsymbol{q}})+\boldsymbol{G}(\boldsymbol{q}) \tag{8-18}$$

式中：$\boldsymbol{\tau}$ 为加在各关节上的 $n\times1$ 广义力矩矢量：

$$\boldsymbol{\tau}=[\tau_1,\tau_2,\cdots,\tau_n]^{\mathrm{T}} \tag{8-19}$$

$\boldsymbol{q}$ 为机器人的 $n\times1$ 关节变量(矢量)：

$$\boldsymbol{q}=[q_1,q_2,\cdots,q_n]^{\mathrm{T}} \tag{8-20}$$

$\dot{\boldsymbol{q}}$ 为机器人的 $n\times1$ 关节速度(矢量)：

$$\dot{\boldsymbol{q}}=[\dot{q}_1,\dot{q}_2,\cdots,\dot{q}_n]^{\mathrm{T}} \tag{8-21}$$

$\ddot{\boldsymbol{q}}$ 为机器人的 $n\times1$ 关节加速度(矢量)：

$$\ddot{\boldsymbol{q}}=[\ddot{q}_1,\ddot{q}_2,\cdots,\ddot{q}_n]^{\mathrm{T}} \tag{8-22}$$

$\boldsymbol{D}(\boldsymbol{q})$ 为机械臂 $n\times n$ 对称的质量矩阵，$\boldsymbol{h}(\boldsymbol{q},\dot{\boldsymbol{q}})$ 为 $n\times1$ 的非线性哥氏力和离心力矢量，$\boldsymbol{G}(\boldsymbol{q})$ 为 $n\times1$ 的重力矢量。

8.1.2 牛顿-欧拉法建模介绍

8.1.1 节中，用拉格朗日法推导出了一组描述机器人动力学特性的非线性二阶常微分方程。利用这些方程，由已知的每一个轨迹设定点的关节位置、速度和加速度，可实时计算各关节的标称力矩。但是，该方法推导的模型十分复杂，可读性差。另外，更为重要的是，该模型的计算效率非常低。为了提高解算效率，曾经有专家利用略去科氏力和向心力的简化机器人动力学模型。这种办法能把计算关节力矩的时间缩短到可用的程度。可是，当机器人快速运动时，科氏力和向心力在计算关节力矩中是相当重要的。因此，简化的机器人动力学模型只能用于机器人的低速运动。在典型的制造业环境中，这是不合乎要求的。此外，因略去科氏力和向心力所引起的关节力矩误差不能用反馈控制来校正，因为机器人快速运动时所需的校正力矩过大。

牛顿-欧拉法是理论力学体系下最为经典、常用的动力学建模方法。其基础建模方程包括牛顿方程(牛顿第二定律)和欧拉方程。

(1)牛顿第二定律，即力平衡方程：

$$\boldsymbol{f}_{ci}=\frac{\mathrm{d}(\boldsymbol{m}_i\boldsymbol{v}_{ci})}{\mathrm{d}t}=\boldsymbol{m}_i\dot{\boldsymbol{v}}_{ci} \tag{8-23}$$

(2)欧拉方程，即力矩平衡方程：

$$\boldsymbol{n}_{ci}=\frac{\mathrm{d}(\boldsymbol{I}_{ci}\boldsymbol{\omega}_i)}{\mathrm{d}t}=\boldsymbol{I}_{ci}\dot{\boldsymbol{\omega}}_i+\boldsymbol{\omega}_i\times(\boldsymbol{I}_{ci}\boldsymbol{\omega}_i) \tag{8-24}$$

式中：m_i 为连杆 i 的质量，是标量；$\boldsymbol{I}_{ci}$ 为连杆 i 关于质心的惯性张量；$\boldsymbol{v}_{ci}$ 为连杆 i 质心的线速度；$\dot{\boldsymbol{v}}_{ci}$ 为连杆 i 质心的线加速度；$\boldsymbol{\omega}_i$ 为连杆 i 的角速度；$\dot{\boldsymbol{\omega}}_i$ 为连杆 i 的角加速度；$\boldsymbol{f}_{ci}$ 为作用在连杆 i 上的外力合矢量；$\boldsymbol{n}_{ci}$ 为作用在连杆 i 上的外力矩合矢量。

首先，分析连杆的角速度、加速度、角加速度表达。

根据旋转关节、平移关节的类型不同，分别写出典型连杆的角速度表达为

$$^{i}\boldsymbol{\omega}_i=\begin{cases}{}^{i}\boldsymbol{A}_{i-1}({}^{i-1}\boldsymbol{\omega}_{i-1}+z_0\dot{q}_i), & \text{旋转关节}\\ {}^{i}\boldsymbol{A}_{i-1}{}^{i-1}\boldsymbol{\omega}_{i-1}, & \text{平移关节}\end{cases} \tag{8-25}$$

角速度表达式为

$$
{}^{i}\dot{\boldsymbol{\omega}}_{i}=\begin{cases}{}^{i}\boldsymbol{A}_{i-1}({}^{i-1}\boldsymbol{\omega}_{i-1}+z_{0}\ddot{q}_{i}+{}^{i-1}\dot{\omega}_{i-1}\times z_{0}\dot{q}_{i}), & \text{旋转关节}\\ {}^{i}\boldsymbol{A}_{i-1}{}^{i-1}\dot{\omega}_{i-1}, & \text{平移关节}\end{cases} \tag{8-26}
$$

针对旋转关节，线加速度表达式为

$$
{}^{i}\dot{\boldsymbol{v}}_{i}={}^{i}\boldsymbol{A}_{i-1}[{}^{i-1}\dot{\boldsymbol{v}}_{i-1}+{}^{i-1}\dot{\boldsymbol{\omega}}_{i-1}\times{}^{i-1}\boldsymbol{p}_{i}+{}^{i-1}\boldsymbol{\omega}_{i-1}\times({}^{i-1}\boldsymbol{\omega}_{i-1}\times{}^{i-1}\boldsymbol{p}_{i})] \tag{8-27}
$$

针对平移关节，线加速度表达式为

$$
\begin{aligned}{}^{i}\dot{\boldsymbol{v}}_{i}={}^{i}\boldsymbol{A}_{i-1}[&{}^{i-1}\dot{\boldsymbol{v}}_{i-1}+z_{0}\ddot{q}_{i}+{}^{i-1}\dot{\boldsymbol{\omega}}_{i-1}\times{}^{i-1}\boldsymbol{p}_{i}+{}^{i-1}\boldsymbol{\omega}_{i-1}\times\\&({}^{i-1}\boldsymbol{\omega}_{i-1}\times{}^{i-1}\boldsymbol{p}_{i})]+2{}^{i}\boldsymbol{\omega}_{i}\times({}^{i}\boldsymbol{A}_{i-1}z_{0}\dot{q}_{i})\end{aligned} \tag{8-28}
$$

然后，进行力和力矩的递推形式分析和建模。

对于杆件 i，其所受外力主要为相邻杆件对其的作用力，及杆件 $i-1$ 及杆件 $i+1$ 对其的作用力，由此，有如下的力平衡方程：

$$
{}^{i}\boldsymbol{f}_{ci}={}^{i}\boldsymbol{f}_{i}-{}^{i}\boldsymbol{f}_{i+1}+m_{i}{}^{i}\boldsymbol{g} \tag{8-29}
$$

式中：${}^{i}\boldsymbol{f}_{ci}$为杆件 i 所受合外力在坐标系$\{i\}$中的表示；$\boldsymbol{f}_i$ 为杆件 $i-1$ 对杆件 i 所施加的力，左上标为用于描述矢量的参考坐标系，即${}^{i}\boldsymbol{f}_i$ 为 $\boldsymbol{f}_i$ 在坐标系$\{i\}$中的表示；$\boldsymbol{f}_{i+1}$为杆件 i 对杆件 $i+1$ 所施加的力，而其反作用力$-\boldsymbol{f}_{i+1}$即为杆件 $i+1$ 对杆件 i 所施加的力；$m_i{}^{i}g$ 为杆件 i 的重力。

为了方便递推方程的推导，将方程中杆件的自重部分去掉，而其影响（即 $m_i{}^{i}\boldsymbol{g}$）部分可通过设定基座（即杆件 0）的初始线加速度为重力加速度（${}^{0}\dot{\boldsymbol{v}}_0={}^{0}\boldsymbol{g}$）来等效实现。令${}^{0}\dot{\boldsymbol{v}}_0={}^{0}\boldsymbol{g}$意味着基座受到支撑作用相当于向上的重力加速度 g。此时方程可写成不含自重的关系式：

$$
{}^{i}\boldsymbol{f}_{ci}={}^{i}\boldsymbol{f}_{i}-{}^{i}\boldsymbol{f}_{i+1} \tag{8-30}
$$

另外，对各杆件，有如下力矩平衡方程：

$$
{}^{i}\boldsymbol{n}_{ci}={}^{i}\boldsymbol{n}_{i}-{}^{i}\boldsymbol{n}_{i+1}-{}^{i}\boldsymbol{r}_{ci}\times{}^{i}\boldsymbol{f}_{ci}-{}^{i}\boldsymbol{p}_{i+1}\times{}^{i}\boldsymbol{f}_{i+1} \tag{8-31}
$$

式中：${}^{i}\boldsymbol{n}_{ci}$为杆件 i 所受合外力矩在坐标系$\{i\}$中的表示；$\boldsymbol{n}_i$ 为杆件 $i-1$ 作用在杆件 i 上的力矩，${}^{i}\boldsymbol{r}_{ci}$为杆件 i 质心在坐标系$\{i\}$中的位置矢量；${}^{i}\boldsymbol{p}_{i+1}$为坐标系$\{i+1\}$的原点在坐标系$\{i\}$中的位置矢量。将式(8－30)和式(8－31)写成向内迭代的形式：

$$
{}^{i}\boldsymbol{f}_{i}={}^{i}\boldsymbol{f}_{i+1}+{}^{i}\boldsymbol{f}_{ci}={}^{i}\boldsymbol{A}_{i+1}{}^{i+1}\boldsymbol{f}_{i+1}+{}^{i}\boldsymbol{f}_{ci} \tag{8-32}
$$

$$
\begin{aligned}{}^{i}\boldsymbol{n}_{i}&={}^{i}\boldsymbol{n}_{i+1}+{}^{i}\boldsymbol{n}_{ci}+{}^{i}\boldsymbol{r}_{ci}\times{}^{i}\boldsymbol{f}_{ci}+{}^{i}\boldsymbol{p}_{i+1}\times{}^{i}\boldsymbol{f}_{i+1}\\&={}^{i}\boldsymbol{A}_{i+1}{}^{i+1}\boldsymbol{n}_{i+1}+{}^{i}\boldsymbol{n}_{ci}+{}^{i}\boldsymbol{r}_{ci}\times{}^{i}\boldsymbol{f}_{ci}+{}^{i}\boldsymbol{p}_{i+1}\times({}^{i}\boldsymbol{A}_{i+1}{}^{i}\boldsymbol{f}_{i+1})\end{aligned} \tag{8-33}
$$

利用式(8－32)和式(8－33)这些公式，可以从末端连杆 n 开始，顺次向内递推直至机械臂的基座。递推初值${}^{n+1}\boldsymbol{f}_{n+1}$、${}^{n+1}\boldsymbol{n}_{n+1}$规定如下：

(1)若机械臂末端在自由空间运动，不与环境接触时有

$$
\begin{cases}{}^{n+1}\boldsymbol{f}_{n+1}=0\\ {}^{n+1}\boldsymbol{n}_{n+1}=0\end{cases} \tag{8-34}
$$

(2)若机械臂末端与环境接触时有

$$
\begin{cases}{}^{n+1}\boldsymbol{f}_{n+1}={}^{n+1}\boldsymbol{f}_{e}\\ {}^{n+1}\boldsymbol{n}_{n+1}={}^{n+1}\boldsymbol{n}_{e}\end{cases} \tag{8-35}
$$

式中：${}^{n+1}\boldsymbol{f}_e$、${}^{n+1}\boldsymbol{n}_e$ 分别为末端与环境之间的接触力和接触力矩。

基于如上给出的迭代方程，可按下面两种情况计算关节的驱动力或驱动力矩。

(1)对于转动关节，关节 i 所需的驱动力矩等于连杆 $i-1$ 作用在连杆 i 上的作用力矩，在坐标系$\{i-1\}$的 z_{i-1} 轴上的分量，即

$$\tau_i = {}^i\boldsymbol{n}_i^{\mathrm{T}}\,{}^iz_{i-1} \tag{8-36}$$

式中：${}^iz_{i-1}$ 为 z_{i-1} 轴方向矢量在坐标系$\{i\}$中的表示。

(2)对于移动关节，关节 i 所需的驱动力等于连杆 $i-1$ 作用在连杆 i 上的作用力，沿坐标系$\{i-1\}$的 z_{i-1} 轴上的分量，即

$$\tau_i = {}^i\boldsymbol{f}_i^{\mathrm{T}}\,{}^iz_{i-1} \tag{8-37}$$

将上述两部分组成，即可最终形成递推形式的牛顿-欧拉动力学模型。该模型具有独特的递推解算形式。首先，从连杆 1 到连杆 n 递推计算各连杆的速度和加速度；其次，由牛顿-欧拉公式算出每个连杆的惯性力和力矩；最后，从连杆 n 到连杆 1 递推计算各连杆内部相互作用的力和力矩以及关节驱动力和力矩。以旋转关节为例，其递推解算过程可简要表示如下。

(1)按照 i:1→n 向外递推计算连杆速度、加速度：

$$\begin{cases} {}^i\boldsymbol{\omega}_i = \boldsymbol{A}_{i-1}({}^{i-1}\boldsymbol{\omega}_{i-1} + z_0\dot{q}_i) \\ {}^i\dot{\boldsymbol{\omega}}_i = {}^i\boldsymbol{A}_{i-1}({}^{i-1}\dot{\boldsymbol{\omega}}_{i-1} + z_0\ddot{q}_i + {}^{i-1}\dot{\boldsymbol{\omega}}_{i-1} \times z_0\dot{q}_i) \end{cases} \tag{8-38}$$

$$\begin{cases} {}^i\boldsymbol{v}_i = {}^i\boldsymbol{A}_{i-1}[{}^{i-1}\dot{\boldsymbol{v}}_{i-1} + {}^{i-1}\dot{\boldsymbol{\omega}}_{i-1} \times {}^{i-1}\boldsymbol{p}_i + {}^{i-1}\boldsymbol{\omega}_{i-1} \times ({}^{i-1}\boldsymbol{\omega}_{i-1} \times {}^{i-1}\boldsymbol{p}_i)] \\ {}^i\dot{\boldsymbol{v}}_{ci} = {}^i\dot{\boldsymbol{v}}_i + {}^i\dot{\boldsymbol{\omega}}_i \times {}^i\boldsymbol{p}_{ci} + {}^i\boldsymbol{\omega}_i \times ({}^i\boldsymbol{\omega}_i \times {}^i\boldsymbol{r}_{ci}) \end{cases} \tag{8-39}$$

$$\begin{cases} {}^i\boldsymbol{f}_{ci} = m_i\,{}^i\dot{\boldsymbol{v}}_{ci} \\ {}^i\boldsymbol{n}_{ci} = {}^i\boldsymbol{I}_i\,{}^i\dot{\boldsymbol{\omega}}_i + {}^i\boldsymbol{\omega}_i \times ({}^i\boldsymbol{I}_i\,{}^i\boldsymbol{\omega}_i) \end{cases} \tag{8-40}$$

(2)按照 i:n→1 向内递推计算力、力矩：

$$\begin{cases} {}^i\boldsymbol{f}_i = {}^i\boldsymbol{A}_{i+1}\,{}^{i+1}\boldsymbol{f}_{i+1} + {}^i\boldsymbol{f}_{ci} \\ {}^i\boldsymbol{n}_i = {}^i\boldsymbol{A}_{i+1}\,{}^{i+1}\boldsymbol{n}_{i+1} + {}^i\boldsymbol{n}_{ci} + {}^i\boldsymbol{r}_{ci} \times {}^i\boldsymbol{f}_{ci} + {}^i\boldsymbol{p}_{i+1} \times ({}^i\boldsymbol{A}_{i+1}\,{}^i\boldsymbol{f}_{i+1}) \\ \tau_i = {}^i\boldsymbol{n}_i^{\mathrm{T}}\,{}^iz_{i-1} \end{cases} \tag{8-41}$$

8.2 空间机器人动力学建模方法

空间机器人系统是由多自由度机械臂和作为基座的航天器或卫星平台组成，是一个无根的空间多体动力学系统。针对空间多体动力学系统动力学的关注和研究始于 20 世纪 50 年代。与地面机器人动力学建模类似，早期建立空间多体动力学系统的方法主要有两种：牛顿-欧拉法和拉格朗日法。这两种方法各有优缺点。牛顿-欧拉法的优点是不必使用广义坐标，而是使用一些比较直接的变量，如角速度等，从而使得最终推导出来的动力学方程具有相对简洁的形式；该方法的缺点是在动力学方程中将出现约束力和约束力矩，需要通过另外的代数方程来确定这些未知量。拉格朗日法的优点在于最终的动力学方程中不出现系统内部的约束力和约束力矩，方程采用广义坐标作为变量，因此是最小自由度的动力学方程；缺点是虽然方程的数目减少了，但每一个方程的复杂程度却大大增加了。

除了上述两种方法外，凯恩于 1960 年提出了一种全新的建立多体系统动力学的方法，

称为凯恩法。凯恩法使用偏角速度和偏速度作为基本变量来描述运动关系。通过将惯性力、惯性力矩分别和偏加速度和偏速度作点积，可以得到任意系统的动力学方程。并且，这些点积运算自动消去了系统内部的约束力和力矩，而不必像牛顿-欧拉法那样需要建立另外的代数方程来确定约束力和力矩；同时，也不必像拉格朗日方法那样对动能求偏导。此外，罗伯森和维滕博格于 1966 年提出了 R－W 方法。类似于拉格朗日法，R－W 法采用铰链的相对运动为广义坐标来描述系统运动。在描述系统拓扑结构时，R－W 方法使用关联矩阵和通路矩阵，最终得到矩阵形式的动力学方程。正是由于这些特点，R－W 方法非常适合于计算机编程，同时由于 R－W 方法使用广义坐标而得到最小自由度的动力学方程，因此当需要较高的计算效率时，往往采用此方法。

本节主要介绍基于拉格朗日法的空间机器人动力学建模。

8.2.1　空间机器人系统能量分析

假设基座为“0”连杆，空间机器人系统的总动能定义为包括基座的各连杆动能之和：

$$T = \frac{1}{2}\sum_{i=0}^{n}(\boldsymbol{\omega}_i^{\mathrm{T}}\boldsymbol{I}_i\boldsymbol{\omega}_i + m_i\dot{\boldsymbol{r}}_i^{\mathrm{T}}\dot{\boldsymbol{r}}_i) \tag{8-42}$$

在空间机器人运动学建模时，推导得到的各刚体的质心线速度和角速度分别为

$$\boldsymbol{v}_i = \dot{\boldsymbol{r}}_i = \boldsymbol{v}_0 + \boldsymbol{\omega}_0 \times (\boldsymbol{r}_i - \boldsymbol{r}_0) + \sum_{k=1}^{i}[\boldsymbol{k}_k \times (\boldsymbol{r}_i - \boldsymbol{p}_k)]\dot{\theta}_k \tag{8-43}$$

$$\boldsymbol{\omega}_i = \boldsymbol{\omega}_0 + \sum_{k=1}^{i}\boldsymbol{k}_k\dot{\theta}_k \tag{8-44}$$

将式(8－43)和式(8－44)代入式(8－42)，可以得到：

$$T = \frac{1}{2}[\boldsymbol{v}_0^{\mathrm{T}},\boldsymbol{\omega}_0^{\mathrm{T}},\dot{\boldsymbol{\Theta}}^{\mathrm{T}}]\begin{bmatrix} M\boldsymbol{E} & \boldsymbol{M}\tilde{\boldsymbol{r}}_{0g}^{\mathrm{T}} & \boldsymbol{J}_{Tw} \\ \boldsymbol{M}\tilde{\boldsymbol{r}}_{0g} & \boldsymbol{H}_w & \boldsymbol{H}_{w\varphi} \\ \boldsymbol{J}_{Tw}^{\mathrm{T}} & \boldsymbol{H}_{w\varphi}^{\mathrm{T}} & \boldsymbol{H}_m \end{bmatrix}\begin{bmatrix} \boldsymbol{v}_0 \\ \boldsymbol{\omega}_0 \\ \dot{\boldsymbol{\Theta}} \end{bmatrix} = \frac{1}{2}[\boldsymbol{v}_0^{\mathrm{T}},\boldsymbol{\omega}_0^{\mathrm{T}},\dot{\boldsymbol{\Theta}}^{\mathrm{T}}]\boldsymbol{H}\begin{bmatrix} \boldsymbol{v}_0 \\ \boldsymbol{\omega}_0 \\ \dot{\boldsymbol{\Theta}} \end{bmatrix} \tag{8-45}$$

式中：

$$\boldsymbol{H} = \begin{bmatrix} M\boldsymbol{E}_3 & -M\boldsymbol{r}_{0g}^{\times} & \sum_{k=1}^{n}(m_k\boldsymbol{J}_{Tk}) \\ M\boldsymbol{r}_{0g}^{\times} & \sum_{k=0}^{n}(\boldsymbol{I}_k - m_k\boldsymbol{r}_{0k}^{\times}\boldsymbol{r}_{0k}^{\times}) & \sum_{k=1}^{n}(\boldsymbol{I}_k\boldsymbol{J}_{Rk} + m_k\boldsymbol{r}_{0k}^{\times}\boldsymbol{J}_{Tk}) \\ \sum_{k=1}^{n}(m_k\boldsymbol{J}_{Tk}^{\mathrm{T}}) & \sum_{k=1}^{n}[(\boldsymbol{J}_{Rk})^{\mathrm{T}}\boldsymbol{I}_k - m_k(\boldsymbol{J}_{Tk})^{\mathrm{T}}\boldsymbol{r}_{0k}^{\times}] & \sum_{k=1}^{n}[(\boldsymbol{J}_{Rk})^{\mathrm{T}}\boldsymbol{I}_k\boldsymbol{J}_{Rk} + m_k(\boldsymbol{J}_{Tk})^{\mathrm{T}}J_{Tk}) \end{bmatrix} \tag{8-46}$$

令

$$\boldsymbol{H}_{\mathrm{q}} = \sum_{k=1}^{n}((\boldsymbol{J}_{Rk})^{\mathrm{T}}\boldsymbol{I}_k\boldsymbol{J}_{Rk} + m_k(\boldsymbol{J}_{Tk})^{\mathrm{T}}\boldsymbol{J}_{Tk}) \tag{8-47}$$

$$\boldsymbol{H}_M = \sum_{k=0}^{n}(\boldsymbol{I}_k - m_k\boldsymbol{r}_{0k}^{\times}\boldsymbol{r}_{0k}^{\times}) \tag{8-48}$$

$$\boldsymbol{H}_{MJ} = \sum_{k=1}^{n}(\boldsymbol{I}_k\boldsymbol{J}_{Ak} + m_k\boldsymbol{r}_{0k}^{\times}\boldsymbol{J}_{Lk}) \tag{8-49}$$

$$\boldsymbol{J}_{TM} = \sum_{k=1}^{n}(m_k\boldsymbol{J}_{Lk}) \tag{8-50}$$

$\boldsymbol{H}_q$ 为地面固定基座机械臂惯性张量，式(8-46) 可以写成：

$$\boldsymbol{H} = \begin{bmatrix} M\boldsymbol{E}_3 & -M\boldsymbol{r}_{0g}^{\times} & \boldsymbol{J}_{TM} \\ M\boldsymbol{r}_{0g}^{\times} & \boldsymbol{H}_M & \boldsymbol{H}_{wq} \\ \boldsymbol{J}_{TM}^{\mathrm{T}} & \boldsymbol{H}_{wq}^{\mathrm{T}} & \boldsymbol{H}_q \end{bmatrix} \tag{8-51}$$

若取

$$\dot{\boldsymbol{q}} = \begin{bmatrix} {}^I\boldsymbol{v}_0 \\ {}^I\boldsymbol{\omega}_0 \\ \dot{\boldsymbol{q}}_m \end{bmatrix} \tag{8-52}$$

则系统的动能方程可以写为

$$T = \frac{1}{2}\dot{\boldsymbol{q}}^{\mathrm{T}}\boldsymbol{H}\dot{\boldsymbol{q}} \tag{8-53}$$

在势能方面，由于空间机器人处于微重力环境，可以取势能 $V = 0$。

8.2.2 空间机器人的动力学模型

空间机器人系统的拉格朗日函数为

$$L = T = \frac{1}{2}\dot{\boldsymbol{q}}^{\mathrm{T}}\boldsymbol{H}\dot{\boldsymbol{q}} \tag{8-54}$$

利用拉格朗日方程

$$\frac{\mathrm{d}}{\mathrm{d}t}\left(\frac{\partial L}{\partial \dot{\boldsymbol{q}}}\right) - \frac{\partial L}{\partial \boldsymbol{q}} = \boldsymbol{F} \tag{8-55}$$

可以得到空间机器人的动力学方程：

$$\boldsymbol{H}(\boldsymbol{q})\ddot{\boldsymbol{q}} + \boldsymbol{C}(\boldsymbol{q},\dot{\boldsymbol{q}}) = \boldsymbol{F} \tag{8-56}$$

式中：非线性项 $\boldsymbol{C}(\boldsymbol{q},\dot{\boldsymbol{q}})$ 包含科氏力和离心力：

$$\boldsymbol{C}(\boldsymbol{q},\dot{\boldsymbol{q}}) = \dot{H}(\boldsymbol{q})\dot{\boldsymbol{q}} - \frac{\partial}{\partial \boldsymbol{q}}\left(\frac{1}{2}\dot{\boldsymbol{q}}^{\mathrm{T}}\boldsymbol{H}\dot{\boldsymbol{q}}\right) \tag{8-57}$$

式(8-57) 即为空间机器人系统的通用动力学模型。

对于自由漂浮空间机器人，机器人系统的动量守恒，即满足：

$$\boldsymbol{P} = \sum_{i=0}^{n} m_i\dot{\boldsymbol{r}}_i = [M\boldsymbol{E} \quad M\tilde{\boldsymbol{r}}_{0g}^{\mathrm{T}}]\begin{bmatrix} \boldsymbol{v}_0 \\ \boldsymbol{\omega}_0 \end{bmatrix} + \boldsymbol{J}_{Tw}\dot{\boldsymbol{\Theta}} = 0 \tag{8-58}$$

$$\boldsymbol{L} = \sum_{i=0}^{n}(\boldsymbol{I}_i\boldsymbol{\omega}_i + \boldsymbol{r}_i \times m_i\dot{\boldsymbol{r}}_i) = [M\tilde{\boldsymbol{r}}_{0g} \quad \boldsymbol{H}_w]\begin{bmatrix} \boldsymbol{v}_0 \\ \boldsymbol{\omega}_0 \end{bmatrix} + \boldsymbol{H}_{w\varphi}\dot{\boldsymbol{\Theta}} = 0 \tag{8-59}$$

根据式(8-58) 和式(8-59)，可进一步化简空间机器人系统的动能表达式：

$$T = \frac{1}{2}\dot{\boldsymbol{\Theta}}^{\mathrm{T}}\boldsymbol{H}^*(\boldsymbol{\Theta})\dot{\boldsymbol{\Theta}} \tag{8-60}$$

式中：

$$\boldsymbol{H}^* = \boldsymbol{H}_m - [\boldsymbol{J}_{Tw}^{\mathrm{T}} \quad \boldsymbol{H}_{w\varphi}^{\mathrm{T}}](\boldsymbol{H}_b)^{-1}\begin{bmatrix} \boldsymbol{J}_{Tw} \\ \boldsymbol{H}_{w\varphi} \end{bmatrix} \tag{8-61}$$

矩阵 $\boldsymbol{H}^* \in \mathbf{R}^{n\times n}$ 为空间机器人的广义惯性张量，它是地面机器人惯性张量 $\boldsymbol{H}_m$ 的推广。

在此基础上，进一步，根据拉格朗日方程可以推出自由漂浮空间机器人系统的动力学方程，并将其表示成关于 $\boldsymbol{\Theta}$、$\dot{\boldsymbol{\Theta}}$、$\ddot{\boldsymbol{\Theta}}$ 的方程，即为

$$\boldsymbol{\tau}_m = \boldsymbol{H}^* \ddot{\boldsymbol{\Theta}} + \dot{\boldsymbol{H}}^* \dot{\boldsymbol{\Theta}} - \frac{\partial}{\partial \boldsymbol{\Theta}}\left(\frac{1}{2}\dot{\boldsymbol{\Theta}}^{\mathrm{T}} \quad \boldsymbol{H}^* \quad \dot{\boldsymbol{\Theta}}\right) \tag{8-62}$$

8.3　空间机器人动力学建模示例

8.3.1　平面单自由度空间机器人

本节以平面单关节空间机器人为例，介绍动力学建模过程。该机器人及坐标系定义如图 8-1 所示。图中，Σ_0 为基座坐标系，Σ_1 为惯性坐标系。设其基座的边长以及杆件 1 的长度分别为 a、l_1，质量分别为 m_0、m_1，且质量均匀分布。杆件 1 与基座通过旋转关节连接，θ_1 表示关节的旋转角度。θ_0 为基座坐标系 Σ_0 的 X 轴到矢量 $\boldsymbol{b}_0$ 的旋转角度。

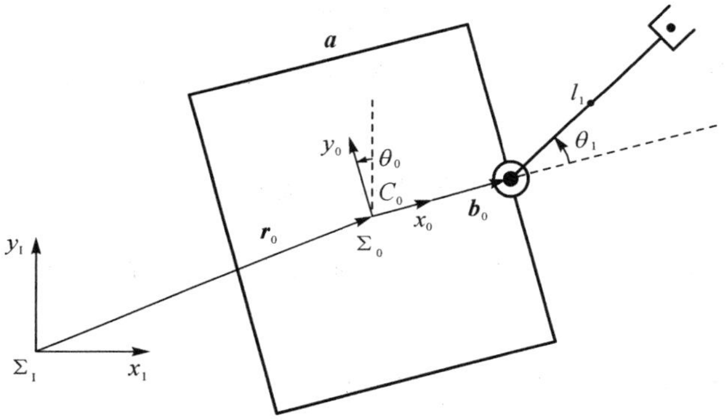

图 8-1　平面单关节空间机器人示意图

由图 8-1 可知基座、杆件 1 的质心位置及姿态分别为

$$\boldsymbol{X}_{c0} = \begin{bmatrix} r_{0x} \\ r_{0y} \\ \theta_0 \end{bmatrix} \tag{8-63}$$

$$\boldsymbol{X}_{c1} = \begin{bmatrix} r_{0x} + b_0 \mathrm{c}_0 + \dfrac{l_1}{2}\mathrm{c}_{01} \\ r_{0y} + b_0 \mathrm{s}_0 + \dfrac{l_1}{2}\mathrm{s}_{01} \\ \theta_0 + \theta_1 \end{bmatrix} \tag{8-64}$$

式中：

$$\begin{cases} \mathrm{s}_0 = \sin\theta_0, \mathrm{c}_0 = \cos\theta_0 \\ \mathrm{s}_{01} = \sin(\theta_0 + \theta_1), \mathrm{c}_{01} = \cos(\theta_0 + \theta_1) \end{cases} \tag{8-65}$$

分别对式(8-63)、式(8-64)求导，可分别得到基座、杆件 1 的质心速度及旋转角速度：

$$\dot{\boldsymbol{x}}_{c0}=\begin{bmatrix}\dot{r}_{0x}\\ \dot{r}_{0y}\\ \dot{\theta}_0\end{bmatrix} \tag{8-66}$$

$$\dot{\boldsymbol{x}}_{c1}=\begin{bmatrix}\dot{r}_{0x}-b_0\mathrm{s}_0\dot{\theta}_0-\dfrac{l_1}{2}\mathrm{s}_{01}(\dot{\theta}_0+\dot{\theta}_1)\\ \dot{r}_{0y}+b_0\mathrm{c}_0\dot{\theta}_0+\dfrac{l_1}{2}\mathrm{c}_{01}(\dot{\theta}_0+\dot{\theta}_1)\\ \dot{\theta}_0+\dot{\theta}_1\end{bmatrix} \tag{8-67}$$

则基座、杆件 1 的动能分别为

$$\begin{cases}E_{k0}=\dfrac{1}{2}m_0\boldsymbol{v}_{c0}^{\mathrm{T}}\boldsymbol{v}_{c0}+\dfrac{1}{2}I_{c0}\omega_0^2\\ E_{k1}=\dfrac{1}{2}m_1\boldsymbol{v}_{c1}^{\mathrm{T}}\boldsymbol{v}_{c1}+\dfrac{1}{2}I_{c1}\omega_1^2\end{cases} \tag{8-68}$$

杆件 1 绕质心的转动惯量为

$$I_{c1}=\frac{1}{12}m_1l_1^2 \tag{8-69}$$

将式(8-66)、式(8-67)及式(8-69)分别代入式(8-68),可得系统的总动能为

$$\begin{aligned}T&=E_{k0}+E_{k1}\\&=\frac{1}{2}(m_0+m_1)(\dot{r}_{0x}^2+\dot{r}_{0y}^2)+\frac{1}{2}(I_{c0}+m_1b_0^2)\dot{\theta}_0^2+(\frac{1}{8}m_1l_1^2+\frac{1}{2}I_{c1})(\dot{\theta}_0+\dot{\theta}_1)2+\\&\quad\frac{1}{2}m_1b_0l_1\mathrm{c}_1\dot{\theta}_0(\dot{\theta}_0+\dot{\theta}_1)+m_1(\dot{r}_{0y}\mathrm{c}_0-\dot{r}_{0x}\mathrm{s}_0)b_0\dot{\theta}_0+\frac{1}{2}m_1l_1(\dot{r}_{0y}\mathrm{c}_{01}-\dot{r}_{0x}\mathrm{s}_{01})(\dot{\theta}_0+\dot{\theta}_1)\end{aligned} \tag{8-70}$$

同样,在微重力假设下,系统总势能为零,即

$$V=0 \tag{8-71}$$

则拉格朗日函数为:

$$\begin{aligned}L=&\frac{1}{2}(m_0+m_1)(\dot{r}_{0x}^2+\dot{r}_{0y}^2)+\frac{1}{2}(I_{c0}+m_1b_0^2)\dot{\theta}_0^2+\\&\left(\frac{1}{8}m_1l_1^2+\frac{1}{2}I_{c1}\right)(\dot{\theta}_0+\dot{\theta}_1)2+\frac{1}{2}m_1b_0l_1\mathrm{c}_1\dot{\theta}_0(\dot{\theta}_0+\dot{\theta}_1)+\\&m_1(\dot{r}_{0y}\mathrm{c}_0-\dot{r}_{0x}\mathrm{s}_0)b_0\dot{\theta}_0+\frac{1}{2}m_1l_1(\dot{r}_{0y}\mathrm{c}_{01}-\dot{r}_{0x}\mathrm{s}_{01})(\dot{\theta}_0+\dot{\theta}_1)\end{aligned} \tag{8-72}$$

将拉格朗日函数式(8-72)分别对 $\dot{r}_{0x}$、$\dot{r}_{0y}$、$\dot{\theta}_0$、$\dot{\theta}_1$、$\dot{\theta}_2$ 及 r_{0x}、r_{0y}、θ_0、θ_1、θ_2 求偏导,

$$\begin{cases}\dfrac{\mathrm{d}}{\mathrm{d}t}(\dfrac{\partial L}{\partial\dot{r}_{0x}})-\dfrac{\partial L}{\partial r_{0x}}=f_{0x}\\ \dfrac{\mathrm{d}}{\mathrm{d}t}(\dfrac{\partial L}{\partial\dot{r}_{0y}})-\dfrac{\partial L}{\partial r_{0y}}=f_{0y}\\ \dfrac{\mathrm{d}}{\mathrm{d}t}(\dfrac{\partial L}{\partial\dot{\theta}_0})-\dfrac{\partial L}{\partial\theta_0}=\tau_0\\ \dfrac{\mathrm{d}}{\mathrm{d}t}(\dfrac{\partial L}{\partial\dot{\theta}_1})-\dfrac{\partial L}{\partial\theta_1}=\tau_1\end{cases} \tag{8-73}$$

可以得到

$$f_{0x}=(m_0+m_1)\ddot{r}_{0x}+[-m_1b_0\mathrm{s}_0-\frac{1}{2}m_1l_1\mathrm{s}_{01}]\ddot{\theta}_0+[-\frac{1}{2}m_1l_1\mathrm{s}_{01}]\ddot{\theta}_1+ \\ [-m_1b_0\mathrm{c}_0\dot{\theta}_0^2-\frac{1}{2}m_1l_1\mathrm{c}_{01}(\dot{\theta}_0+\dot{\theta}_1)^2] \tag{8-74}$$

$$f_{0y}=(m_0+m_1)\ddot{r}_{0y}+[m_1b_0\mathrm{c}_0+\frac{1}{2}m_1l_1\mathrm{c}_{01}]\ddot{\theta}_0+\frac{1}{2}m_1l_1\mathrm{c}_{01}\ddot{\theta}_1+ \\ [-m_1b_0\mathrm{s}_0\dot{\theta}_0^2-\frac{1}{2}m_1l_1\mathrm{s}_{01}(\dot{\theta}_0+\dot{\theta}_1)^2] \tag{8-75}$$

$$\tau_0=[-m_1b_0\mathrm{s}_{01}-\frac{1}{2}m_1l_1\mathrm{s}_{01}]\ddot{r}_{0x}+[m_1b_0\mathrm{c}_0+\frac{1}{2}m_1l_1\mathrm{c}_{01}]\ddot{r}_{0y}+ \\ [I_{c0}+I_{c1}+m_1b_0^2+\frac{1}{4}m_1l_1^2+m_1b_0l_1\mathrm{c}_1]\ddot{\theta}_0+ \\ [\frac{1}{4}m_1l_1^2+I_{c1}+\frac{1}{2}m_1b_0l_1\mathrm{c}_1]\ddot{\theta}_1-\frac{1}{2}m_1b_0l_1\mathrm{s}_1(2\dot{\theta}_0\dot{\theta}_1+\dot{\theta}_1^2)^2 \tag{8-76}$$

$$\tau_1=[-\frac{1}{2}m_1l_1\mathrm{s}_{01}]\ddot{r}_{0x}+[\frac{1}{2}m_1l_1\mathrm{c}_{01}]\ddot{r}_{0y}+[\frac{1}{4}m_1l_1^2+I_{c1}+\frac{1}{2}m_1b_0l_1\mathrm{c}_1]\ddot{\theta}_0+ \\ [\frac{1}{4}m_1l_1^2+I_{c1}]\ddot{\theta}_1+\frac{1}{2}m_1b_0l_1\mathrm{s}_1\dot{\theta}_0^2 \tag{8-77}$$

写成矩阵形式，为

$$\boldsymbol{H}(\boldsymbol{q})\ddot{\boldsymbol{q}}+\boldsymbol{C}(\boldsymbol{q},\dot{\boldsymbol{q}})=\boldsymbol{F} \tag{8-78}$$

其中，

$$\boldsymbol{H}(\boldsymbol{q})=\begin{bmatrix} h_{11} & h_{12} & h_{13} & h_{14} \\ h_{21} & h_{22} & h_{23} & h_{24} \\ h_{31} & h_{32} & h_{33} & h_{34} \\ h_{41} & h_{42} & h_{43} & h_{44} \end{bmatrix} \tag{8-79}$$

$$\ddot{\boldsymbol{q}}=\begin{bmatrix} \ddot{r}_{0x} \\ \ddot{r}_{0y} \\ \ddot{\theta}_0 \\ \ddot{\theta}_1 \end{bmatrix} \tag{8-80}$$

$$\boldsymbol{C}(\boldsymbol{q},\dot{\boldsymbol{q}})=\begin{bmatrix} f_1 \\ f_2 \\ f_3 \\ f_4 \end{bmatrix} \tag{8-81}$$

$$\boldsymbol{F}=\begin{bmatrix} f_{0x} \\ f_{0y} \\ \tau_0 \\ \tau_1 \end{bmatrix} \tag{8-82}$$

$\boldsymbol{H}(\boldsymbol{q})$ 的各项分别为：

$$h_{11}=m_0+m_1 \qquad h_{12}=0$$

$$h_{13}=-m_1 b_0 s_0-\frac{1}{2}m_1 l_1 s_{01} \qquad h_{14}=-\frac{1}{2}m_1 l_1 s_{01}$$

$$h_{21}=0 \qquad h_{22}=m_0+m_1$$

$$h_{23}=m_1 b_0 c_0+\frac{1}{2}m_1 l_1 c_{01} \qquad h_{24}=\frac{1}{2}m_1 l_1 c_{01}$$

$$h_{31}=-m_1 b_0 s_{01}-\frac{1}{2}m_1 l_1 s_{01} \qquad h_{32}=m_1 b_0 c_0+\frac{1}{2}m_1 l_1 c_{01}$$

$$h_{33}=I_{c0}+I_{c1}+m_1 b_0^2+\frac{1}{4}m_1 l_1^2+m_1 b_0 l_1 c_1 \qquad h_{34}=\frac{1}{4}m_1 l_1^2+I_{c1}+\frac{1}{2}m_1 b_0 l_1 c_1$$

$$h_{41}=-\frac{1}{2}m_1 l_1 s_{01} \qquad h_{42}=\frac{1}{2}m_1 l_1 c_{01}$$

$$h_{43}=\frac{1}{4}m_1 l_1^2+I_{c1}+\frac{1}{2}m_1 b_0 l_1 c_1 \qquad h_{44}=\frac{1}{4}m_1 l_1^2+I_{c1}$$

$\boldsymbol{C}(\boldsymbol{q},\dot{\boldsymbol{q}})$ 的各项分别为

$$f_1=-m_1 b_0 c_0\dot{\theta}_0^2-\frac{1}{2}m_1 l_1 c_{01}(\dot{\theta}_0+\dot{\theta}_1)^2 \qquad f_2=-m_1 b_0 s_0\dot{\theta}_0^2-\frac{1}{2}m_1 l_1 s_{01}(\dot{\theta}_0+\dot{\theta}_1)^2$$

$$f_3=-\frac{1}{2}m_1 b_0 l_1 s_1(2\dot{\theta}_0\dot{\theta}_1+\dot{\theta}_1^2) \qquad f_4=\frac{1}{2}m_1 b_0 l_1 s_1\dot{\theta}_0^2$$

8.3.2 平面两自由度空间机器人

图 8-2 是某平面两关节空间机器人示意图，坐标系及旋转角定义如图 8-2 所示。设其基座的边长以及连杆 1 和连杆 2 的长度分别为 a、l_1 和 l_2，质量分别为 m_0、m_1 和 m_2，且质量均匀分布。连杆 2 与连杆 1、连杆 1 与基座分别通过旋转关节连接，θ_1 和 θ_2 分别表示关节的旋转角度，φ 为基座本体系 Σ_0 的 X 轴到矢量 $\boldsymbol{b}_0$ 的旋转角度，φ_0 为基座姿态角。

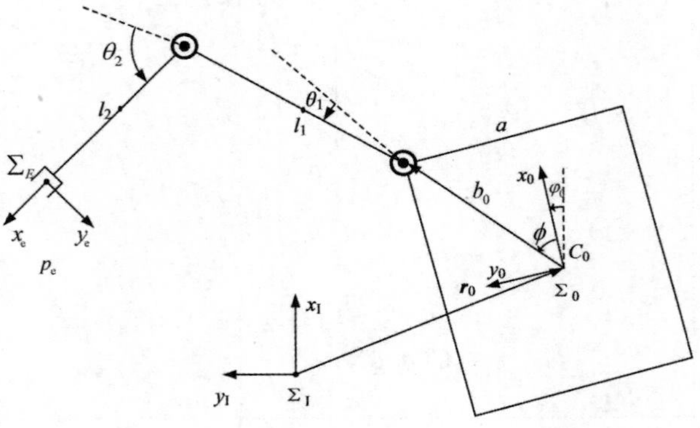

图 8-2 平面两关节空间机器人示意图

定义变量为

$$\theta_0=\varphi_0+\varphi \tag{8-83}$$

由图 8-2 可知基座、连杆 1、连杆 2 的质心位置分布为

$$\boldsymbol{X}_{c0}=\begin{bmatrix} r_{0x} \\ r_{0y} \\ \theta_0 \end{bmatrix} \tag{8-84}$$

$$\boldsymbol{X}_{c1}=\begin{bmatrix} r_{0x}+b_0\mathrm{c}_0+\dfrac{l_1}{2}\mathrm{c}_{01} \\ r_{0y}+b_0\mathrm{s}_0+\dfrac{l_1}{2}\mathrm{s}_{01} \\ \theta_0+\theta_1 \end{bmatrix} \tag{8-85}$$

$$\boldsymbol{X}_{c2}=\begin{bmatrix} r_{0x}+b_0\mathrm{c}_0+l_1\mathrm{c}_{01}+\dfrac{l_2}{2}\mathrm{c}_{012} \\ r_{0y}+b_0\mathrm{s}_0+l_1\mathrm{s}_{01}+\dfrac{l_2}{2}\mathrm{s}_{012} \\ \theta_0+\theta_1+\theta_2 \end{bmatrix} \tag{8-86}$$

式中：

$$\begin{cases} \mathrm{s}_0=\sin\theta_0 \\ \mathrm{c}_0=\cos\theta_0 \\ \mathrm{s}_{01}=\sin(\theta_0+\theta_1) \\ \mathrm{c}_{01}=\cos(\theta_0+\theta_1) \\ \mathrm{s}_{012}=\sin(\theta_0+\theta_1+\theta_2) \\ \mathrm{c}_{012}=\cos(\theta_0+\theta_1+\theta_2) \end{cases}$$

式(8－84)～式(8－86)求导得到基座、连杆 1、连杆 2 的质心速度为

$$\dot{\boldsymbol{x}}_{c0}=\begin{bmatrix} \dot{r}_{0x} \\ \dot{r}_{0y} \\ \dot{\theta}_0 \end{bmatrix} \tag{8-87}$$

$$\dot{\boldsymbol{x}}_{c1}=\begin{bmatrix} \dot{r}_{0x}-b_0\mathrm{s}_0\dot{\theta}_0-\dfrac{l_1}{2}\mathrm{s}_{01}(\dot{\theta}_0+\dot{\theta}_1) \\ \dot{r}_{0y}+b_0\mathrm{c}_0\dot{\theta}_0+\dfrac{l_1}{2}\mathrm{c}_{01}(\dot{\theta}_0+\dot{\theta}_1) \\ \dot{\theta}_0+\dot{\theta}_1 \end{bmatrix} \tag{8-88}$$

$$\dot{\boldsymbol{x}}_{c2}=\begin{bmatrix} \dot{r}_{0x}-b_0\mathrm{s}_0\dot{\theta}_0-l_1\mathrm{s}_{01}(\dot{\theta}_0+\dot{\theta}_1)-\dfrac{l_2}{2}\mathrm{s}_{012}(\dot{\theta}_0+\dot{\theta}_1+\dot{\theta}_2) \\ \dot{r}_{0y}+b_0\mathrm{c}_0\dot{\theta}_0+l_1\mathrm{c}_{01}(\dot{\theta}_0+\dot{\theta}_1)+\dfrac{l_2}{2}\mathrm{c}_{012}(\dot{\theta}_0+\dot{\theta}_1+\dot{\theta}_2) \\ \dot{\theta}_0+\dot{\theta}_1+\dot{\theta}_2 \end{bmatrix} \tag{8-89}$$

则基座、连杆 1、连杆 2 的动能分别为

$$\begin{cases} E_{k0}=\dfrac{1}{2}m_0 v_{c0}^{\mathrm{T}} v_{c0}+\dfrac{1}{2}I_{c0}\omega_0^2 \\ E_{k1}=\dfrac{1}{2}m_1 v_{c1}^{\mathrm{T}} v_{c1}+\dfrac{1}{2}I_{c1}\omega_1{}^2 \\ E_{k2}=\dfrac{1}{2}m_2 v_{c2}^{\mathrm{T}} v_{c2}+\dfrac{1}{2}I_{c2}\omega_2^2 \end{cases} \tag{8-90}$$

又连杆 1、连杆 2 绕各自质心的转动惯量为

$$\begin{cases} I_{c1}=\dfrac{1}{12}m_1 l_1^2 \\ I_{c2}=\dfrac{1}{12}m_2 l_2^2 \end{cases} \tag{8-91}$$

则，三个刚体的动能表达式分别为

$$E_{k0}=\frac{1}{2}m_0(\dot r_{0x}^2+\dot r_{0y}^2)+\frac{1}{2}I_{c0}\dot\theta_0^2 \tag{8-92}$$

$$\begin{aligned} E_{k1}=&\frac{1}{2}m_1\left[\dot r_{0x}^2+\dot r_{0y}^2+b_0^2\dot\theta_0^2+\frac{1}{3}l_1^2\ (\dot\theta_0+\dot\theta_1)^2\right]- \\ &\frac{1}{2}m_1[2\dot r_{0x}b_0\mathrm{s}_0\dot\theta_0+\dot r_{0x}l_1\mathrm{s}_{01}(\dot\theta_0+\dot\theta_1)-b_0l_1\mathrm{s}_0\mathrm{s}_{01}\dot\theta_0(\dot\theta_0+\dot\theta_1)]+ \\ &\frac{1}{2}m_1[2\dot r_{0y}b_0\mathrm{c}_0\dot\theta_0+\dot r_{0y}l_1\mathrm{c}_{01}(\dot\theta_0+\dot\theta_1)+b_0l_1\mathrm{c}_0\mathrm{c}_{01}\dot\theta_0(\dot\theta_0+\dot\theta_1)] \end{aligned} \tag{8-93}$$

$$\begin{aligned} E_{k2}=&\frac{1}{2}m_2\left[\dot r_{0x}^2+\dot r_{0y}^2+b_0^2\dot\theta_0^2+l_1^2\ (\dot\theta_0+\dot\theta_1)^2+\frac{1}{3}l_2^2\ (\dot\theta_0+\dot\theta_1+\dot\theta_2)^2\right]+ \\ &m_2(\dot r_{0y}\mathrm{c}_0-\dot r_{0x}\mathrm{s}_0)b_0\dot\theta_0+m_2(\dot r_{0y}\mathrm{c}_{01}-\dot r_{0x}\mathrm{s}_{01})l_1(\dot\theta_0+\dot\theta_1)+ \\ &\frac{1}{2}m_2(\dot r_{0y}\mathrm{c}_{012}-\dot r_{0x}\mathrm{s}_{012})l_2(\dot\theta_0+\dot\theta_1+\dot\theta_2)+m_2b_0l_1\mathrm{c}_1\dot\theta_0(\dot\theta_0+\dot\theta_1)+ \\ &\frac{1}{2}m_2b_0l_2\mathrm{c}_{12}\dot\theta_0(\dot\theta_0+\dot\theta_1+\dot\theta_2)+\frac{1}{2}m_2l_1l_2\mathrm{c}_2(\dot\theta_0+\dot\theta_1)(\dot\theta_0+\dot\theta_1+\theta_2) \end{aligned} \tag{8-94}$$

系统的总动能为

$$T=E_{k0}+E_{k1}+E_{k2} \tag{8-95}$$

由于该空间机器人系统处于失重状态，系统的势能为零，则拉格朗日函数可写为

$$L=T-V=E_{k0}+E_{k1}+E_{k2} \tag{8-96}$$

根据拉格朗日定理

$$\begin{aligned} &\frac{\mathrm{d}}{\mathrm{d}t}(\frac{\partial L}{\partial \dot r_{0x}})-\frac{\partial L}{\partial r_{0x}}=f_{0x} \\ &\frac{\mathrm{d}}{\mathrm{d}t}\left(\frac{\partial L}{\partial \dot r_{0y}}\right)-\frac{\partial L}{\partial r_{0y}}=f_{0y} \\ &\frac{\mathrm{d}}{\mathrm{d}t}\left(\frac{\partial L}{\partial \dot\theta_0}\right)-\frac{\partial L}{\partial \theta_0}=\tau_0 \\ &\frac{\mathrm{d}}{\mathrm{d}t}\left(\frac{\partial L}{\partial \dot\theta_1}\right)-\frac{\partial L}{\partial \theta_1}=\tau_1 \\ &\frac{\mathrm{d}}{\mathrm{d}t}\left(\frac{\partial L}{\partial \dot\theta_2}\right)-\frac{\partial L}{\partial \theta_2}=\tau_2 \end{aligned}$$

可得

$$\begin{aligned} f_{0x}=&(m_0+m_1+m_2)\ddot r_{0x}+\left[-(m_1+m_2)b_0\mathrm{s}_0-\left(\frac{1}{2}m_1+m_2\right)l_1\mathrm{s}_{01}-\frac{1}{2}m_2l_2\mathrm{s}_{012}\right]\ddot\theta_0+ \\ &\left[-\left(\frac{1}{2}m_1+m_2\right)l_1\mathrm{s}_{01}-\frac{1}{2}m_2l_2\mathrm{s}_{012}\right]\ddot\theta_1+\left(-\frac{1}{2}m_2l_2\mathrm{s}_{012}\right)\ddot\theta_2+ \\ &\left[-(m_1+m_2)b_0\mathrm{c}_0\dot\theta_0^2-(\frac{1}{2}m_1+m_2)l_1\mathrm{c}_{01}(\dot\theta_0+\dot\theta_1)^2-\frac{1}{2}m_2l_2\mathrm{c}_{012}(\dot\theta_0+\dot\theta_1+\dot\theta_2)^2\right] \end{aligned} \tag{8-97}$$

$$f_{0y}=(m_0+m_1+m_2)\ddot{r}_{0y}+\left[(m_1+m_2)b_0c_0+\left(\frac{1}{2}m_1+m_2\right)l_1c_{01}+\frac{1}{2}m_2l_2c_{012}\right]\ddot{\theta}_0+$$
$$\left[\left(\frac{1}{2}m_1+m_2\right)l_1c_{01}+\frac{1}{2}m_2l_2c_{012}\right]\ddot{\theta}_1+\left(\frac{1}{2}m_2l_2c_{012}\right)\ddot{\theta}_2+$$
$$\left[-(m_1+m_2)b_0s_0\dot{\theta}_0^2-\left(\frac{1}{2}m_1+m_2\right)l_1s_{01}(\dot{\theta}_0+\dot{\theta}_1)^2-\frac{1}{2}m_2l_2s_{012}(\dot{\theta}_0+\dot{\theta}_1+\dot{\theta}_2)^2\right] \tag{8-98}$$

$$\tau_0=\left[-(m_1+m_2)b_0s_0-\left(\frac{1}{2}m_1+m_2\right)l_1s_{01}-\frac{1}{2}m_2l_2s_{012}\right]\ddot{r}_{0x}+$$
$$\left[(m_1+m_2)b_0c_0+\left(\frac{1}{2}m_1+m_2\right)l_1c_{01}+\frac{1}{2}m_2l_2c_{012}\right]\ddot{r}_{0y}+(m_2b_0l_2c_{12}+m_2l_1l_2c_2)\ddot{\theta}_0+$$
$$\left[(I_{c0}+m_1b_0^2+m_2b_0^2)+\left(\frac{1}{3}m_1+m_2\right)l_1^2+\frac{1}{3}m_2l_2^2+(m_1+2m_2)b_0l_1c_1\right]\ddot{\theta}_0+$$
$$\left[\left(\frac{1}{3}m_1+m_2\right)l_1^2+\frac{1}{3}m_2l_2^2+\left(\frac{1}{2}m_1+m_2\right)b_0l_1c_1+\frac{1}{2}m_2b_0l_2c_{12}+m_2l_1l_2c_2\right]\ddot{\theta}_1+$$
$$\left(\frac{1}{3}m_2l_2^2+\frac{1}{2}m_2b_0l_2c_{12}+\frac{1}{2}m_2l_1l_2c_2\right)\ddot{\theta}_2-$$
$$\left(\frac{1}{2}m_1+m_2\right)b_0l_1s_1(2\dot{\theta}_0\dot{\theta}_1+\dot{\theta}_1^2)-\frac{1}{2}m_2b_0l_2s_{12}(\dot{\theta}_1+\dot{\theta}_2)(2\dot{\theta}_0+\dot{\theta}_1+\dot{\theta}_2)-$$
$$\frac{1}{2}m_2l_1l_2s_2(2\dot{\theta}_0\dot{\theta}_2+2\dot{\theta}_1\dot{\theta}_2+\dot{\theta}_2^2) \tag{8-99}$$

$$\tau_1=\left[-\left(\frac{1}{2}m_1+m_2\right)l_1s_{01}-\frac{1}{2}m_2l_2s_{012}\right]\ddot{r}_{0x}+\left[\left(\frac{1}{2}m_1+m_2\right)l_1c_{01}+\frac{1}{2}m_2l_2c_{012}\right]\ddot{r}_{0y}+$$
$$\left[\left(\frac{1}{3}m_1+m_2\right)l_1^2+\frac{1}{3}m_2l_2^2+\left(\frac{1}{2}m_1+m_2\right)b_0l_1c_1+\frac{1}{2}m_2b_0l_2c_{12}+m_2l_1l_2c_2\right]\ddot{\theta}_0+$$
$$\left[\left(\frac{1}{3}m_1+m_2\right)l_1^2+\frac{1}{3}m_2l_2^2+m_2l_1l_2c_2\right]\ddot{\theta}_1+\left[\frac{1}{3}m_2l_2^2+\frac{1}{2}m_2l_1l_2c_2\right]\ddot{\theta}_2+$$
$$\left[\left(\frac{1}{2}m_1+m_2\right)b_0l_1s_1+\frac{1}{2}m_2b_0l_2s_{12}\right]\dot{\theta}_0^2-\frac{1}{2}m_2l_1l_2s_2(2\dot{\theta}_0\dot{\theta}_2+2\dot{\theta}_1\dot{\theta}_2+\dot{\theta}_2^2) \tag{8-100}$$

$$\tau_2=-\frac{1}{2}m_2l_2s_{012}\ddot{r}_{0x}+\frac{1}{2}m_2l_2c_{012}\ddot{r}_{0y}+\left[\frac{1}{3}m_2l_2^2+\frac{1}{2}m_2b_0l_2c_{12}+\frac{1}{2}m_2l_1l_2c_2\right]\ddot{\theta}_0+$$
$$\left[\frac{1}{3}m_2l_2^2+\frac{1}{2}m_2l_1l_2c_2\right]\ddot{\theta}_1+\frac{1}{3}m_2l_2^2\ddot{\theta}_2+\frac{1}{2}m_2b_0l_2s_{12}\dot{\theta}_0^2+\frac{1}{2}m_2l_1l_2s_2(\dot{\theta}_0+\dot{\theta}_1)^2 \tag{8-101}$$

上面式(8-97)～式(8-101)即为该空间机器人系统的动力学模型，将其写成矩阵形式：

$$\boldsymbol{H}(\boldsymbol{q})\ddot{\boldsymbol{q}}+\boldsymbol{C}(\boldsymbol{q},\dot{\boldsymbol{q}})=\boldsymbol{F} \tag{8-102}$$

式中：

$$\ddot{\boldsymbol{q}}=\begin{bmatrix}\ddot{r}_{0x}\\ \ddot{r}_{0y}\\ \ddot{\theta}_0\\ \ddot{\theta}_1\\ \ddot{\theta}_2\end{bmatrix};\boldsymbol{F}=\begin{bmatrix}f_{0x}\\ f_{0y}\\ \tau_0\\ \tau_1\\ \tau_2\end{bmatrix}$$

$\boldsymbol{H}(\boldsymbol{q})$和$\boldsymbol{C}(\boldsymbol{q},\dot{\boldsymbol{q}})$表达式十分复杂，由于篇幅所限，本节未给出，感兴趣的读者可自行推导。

8.4 空间机器人的动力学耦合

空间机器人处于自由漂浮状态时，机械臂和基座间存在十分严重的动力学耦合。机械臂运动会对基座产生扰动，使基座姿态及质心位置发生变化，而这一变化又反过来影响机械臂末端的位置和姿态，这是其与固定基座机器人最大的区别。

8.4.1 自由漂浮状态的动力学耦合分析

通过空间机器人的运动学建模，得到了机器人末端的广义速度表达式：

$$\dot{\boldsymbol{x}}_{\mathrm{e}}=\begin{bmatrix}\dot{\boldsymbol{v}}_{\mathrm{e}}\\ \dot{\boldsymbol{\omega}}_{\mathrm{e}}\end{bmatrix}=\boldsymbol{J}_{\mathrm{b}}\begin{bmatrix}\dot{\boldsymbol{v}}_0\\ \dot{\boldsymbol{\omega}}_0\end{bmatrix}+\boldsymbol{J}_{\mathrm{m}}\dot{\boldsymbol{\Theta}}=\boldsymbol{J}_{\mathrm{b}}\dot{\boldsymbol{x}}_{\mathrm{b}}+\boldsymbol{J}_{\mathrm{m}}\dot{\boldsymbol{\Theta}} \tag{8-103}$$

同时，由于自由漂浮空间机器人满足线动量守恒和角动量守恒条件，假设空间机器人系统初始的线动量与角动量为$\boldsymbol{P}_0$与$\boldsymbol{L}_0$，可分别得出系统的线动量和角动量满足：

$$m_0 v_0+\sum_{i=1}^{n} m_i\dot{\boldsymbol{r}}_i=\boldsymbol{P}_0 \tag{8-104}$$

$$\sum_{i=0}^{n}(\boldsymbol{I}_i\boldsymbol{\omega}_i+\boldsymbol{r}_i\times m_i\dot{\boldsymbol{r}}_i)=\boldsymbol{L}_0 \tag{8-105}$$

令

$$\boldsymbol{M}_0=\begin{bmatrix}\boldsymbol{P}_0\\ \boldsymbol{L}_0\end{bmatrix} \tag{8-106}$$

联立式(8－104)和式(8－105)，可得

$$\boldsymbol{G}_{\mathrm{b}}\dot{\boldsymbol{x}}_{\mathrm{b}}+\boldsymbol{G}_{\mathrm{bm}}\dot{\boldsymbol{\Theta}}=\boldsymbol{M}_0 \tag{8-107}$$

可以看出，机械臂运动$\dot{\boldsymbol{\Theta}}$与基座的运动$\dot{\boldsymbol{x}}_{\mathrm{b}}$相互耦合。假设初始动量$\boldsymbol{M}_0=0$，则

$$\dot{\boldsymbol{x}}_{\mathrm{b}}=-\boldsymbol{H}_{\mathrm{b}}^{-1}\boldsymbol{H}_{\mathrm{bm}}\dot{\boldsymbol{\Theta}}=\boldsymbol{J}_{\mathrm{bm}}\dot{\boldsymbol{\Theta}}=\boldsymbol{C}_{\mathrm{bj}}\dot{\boldsymbol{\Theta}} \tag{8-108}$$

式(8－108)推导了关节速度与基座速度之间的关系，它反映了关节到基座的运动耦合。其中，$\boldsymbol{C}_{\mathrm{bj}}$表示关节到基座的运动耦合矩阵，如果$\boldsymbol{J}_{\mathrm{bm}}$满秩，那么基座到关节的运动耦合关系可表示为

$$\dot{\boldsymbol{\Theta}}=\boldsymbol{J}_{\mathrm{bm}}^{-1}\dot{\boldsymbol{x}}_{\mathrm{b}}=\boldsymbol{C}_{\mathrm{bj}}^{-1}\dot{\boldsymbol{\Theta}} \tag{8-109}$$

下面分析末端和基座的耦合运动。

将式(8－109)代入式(8－103)，可以得

$$\dot{\boldsymbol{x}}_{\mathrm{e}}=[\boldsymbol{J}_{\mathrm{b}}+\boldsymbol{J}_{\mathrm{m}}(\boldsymbol{J}_{\mathrm{bm}})^{-1}]\dot{\boldsymbol{x}}_{\mathrm{b}}=\boldsymbol{S}\dot{\boldsymbol{x}}_{\mathrm{b}} \tag{8-110}$$

其逆关系可表示为

$$\dot{\boldsymbol{x}}_{\mathrm{b}}=\boldsymbol{S}^{-1}\dot{\boldsymbol{x}}_{\mathrm{e}}=\boldsymbol{P}\dot{\boldsymbol{x}}_{\mathrm{e}} \tag{8-111}$$

上述式(8－110)和式(8－111)中，$\boldsymbol{P}$定义为机械臂末端运动相对于基座运动的动力学耦合测度，简称末端到基座的耦合；$\boldsymbol{S}$定义为基座运动相对于机械臂末端运动的动力学耦合测度，简称基座到末端的耦合。

8.4.2 自由漂浮状态的动力学耦合测度

在惯性系下表示的基座质心与机械臂末端的广义速度之比为

$$w(\dot{\boldsymbol{x}}_{\rm e})=\frac{\|\dot{\boldsymbol{x}}_{\rm b}\|}{\|\dot{\boldsymbol{x}}_{\rm e}\|}=\frac{\langle \boldsymbol{P}\dot{\boldsymbol{x}}_{\rm e},\boldsymbol{P}\dot{\boldsymbol{x}}_{\rm e}\rangle^{1/2}}{\langle \dot{\boldsymbol{x}}_{\rm e},\dot{\boldsymbol{x}}_{\rm e}\rangle^{1/2}}=\sqrt{\frac{\dot{\boldsymbol{x}}_{\rm e}^{\rm T}\boldsymbol{A}\dot{\boldsymbol{x}}_{\rm e}}{\dot{\boldsymbol{x}}_{\rm e}^{\rm T}\dot{\boldsymbol{x}}_{\rm e}}} \tag{8-112}$$

式中：$w(\dot{\boldsymbol{x}}_{\rm e})$反映的是机械臂末端对基座运动的影响情况，$\boldsymbol{A}=\boldsymbol{P}^{\rm T}\boldsymbol{P}$ 为 6 阶的实对称方阵。

作为衡量空间机器人动力学耦合特性的指标，$w(\dot{\boldsymbol{x}}_{\rm e})$称为末端到基座的耦合测度。如果末端运动用广义速度来描述，则其实质上是分析 $\boldsymbol{A}$ 的特征值问题。

假设 $\boldsymbol{A}$ 的特征值为 $0\leqslant\lambda_1\leqslant\cdots\leqslant\lambda_6$，$\boldsymbol{p}_1,\cdots,\boldsymbol{p}_6$ 为标准正交的特征向量，则有

$$\dot{\boldsymbol{x}}_{\rm e}=c_1\boldsymbol{p}_1+\cdots+c_6\boldsymbol{p}_6\ (c_1^2+\cdots+c_6^2\neq 0) \tag{8-113}$$

其中，

$$\frac{\dot{\boldsymbol{x}}_{\rm e}^{\rm T}\boldsymbol{A}\dot{\boldsymbol{x}}_{\rm e}}{\dot{\boldsymbol{x}}_{\rm e}^{\rm T}\dot{\boldsymbol{x}}_{\rm e}}=\frac{c_1^2\lambda_1+\cdots+c_6^2\lambda_6}{c_1^2+\cdots+c_6^2}=k_1\lambda_1+\cdots+k_6\lambda_6 \tag{8-114}$$

式中：$k_i=\dfrac{c_i^2}{c_1^2+\cdots+c_6^2}$，$(i=1,2,\cdots,6)$，$\sum\limits_{i=1}^{6}k_i=1$。

由式(8-114)，可得

$$\sqrt{\lambda_1(\boldsymbol{A})}\leqslant w(\dot{\boldsymbol{x}}_{\rm e})\leqslant\sqrt{\lambda_6(\boldsymbol{A})} \tag{8-115}$$

式中：$\lambda_1(\boldsymbol{A})$ 与 $\lambda_6(\boldsymbol{A})$ 分别为 $\boldsymbol{A}$ 的最小与最大特征值。

与此同时，当 $\|\dot{\boldsymbol{x}}_{\rm e}\|=1$ 时，p_1 与 p_6 分别为 $w(\dot{\boldsymbol{x}}_{\rm e})$ 的一个极小值点和极大值点，即有

$$w(p_1)=\sqrt{\lambda_1(\boldsymbol{A})},w(p_6)=\sqrt{\lambda_6(\boldsymbol{A})} \tag{8-116}$$

同理，分析基座到末端的耦合测度。

在惯性系下，机械臂末端与基座质心的广义速度之比为

$$u(\dot{\boldsymbol{x}}_{\rm b})=\frac{\|\dot{\boldsymbol{x}}_{\rm e}\|}{\|\dot{\boldsymbol{x}}_{\rm b}\|}=\frac{\langle \boldsymbol{S}\dot{\boldsymbol{x}}_{\rm b},\boldsymbol{S}\dot{\boldsymbol{x}}_{\rm b}\rangle^{1/2}}{\langle \dot{\boldsymbol{x}}_{\rm b},\dot{\boldsymbol{x}}_{\rm b}\rangle^{1/2}}=\sqrt{\frac{\dot{\boldsymbol{x}}_{\rm b}^{\rm T}\boldsymbol{B}\dot{\boldsymbol{x}}_{\rm b}}{\dot{\boldsymbol{x}}_{\rm b}^{\rm T}\dot{\boldsymbol{x}}_{\rm b}}} \tag{8-117}$$

式中：$u(\dot{\boldsymbol{x}}_{\rm b})$ 为基座到末端的动力学耦合测度，反映基座运动对末端运动产生的影响：$\boldsymbol{B}=\boldsymbol{S}^{\rm T}\boldsymbol{S}$ 为 6 阶的实对称方阵。

则

$$\sqrt{\lambda_1(\boldsymbol{B})}\leqslant u(\dot{\boldsymbol{x}}_{\rm b})\leqslant\sqrt{\lambda_6(\boldsymbol{B})} \tag{8-118}$$

式中：$\lambda_1(\boldsymbol{B})$ 与 $\lambda_6(\boldsymbol{B})$ 分别为 $\boldsymbol{B}$ 的最小与最大特征值。

与此同时，当 $\|\dot{\boldsymbol{x}}_{\rm b}\|=1$ 时，$\boldsymbol{p}_1$ 与 $\boldsymbol{p}_6$ 分别为 $u(\dot{\boldsymbol{x}}_{\rm b})$ 的一个极小值点和极大值点，即

$$u(\boldsymbol{p}_1)=\sqrt{\lambda_1(\boldsymbol{B})},u(\boldsymbol{p}_6)=\sqrt{\lambda_6(\boldsymbol{B})} \tag{8-119}$$

由式(8-115) 可知，末端到基座的动力学耦合测度有界于：

$$\sqrt{\lambda_{\min}(\boldsymbol{A})}\leqslant\frac{\|\dot{\boldsymbol{x}}_{\rm b}\|}{\|\dot{\boldsymbol{x}}_{\rm e}\|}\leqslant\sqrt{\lambda_{\max}(\boldsymbol{A})} \tag{8-120}$$

式中：$\lambda_{\min}(\boldsymbol{A})=\lambda_1(\boldsymbol{A})$，$\lambda_{\max}(\boldsymbol{A})=\lambda_6(\boldsymbol{A})$。

在空间机器人的运动过程中，要想保持系统运动的稳定性，必须满足：

$$\frac{\|\dot{\boldsymbol{x}}_{\rm b}\|}{\|\dot{\boldsymbol{x}}_{\rm e}\|}\leqslant 1 \tag{8-121}$$

在实际工程中，耦合矩阵与基座、机械臂各杆件（含抓捕目标）质量特性、机械臂各关节角、基座姿态等有关。通过分析，可得出如下结论：

(1) 若基座质量与机械臂质量大得多，$\frac{\|\dot{\boldsymbol{x}}_{\mathrm{b}}\|}{\|\dot{\boldsymbol{x}}_{\mathrm{e}}\|} \approx 0$，即机械臂的运动对基座产生的影响小，动力学耦合弱，可忽略不计。

(2) 若基座质量特性与机械臂质量特性相比不可忽略，$\frac{\|\dot{\boldsymbol{x}}_{\mathrm{b}}\|}{\|\dot{\boldsymbol{x}}_{\mathrm{e}}\|} > 0$，即机械臂运动对基座产生的影响不可忽略，动力学耦合必须考虑。

(3) 通过合理设计机械臂的安装位置或者合理规划机械臂的运动轨迹，可改变矩阵 $\boldsymbol{P}^{\mathrm{T}}\boldsymbol{P}$ 奇异值的分布，从而有效减小系统的动力学耦合。

习　　题

1. 简要论述分析力学体系下拉格朗日法动力学建模的基本方程和步骤。

2. 简要论述理论力学体系下牛顿-欧拉法动力学建模的基本方程和步骤。

3. 列写拉格朗日法建立的空间机器人动力学模型的一般形式，并对其进行简要分析和说明。

4. 自由漂浮状态下空间机器人的动力学耦合与什么有关？请简要论述

第 9 章　空间机器人控制技术

9.1　空间机器人的位置控制

9.1.1　单关节位置控制

空间机器人完成运动规划后，其规划轨迹的跟踪需要通过控制关节运动来实现。空间机器人的控制最终归结为关节的控制。忽略关节间的耦合，以单关节为控制对象设计的控制器即为单关节控制器。严格来说，单关节控制器是指不考虑关节之间相互影响而根据一个关节独立设计的控制器。在单关节控制器中，机器人的机械惯性影响常常被作为扰动项考虑。

图 9-1 给出了一个典型的单关节位置控制系统的结构示意图。该系统采用变频器作为电机的驱动器，构成三闭环控制系统。这三个闭环分别是位置环、速度环和电流环。

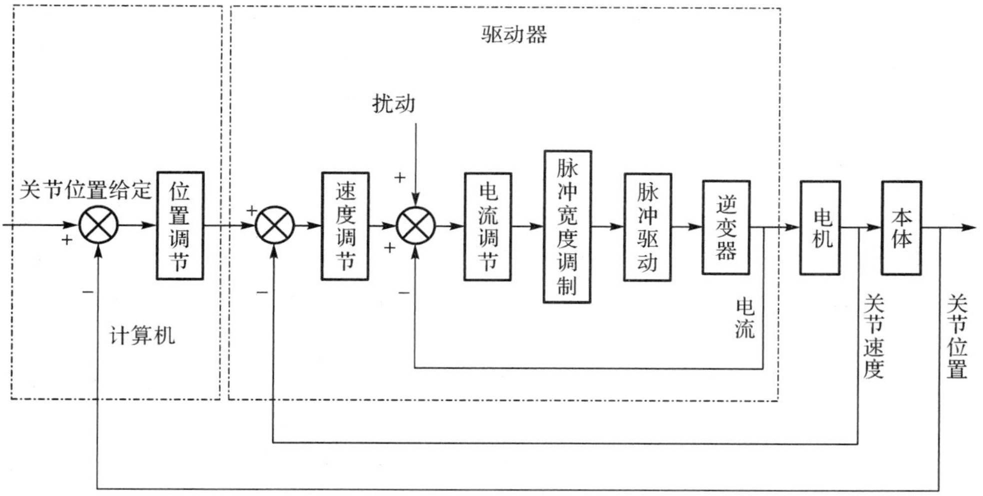

图 9-1　单关节位置控制系统结构示意图

(1) 电流环为控制系统内环，在变频驱动器内部完成，其作用是通过对电机电流的控制使电机表现出期望的力矩特性。电流环的给定是速度调节器的输出，反馈电流采样在变频驱动器内部完成。电流环常采用比例积分(PI) 控制器进行控制，控制器的增益通过变频驱动器进行设定。电流环的电流调节器一般具有限幅功能，限幅值也可利用变频驱动器进行设定。电流调节器的输出作为脉宽调制器的控制电压，用于产生PWM脉冲。PWM脉冲的占空比与电流调节器的输出电压成正比。PWM脉冲经过脉冲驱动电路控制逆变器的大功率开关元件的通断，从而实现对电机的控制。电流环的主要特点是惯性时间常数小，并具有明显扰动。产生电流扰动的因素较多，例如负载的突然变化、关节位置的变化等因素都可导致关节力矩发生波动，从而导致电流波动。

(2) 速度环也是控制系统内环，它处在电流环之外，位置环之内。速度环在变频驱动器内部完成，其作用是使电机表现出期望的速度特性。速度环的给定是位置调节器的输出，速度反馈可由安装在电机上的测速发电机提供，或者由旋转编码器提供。速度环的调节器输出，是电流环的输入。速度环通常采用PI控制器进行控制，控制器的增益通过变频驱动器进行设定。速度环的调节器是一个带有限幅的PI控制器。与电流环相比，速度环的主要特点是惯性时间常数较大，并具有一定的迟滞。

(3) 位置环是控制系统外环，其控制由控制器或控制计算机实现，其作用是使电机到达期望的位置。位置环的位置反馈由机器人本体关节上的位置传感器提供，常用的位置传感器包括旋转编码器、光栅尺等。位置环的调节器输出是速度环的输入。位置环常采用比例积分微分(PID)控制器、模糊控制器等进行控制。为保证每次运动时关节位置的一致性，应设有关节绝对位置参考点。常用的方法包括两种，一种采用绝对位置码盘检测关节位置；一种采用相对位置码盘和原位(即零点)相结合。对于后者，通常需要在工作之前寻找零点位置。此外，对于串联机构机器人，关节电机一般需要采用抱闸装置，以便在系统断电后锁住关节电机，保持当前关节位置。

在单关节控制器中，由于忽略了关节间的耦合，为了降低扰动，可采用关节依次运动的方式实现机器人的运动。另外，值得注意的是：即使采用上述依次运动的方式，当机器人臂型不同时，单关节控制器的负载也不相同，需要控制器具有较强的鲁棒性。

9.1.2 多关节位置控制

显而易见，锁住机器人的其他各关节而依次移动一个关节的工作方法是低效率的。这种工作过程使执行规定任务的时间变得过长，因而是不合适的。不过，如果要让一个以上的关节同时运动，那么各运动关节间的力和力矩会产生互相作用。要克服这种互相作用，就必须附加补偿作用，多关节控制器因此应运而生。

所谓多关节控制器，是指考虑关节之间相互影响而对每一个关节分别设计的控制器。在多关节控制器中，机器人的机械惯性影响常常被作为前馈项考虑。

首先对机器人的动力学模型进行分析。利用拉格朗日方程建立的一般形式的动力学模型为

$$T_i = \sum_{j=1}^{n} D_{ij}\ddot{q} + I_{ai}\ddot{q}_i + \sum_{j=1}^{n}\sum_{j=1}^{j} D_{ij}\dot{q}_j\dot{q}_k + D_i \tag{9-1}$$

式中：M_i 是第 i 关节的力矩；I_{ai} 是连杆 i 传动装置的转动惯量；$\dot{q}_j$ 为关节 j 的速度；$\ddot{q}_i$ 为关节 i 的加速度；$D_{ij} = \sum_{p=\max(i,j)}^{j} \mathrm{Trace}(\frac{\partial \boldsymbol{T}_p}{\partial q_j}\boldsymbol{I}_p \frac{\partial \boldsymbol{T}_p^{\mathrm{T}}}{\partial q_i})$ 是机器人各个关节的惯量项，$D_{ijk} =$

$\sum_{p=\max(i,j,k)}^{n} \text{Trace}(\frac{\partial^2 \boldsymbol{T}_p}{\partial q_k \partial q_m} \boldsymbol{I}_p \frac{\partial \boldsymbol{T}_p^{\mathrm{T}}}{\partial q_i})$ 是向心加速度系数 / 哥式加速度系数项，D_i 是重力项。

可以看出，每个关节所需要的力或力矩 T_i 是由 5 个部分组成的。式(9-1) 中，第一项表示所有关节惯量的作用。在单关节运动情况下，所有其他的关节均被锁住，而且各个关节的惯量被集中在一起。在多关节同时运动的情况下，存在有关节间耦合惯量的作用。这些力矩项 $\sum_{j=1}^{n} D_{ij}\ddot{q}_k$ 必须通过前馈输入至关节 i 的控制器输入端，以补偿关节间的互相作用。式(9-1) 中，第二项表示传动轴上的等效转动惯量为 I_a 的关节 i 传动装置的惯性力矩；第三项和第四项分别表示向心力和哥氏力的作用。这些力矩项也必须由前馈输入至关节 i 的控制器，以补偿各关节间的实际互相作用；最后一项是由重力加速度求得的，它也由前馈项 τ_a（估计的重力矩信号）来补偿。可见，要实现这 n 个关节的位置控制器，必须计算具体机器人的各前馈元件的 D_{ij}，D_{ijk} 和 D_i。

从另外一个角度看，利用拉格朗日法建立的机器人的动力学模型为

$$\boldsymbol{H}(\boldsymbol{q})\ddot{\boldsymbol{q}} + \boldsymbol{C}(\boldsymbol{q},\dot{\boldsymbol{q}})\dot{\boldsymbol{q}} + \boldsymbol{G}(\boldsymbol{q}) = \boldsymbol{\tau} \tag{9-2}$$

若初步设计控制律为

$$\boldsymbol{\tau} = \boldsymbol{H}(\boldsymbol{q})\boldsymbol{u} + \boldsymbol{C}(\boldsymbol{q},\dot{\boldsymbol{q}})\dot{\boldsymbol{q}} + \boldsymbol{G}(\boldsymbol{q}) \tag{9-3}$$

式中：$\boldsymbol{u}$ 为进一步设计的控制律。将控制律代入动力学模型，可得

$$\boldsymbol{H}(\boldsymbol{q})\ddot{\boldsymbol{q}} = \boldsymbol{H}(\boldsymbol{q})\boldsymbol{u} \tag{9-4}$$

因 $\boldsymbol{H}(\boldsymbol{q})$ 可逆，式(9-4) 等效为一个解耦的线性定常系统：

$$\ddot{\boldsymbol{q}} = \boldsymbol{u} \tag{9-5}$$

若控制目标为跟踪期望的状态轨迹 $\boldsymbol{q}_{\mathrm{d}}(t)$，且二阶可微分，即 $\dot{\boldsymbol{q}}_{\mathrm{d}}(t)$，$\ddot{\boldsymbol{q}}_{\mathrm{d}}(t)$ 存在且已知。初步设计微分(PD) 控制器为

$$\boldsymbol{u} = \ddot{\boldsymbol{q}}_{\mathrm{d}} + \boldsymbol{K}_{\mathrm{d}}(\dot{\boldsymbol{q}}_{\mathrm{d}} - \dot{\boldsymbol{q}}_{\mathrm{d}}) + \boldsymbol{K}_{\mathrm{p}}(\boldsymbol{q}_{\mathrm{d}} - \boldsymbol{q}) \tag{9-6}$$

式中：$\boldsymbol{K}_{\mathrm{p}}$ 和 $\boldsymbol{K}_{\mathrm{d}}$ 均为正定矩阵。

完整的控制器为

$$\boldsymbol{\tau} = \boldsymbol{H}(\boldsymbol{q})[\ddot{\boldsymbol{q}}_{\mathrm{d}} + \boldsymbol{K}_{\mathrm{d}}(\dot{\boldsymbol{q}}_{\mathrm{d}} - \dot{\boldsymbol{q}}_{\mathrm{d}}) + \boldsymbol{K}_{\mathrm{p}}(\boldsymbol{q}_{\mathrm{d}} - \boldsymbol{q})] + \boldsymbol{C}(\boldsymbol{q},\dot{\boldsymbol{q}})\dot{\boldsymbol{q}} + \boldsymbol{G}(\boldsymbol{q}) \tag{9-7}$$

将控制器带入动力学模型，闭环系统方程为

$$(\ddot{\boldsymbol{q}}_{\mathrm{d}} - \ddot{\boldsymbol{q}}) + \boldsymbol{K}_{\mathrm{d}}(\dot{\boldsymbol{q}}_{\mathrm{d}} - \dot{\boldsymbol{q}}_{\mathrm{d}}) + \boldsymbol{K}_{\mathrm{p}}(\boldsymbol{q}_{\mathrm{d}} - \boldsymbol{q}) = \boldsymbol{0} \tag{9-8}$$

由于 $\boldsymbol{K}_{\mathrm{p}}$ 和 $\boldsymbol{K}_{\mathrm{d}}$ 均为正定矩阵，系统稳定性可证。

上述方法也称为计算力矩法。它是典型的考虑机器人动力学模型的动态控制方法，是自由运动机器人轨迹跟踪控制中最重要的方法。此外，需要注意的是：计算力矩法用一个非线性补偿使机器人这个复杂的非线性耦合系统实现了全局线性化并解耦，这对于现代非线性控制理论中的反馈全局线性化理论的发展起到了很大的启发和推动作用。

9.1.3　机器人的笛卡儿空间位置控制

机器人的笛卡儿空间位置控制是在关节空间位置控制的基础上实现的。图 9-2 给出了一种机器人笛卡儿空间位置控制的框图，它由笛卡儿位姿到关节空间的位置转换环节和多路单关节位置控制器构成，是笛卡儿空间位置的一种开环控制系统。由于多自由度工业机器

人的末端位姿不易获取，所以一般不构建笛卡儿空间的位置闭环控制。对于给定的机器人末端在笛卡儿空间的位置与姿态，利用逆向运动学求解获得各个关节的关节坐标位置，以其作为各个单关节位置控制器的关节位置给定值。各个关节采用位置闭环和速度闭环控制，内环为速度环，外环为位置环。机器人本体各个关节的运动，使得机器人的末端按照给定的位置和姿态运动。

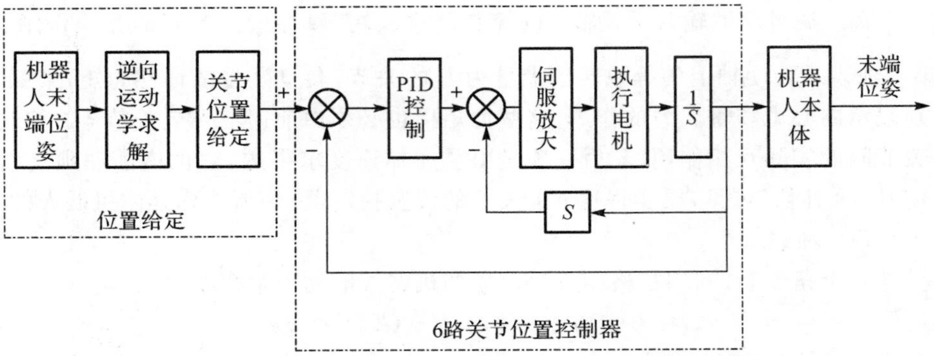

图 9-2　机器人笛卡儿空间位置控制框图

9.2　空间机器人的刚度与柔顺

9.2.1　机器人的刚度

传统的机器人位置控制器，对各个关节的力矩没有进行控制。当机器人的末端遇到障碍不能到达期望的位置时，机器人的关节也不能到达期望的位置。关节位置的期望值与当前值之间的偏差，经过积分作用后，使得各关节电机的电流达到最大值，从而各个关节的力矩达到最大值。这些关节的大力矩传递到机器人的末端，表现为在末端施加了较大的力和力矩。特别是当机器人末端以较高的速度运动时，遇到障碍后会因末端被施加的力和力矩过大而受损。

另外，当机器人的末端到达期望的位置时，表现为末端的力和力矩为零。可以认为，机器人的刚度，是为了达到期望的机器人末端位置和姿态，机器人所能够表现的力或力矩的能力。可见，位置控制系统仅仅以达到期望的末端位置和姿态为目标，使得机器人的末端表现出很强的刚度。

一般来说，影响机器人末端端点刚度的因素，主要包括以下几个方面：

(1) 连杆的挠性。当连杆受力时，连杆弯曲变形的程度对末端的刚度具有重要影响。连杆挠性越高，机器人末端的刚度越低。反之，连杆挠性越低，机器人末端的刚度受连杆的影响越小。在连杆挠性较高时，机器人末端的刚度难以提高，末端能够承受的力或力矩降低。因此，为了降低连杆挠性对机器人末端刚度的影响，在制造机器人时，通常将各个连杆的挠性普遍设计的很低。

(2) 关节的机械形变。与连杆的挠性类似，当关节受力或力矩作用时，机械形变越大，机器人的末端刚度越低。为保证机器人末端具有一定的刚度，通常希望关节的机械形变越小越好。

(3) 关节的刚度。类似于机器人的刚度。为了达到期望的关节位置，该关节所能够表现出的力或力矩的能力称为关节的刚度。关节的刚度对机器人刚度具有直接影响，如果关节的刚度低，则机器人的刚度低。

一般地，为了保障机器人能够具有一定的负载能力，机器人的连杆挠性和关节形变都设计地很低，在这种情况下，机器人的刚度主要取决于其关节刚度。

9.2.2　机器人的柔顺

所谓柔顺，是指机器人的末端能够对外力的变化而作出相应的响应，表现为低刚度。在机器人刚度很强的情况下，对外力的变化响应很弱，缺乏柔顺性。根据柔顺性是否通过控制方法获得，可以将柔顺分为被动柔顺和主动柔顺。

9.2.2.1　被动柔顺

被动柔顺是指不需要对机器人进行专门的控制即具有的柔顺能力。例如，利用机器人控制笔写字问题。由于位置控制本身不具有柔顺性，所以机器人在利用硬笔写字时，位置误差容易导致两种情况，要么笔尖和纸面不接触写不出字，要么笔尖受力过大而损坏笔尖或纸张；而机器人采用软笔写字时，由于软笔的笔尖具有柔顺性，位置控制的误差只是导致软笔笔尖与纸面的接触面积不同，笔画粗细有所变化。麻省理工学院的罗德尼布鲁克斯曾提出，为仿人型机器人手臂的每个关节安装一个弹簧，可以使机器人的手部获得柔顺性。综上所述，被动柔顺具有如下特点：柔顺能力由机械装置提供，只能用于特定的任务；响应速度快，成本低。

9.2.2.2　主动柔顺

主动柔顺指通过对机器人进行专门的控制获得的柔顺能力。通常，主动柔顺通过控制机器人各个关节的刚度，使机器人的末端表现出所需要的柔顺性。

主动柔顺包括阻抗控制、力位混合控制和动态混合控制等类型。阻抗控制是通过力与位置之间的动态关系实现柔顺控制。它利用适当的控制方法，使机械手末端表现出所需要的刚性和阻尼。阻抗控制的静态，即力和位置的关系，用刚性矩阵描述。阻抗控制的动态，即力和速度的关系，用粘滞阻尼矩阵描述。力位混合控制是分别组成位置控制回路和力控制回路，通过控制律的综合实现柔顺控制。动态混合控制是在柔顺坐标空间将任务分解为某些自由度的位置控制和另一些自由度的力控制，然后将计算结果在关节空间合并为统一的关节力矩。

9.2.3　力的转换与控制

如前文所述，机器人的刚度主要取决于其关节刚度，机器人的主动柔顺也是通过控制机器人各个关节的刚度实现的。换言之，关节空间的力或力矩与机器人末端的力或力矩肯定具有直接的联系。通常，静力和静力矩可以用六维矢量表示：

$$\boldsymbol{F} = [f_x\ f_y\ f_z\ m_x\ m_y\ m_z] \tag{9-9}$$

式中：$\boldsymbol{F}$ 为广义力矢量；$[f_x\ f_y\ f_z]$为静力；$[m_x\ m_y\ m_z]$为静力矩。

静力变换是指机器人在静止状态下的力或力矩的变换。设基坐标系下广义力 $\boldsymbol{F}$ 的虚拟位移为 $\boldsymbol{D}$

$$\boldsymbol{D} = [d_x \quad d_y \quad d_z \quad \delta_x \quad \delta_y \quad \delta_z] \tag{9-10}$$

则广义力 $\boldsymbol{F}$ 所做的虚功为

$$W = \boldsymbol{F}^{\mathrm{T}}\boldsymbol{D} \tag{9-11}$$

在坐标系{C}下，机器人所做的虚功为

$${}^{C}W = {}^{C}\boldsymbol{F}^{\mathrm{T}C}\boldsymbol{D} \tag{9-12}$$

式中：${}^{C}\boldsymbol{F}$ 是机器人在坐标系{C}下的广义力；${}^{C}\boldsymbol{D}$ 是机器人在坐标系{C}下的虚拟位移。

而在基坐标系下的虚拟位移 $\boldsymbol{D}$ 和坐标系{C}下的虚拟位移${}^{C}\boldsymbol{D}$ 之间存在如下关系：

$${}^{C}\boldsymbol{D} = \boldsymbol{H}\boldsymbol{D} \tag{9-13}$$

又由于机器人在基坐标系和坐标系{C}下所做的虚功相等。将式(9-13)整理后，得

$${}^{C}\boldsymbol{F} = (\boldsymbol{H}^{T})^{-1}\boldsymbol{F} \tag{9-14}$$

式中：矩阵 $\boldsymbol{H}$ 为不同坐标系下微分变换的等价变换矩阵。

下面分析机器人笛卡儿空间与关节空间的静力变换。机器人在关节空间的虚功可以表示为

$$\boldsymbol{W}_{\mathrm{q}} = \boldsymbol{F}_{\mathrm{q}}^{T}\mathrm{d}\boldsymbol{q} \tag{9-15}$$

式中：W_{q} 是机器人在关节空间所做的虚功，F_{q} 是机器人关节空间的等效静力或静力矩，$\mathrm{d}\boldsymbol{q}$ 是关节空间的虚拟位移。

由于笛卡儿空间与关节空间的虚拟位移之间存在如下关系：

$$\boldsymbol{D} = \boldsymbol{J}(\boldsymbol{q})\mathrm{d}\boldsymbol{q} \tag{9-16}$$

式中：$\boldsymbol{J}(\boldsymbol{q})$ 为机器人的雅可比矩阵。

考虑到机器人在笛卡儿空间与关节空间的虚功是等价的，可得

$$\boldsymbol{F}_{\mathrm{q}} = \boldsymbol{J}(\boldsymbol{q})^{\mathrm{T}}\boldsymbol{F} \tag{9-17}$$

式(9-17)给出了机器人末端在笛卡儿空间的广义静力与关节空间的静力之间的等效关系，即笛卡儿空间与关节空间的静力变换。

在上述力变化推导的基础上，可以设计机器人的主动刚度控制器。图9-3为该控制器的控制框图。

该方案通过对关节位置的控制，使机器人末端表现出一定的刚度。图9-3中，K_{p} 是末端笛卡儿坐标系的刚度矩阵，可以人为设定。利用主动刚度控制，可以使特定方向的刚度降低或加强。

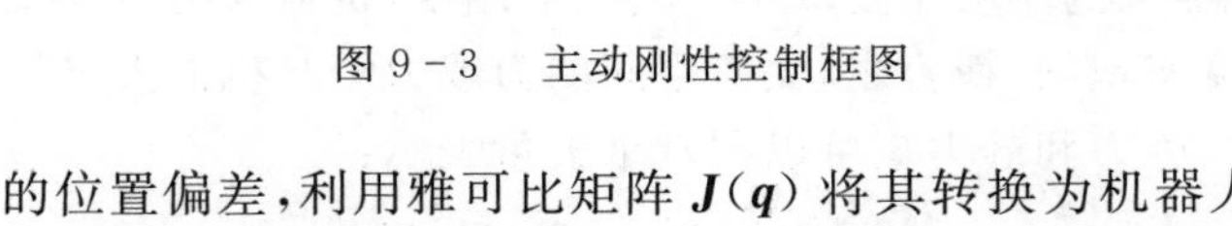

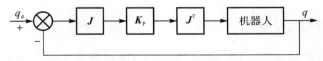

图 9-3　主动刚性控制框图

对于关节空间的位置偏差，利用雅可比矩阵 $\boldsymbol{J}(\boldsymbol{q})$ 将其转换为机器人末端的位姿偏差。末端位姿偏差经过刚性对称矩阵 $\boldsymbol{K}_{\mathrm{p}}$，转换为末端广义力，再通过力变换转换为关节空间的

力或力矩。上述主动刚度控制的控制律为

$$\boldsymbol{\tau} = \boldsymbol{J}^{\mathrm{T}}\boldsymbol{K}_{\mathrm{p}}\boldsymbol{J}(\boldsymbol{q}_{\mathrm{d}} - \boldsymbol{q}) \tag{9-18}$$

显然，当关节空间的位置偏差为0时，关节空间的控制力或力矩为0。当关节空间的位置偏差不为0时，关节空间具有一定的控制力或力矩，从而使机器人末端表现出希望的刚度。虽然图9-3所示的是位置闭环控制系统，但它与前文介绍的位置控制系统具有较大的不同。主动刚度控制的关节力矩是关节空间的位置偏差的函数，而前文介绍的位置控制系统在位置偏差不为0时，在积分作用下会导致关节空间的控制力或力矩到达最大值，使得机器人末端的刚度不可控。

9.3　空间机器人的力/位混合控制

在机器人的各种任务中，不可避免的与环境接触，相互作用产生接触力。此时，在控制器设计时，不仅需要考虑机器人的运动，还需要保证其接触力满足要求。机器人的力控制是指通过控制关节位置、速度或力矩输出控制机器人与环境的接触力的方法。力控制主要有两个目的：一是保护机器人本体或保护接触环境；二是提供特定任务所需的接触力。力/位混合柔顺控制，是指分别组成位置控制回路和力控制回路，通过控制律的综合实现的柔顺控制。

9.3.1　R-C力和位置混合控制

当控制机器人完成与环境有接触的任务时，机器人所受到的运动和力的约束分为两类。一类是自然约束，即环境的固有属性所导致的机器人运动和力的约束；另一类是人工约束，这是为使机器人能完成特定任务人为规定的机器人应满足的约束，它表现为期望的机器人运动和与环境的接触力。

自然约束和人工约束成对出现，并具有互补性。即如果在某个自由度的运动被约束限制，则在该自由度控制接触力从而形成人工力约束；如果在某个自由度无运动约束，则该自由度控制运动从而形成人工运动约束。人工运动约束和人工力约束的正交互补性是力和位置可以分别同时控制的基础。

1981年，M. H. Raibert和J. J. Craig提出了力和位置混合控制的概念。根据约束性质将机器人的任务空间划分为正交的两个子空间。在存在自然约束的子空间控制接触力，称为力控子空间。在与之正交的子空间中构造人工约束控制机器人的运动，称为位控子空间。然后通过动力学方程向任务空间投影，可将关节输出分解为两部分，分别为控制运动和力。图9-4所示的控制方案即是由M. H. Raibert和J. J. Craig于1981年提出的R-C力和位置混合控制方案。该控制方案由两大部分组成，分别为位置/速度控制部分和力控制部分。

(1) 位置/速度控制部分。该部分由位置和速度两个通道构成。位置通道以末端期望的笛卡儿空间位置作为给定值，位置反馈由关节位置利用运动学方程计算获得。利用雅可比矩阵，将笛卡儿空间的位姿偏差转换为关节空间的位置偏差，经过PI运算后作为关节控制力或力矩的一部分。速度通道以末端期望的笛卡儿空间速度作为给定值，速度反馈由关节速度利用雅可比矩阵计算获得。同样地，速度通道利用雅可比矩阵，将笛卡儿空间的速度偏差转换为关节空间的速度偏差。然后，经过比例运算，其结果作为关节控制力或力矩的一部分。图

9-4 中的 C_p 为位置/速度控制部分各个分量的选择矩阵,用于对各个分量的作用大小进行选择,表现在机器人末端为各个分量的柔顺性不同。位置/速度控制部分产生的关节空间力或力矩为

$$\boldsymbol{\tau}_{\mathrm{p}} = (\boldsymbol{K}_{\mathrm{pp}} + \boldsymbol{K}_{\mathrm{p}i}/s)\boldsymbol{J}^{-1}\boldsymbol{C}_{\mathrm{p}}[\boldsymbol{x}_{\mathrm{d}} - \boldsymbol{T}(\boldsymbol{q})] + \boldsymbol{K}_{\mathrm{pd}}\boldsymbol{J}^{-1}\boldsymbol{C}_{\mathrm{p}}[\dot{\boldsymbol{x}}_{\mathrm{d}} - \boldsymbol{J}\dot{\boldsymbol{q}}] \tag{9-19}$$

式中:$\boldsymbol{\tau}_{\mathrm{p}}$ 是位置/速度控制部分产生的关节空间力或力矩;$\boldsymbol{x}_{\mathrm{d}}$ 为期望位置;$\boldsymbol{T}(\boldsymbol{q})$ 为机器人的运动学方程,即基坐标系到末端坐标系的变换矩阵;$\boldsymbol{q}$ 是关节位置矢量;$\boldsymbol{J}$ 是雅可比矩阵;$\boldsymbol{K}_{\mathrm{pp}}$ 是位置通道的比例系数;$\boldsymbol{K}_{\mathrm{p}i}$ 是位置通道的积分系数;$\dot{\boldsymbol{x}}_{\mathrm{d}}$ 为期望速度;$\dot{\boldsymbol{q}}$ 是关节速度矢量;$\boldsymbol{K}_{\mathrm{pd}}$ 是速度通道的比例系数;$\boldsymbol{C}_{\mathrm{p}}$ 是位置和速度通道的选择矩阵。

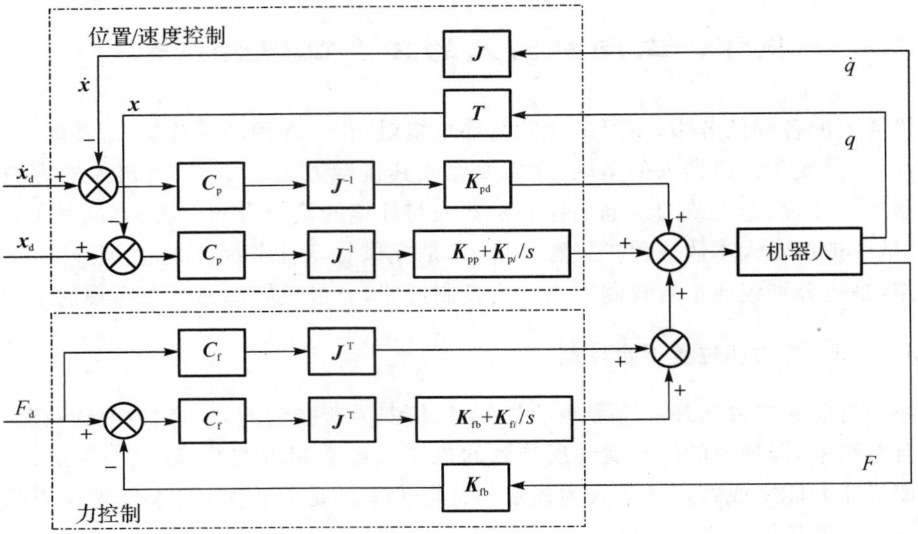

图 9-4 R-C 力位混合控制

(2) 力控制部分。该部分由PI和力前馈两个通道构成。PI通道以机器人末端期望的笛卡儿空间广义力作为给定值,力反馈由力传感器测量获得。利用雅可比矩阵,将笛卡儿空间的力偏差转换为关节空间的力偏差,经过 PI 运算后作为关节控制力或力矩的一部分。力前馈通道直接利用雅可比矩阵将 $\boldsymbol{F}_{\mathrm{d}}$ 转换到关节空间,作为关节控制力或力矩的一部分。力前馈通道的作用是加快系统对期望力 $\boldsymbol{F}_{\mathrm{d}}$ 的响应速度。与位置/速度部分类似,图 9-4 中的 $\boldsymbol{C}_{\mathrm{f}}$ 为力控制部分各个分量的选择矩阵,用于对各个分量的作用大小进行选择。力控制部分产生的关节空间力或力矩为

$$\boldsymbol{\tau}_{\mathrm{f}} = (\boldsymbol{K}_{\mathrm{fp}} + \boldsymbol{K}_{\mathrm{fi}}/s)\boldsymbol{J}^{\mathrm{T}}\boldsymbol{C}_{\mathrm{f}}(\boldsymbol{F}_{\mathrm{d}} - \boldsymbol{K}_{f\mathrm{b}}\boldsymbol{F}) + \boldsymbol{J}^{\mathrm{T}}\boldsymbol{C}_{\mathrm{f}}\boldsymbol{F}_{\mathrm{d}} \tag{9-20}$$

式中:$\boldsymbol{\tau}_{\mathrm{f}}$ 是力控制部分产生的关节空间力或力矩;$\boldsymbol{F}_{\mathrm{d}}$ 为期望的机器人末端在笛卡儿空间的广义力;$\boldsymbol{F}$ 为机器人末端当前的广义力;$\boldsymbol{K}_{\mathrm{fb}}\boldsymbol{F}$ 为测量得到的广义力;$\boldsymbol{K}_{\mathrm{fp}}$ 是力通道的比例系数;$\boldsymbol{K}_{\mathrm{f}i}$ 是力通道的积分系数;$\boldsymbol{C}_{\mathrm{f}}$ 是力控制部分的选择矩阵。

机器人关节空间的力或力矩是位置/速度控制部分和力控制部分产生的力或力矩之和

$$\boldsymbol{\tau} = \boldsymbol{\tau}_{\mathrm{p}} + \boldsymbol{\tau}_{\mathrm{f}} \tag{9-21}$$

9.3.2　改进的 R－C 力和位置混合控制

R－C 力和位置混合控制器中，未考虑机器人动态耦合的影响，导致其在工作空间的某些奇异位置上出现不稳定。

图 9－5 为改进的 R－C 力和位置混合控制方案，其改进主要体现在以下几个方面：

(1) 考虑机器人模型的动态影响，并对机器人所受的重力、哥氏力和向心力进行补偿。图 9－5 中的 $\boldsymbol{C}(\boldsymbol{q},\dot{\boldsymbol{q}})+\boldsymbol{g}(\boldsymbol{q})$，以及位置 / 速度 / 加速度控制部分增加的惯量矩阵 $\hat{\boldsymbol{H}}$。

(2) 考虑力控制系统的欠阻尼特性，在力控制回路中加入阻尼反馈，以削弱振荡因素。如图 9－5 中的 $\boldsymbol{K}_{\mathrm{fd}}\boldsymbol{J}^{\mathrm{T}}\boldsymbol{C}_f$ 通道，其信号取自机器人的当前速度 $\dot{\boldsymbol{x}}$。

(3) 引入加速度前馈，以满足作业任务对加速度的要求，也可使速度平滑过渡。考虑 $\boldsymbol{J}$ 的时变性，有如下关系：

$$\ddot{\boldsymbol{x}} = \boldsymbol{J}\ddot{\boldsymbol{q}} + \dot{\boldsymbol{J}}\dot{\boldsymbol{q}} = \boldsymbol{J}\ddot{\boldsymbol{q}} + \dot{\boldsymbol{J}}\boldsymbol{J}^{-1}\dot{\boldsymbol{x}} \tag{9-22}$$

将式(9－22)中的 $\boldsymbol{x}$ 用 $\boldsymbol{x}_{\mathrm{d}}$ 替换，经整理得到 $\ddot{\boldsymbol{q}}_{\mathrm{d}}$ 的表达式

$$\ddot{\boldsymbol{q}}_{\mathrm{d}} = \boldsymbol{J}^{-1}(\ddot{\boldsymbol{x}}_{\mathrm{d}} - \dot{\boldsymbol{J}}\boldsymbol{J}^{-1}\dot{\boldsymbol{x}}_{\mathrm{d}}) \tag{9-23}$$

因此，加速度前馈在图 9－5 中由两个通道组成，即 $\boldsymbol{J}^{-1}\boldsymbol{C}_{\mathrm{p}}\ddot{\boldsymbol{x}}_{\mathrm{d}}$ 和 $\boldsymbol{J}^{-1}\dot{\boldsymbol{J}}\boldsymbol{J}^{-1}\boldsymbol{C}_{\mathrm{p}}\dot{\boldsymbol{x}}_{\mathrm{d}}$ 通道。

(4) 引入环境力的作用，以适应弹性目标对机器人刚度的要求，如图 9－5 中所示的 $\boldsymbol{J}^{\mathrm{T}}\boldsymbol{C}_{\mathrm{f}}\boldsymbol{P}$ 通道。

改进后的 R－C 力和位置混合控制方案由三大部分组成，分别为位置 / 速度 / 加速度控制部分、力控制部分和动态补偿部分。

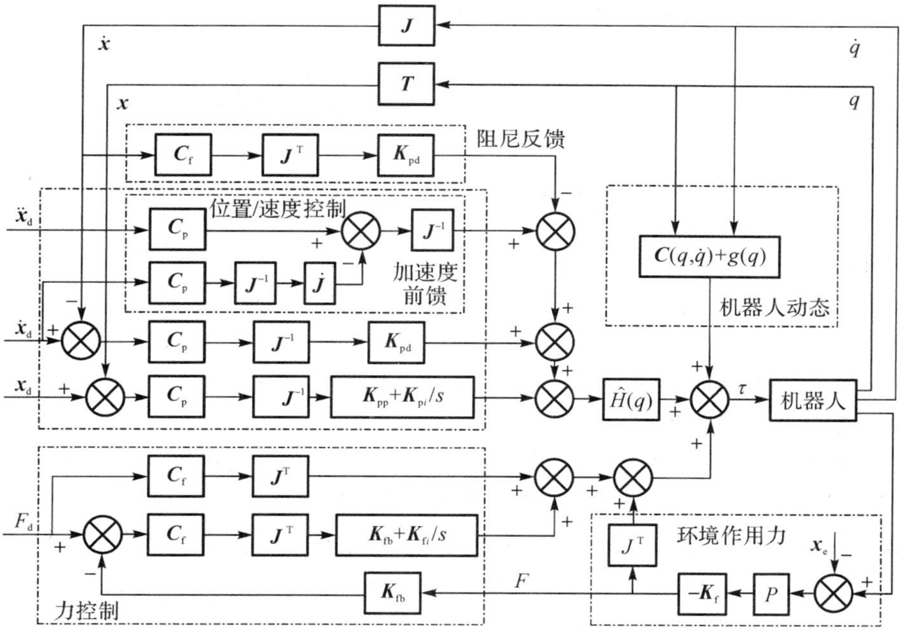

图 9－5　改进的 R－C 力位混合控制

位置/速度/加速度控制部分由4个通道构成，分别为位置通道、速度通道、加速度前馈通道和阻尼通道。位置通道、速度通道和加速度前馈通道采用 $\boldsymbol{C}_{\mathrm{p}}$ 作为各个分量的选择矩阵，阻尼通道采用 $\boldsymbol{C}_{\mathrm{f}}$ 作为各个分量的选择矩阵。位置/速度/加速度控制部分产生的关节空间力或力矩为

$$\boldsymbol{\tau}_p = \hat{\boldsymbol{H}}\begin{cases}(\boldsymbol{K}_{\mathrm{pp}} + \boldsymbol{K}_{\mathrm{p}i}/s)\boldsymbol{J}^{-1}\boldsymbol{C}_{\mathrm{p}}[\boldsymbol{x}_{\mathrm{d}} - \boldsymbol{T}(\boldsymbol{q})] + \boldsymbol{K}_{\mathrm{pd}}\boldsymbol{J}^{-1}\boldsymbol{C}_{\mathrm{p}}[\dot{\boldsymbol{x}}_{\mathrm{d}} - \boldsymbol{J}\dot{\boldsymbol{q}}] \\ \boldsymbol{J}^{-1}(\boldsymbol{C}_{\mathrm{p}}\ddot{\boldsymbol{x}}_{\mathrm{d}} - \dot{\boldsymbol{J}}\boldsymbol{J}^{-1}\boldsymbol{C}_{\mathrm{p}}\dot{\boldsymbol{x}}_{\mathrm{d}}) - \boldsymbol{K}_{\mathrm{fd}}\boldsymbol{J}^{\mathrm{T}}\boldsymbol{C}_{\mathrm{f}}\boldsymbol{J}\dot{\boldsymbol{q}}\end{cases} \tag{9-24}$$

式中：$\boldsymbol{K}_{\mathrm{fd}}$ 为阻尼通道的比例系数；$\ddot{\boldsymbol{x}}_{\mathrm{d}}$ 为期望的加速度。

力控制部分由期望力前馈通道、PI通道和环境力通道构成。期望力前馈通道和PI通道采用 $\boldsymbol{C}_{\mathrm{f}}$ 作为各个分量的选择矩阵。力控制部分产生的关节空间力或力矩为

$$\boldsymbol{\tau}_{\mathrm{f}} = (\boldsymbol{K}_{\mathrm{fp}} + \boldsymbol{K}_{\mathrm{f}i}/s)\boldsymbol{J}^{\mathrm{T}}\boldsymbol{C}_{\mathrm{f}}(\boldsymbol{F}_{\mathrm{d}} - \boldsymbol{K}_{\mathrm{fb}}\boldsymbol{F}) + \boldsymbol{J}^{\mathrm{T}}\boldsymbol{C}_{\mathrm{f}}\boldsymbol{F}_{\mathrm{d}} - \boldsymbol{J}^{\mathrm{T}}\boldsymbol{K}_{\mathrm{f}}\boldsymbol{P}(\boldsymbol{x} - \boldsymbol{x}_{\mathrm{c}}) \tag{9-25}$$

动态补偿部分产生的关节空间力或力矩为

$$\boldsymbol{\tau}_{\mathrm{h}} = \boldsymbol{C}(\boldsymbol{q}, \dot{\boldsymbol{q}}) + \boldsymbol{g}(\boldsymbol{q}) \tag{9-26}$$

机器人关节空间的力或力矩是位置/速度/加速度控制部分、力控制部分和动态补偿部分产生的力或力矩之和：

$$\boldsymbol{\tau} = \boldsymbol{\tau}_{\mathrm{p}} + \boldsymbol{\tau}_{\mathrm{f}} + \boldsymbol{\tau}_{\mathrm{h}} \tag{9-27}$$

力和位置混合控制是一种非常有启发性的控制方式。在提出之初引起了广泛的关注和研究，但随着研究的深入，学者们发现力位混合控制忽略了机器人对接触环境的做功，认为机器人执行器始终处于约束曲面之内。事实上，受到非理想因素的影响，末端执行器与环境常在接触与不接触状态间切换，造成运动学的不连续性，从而引起不稳定问题。此外，力控制的一个最大的问题是机器人在自由空间运动所需的高刚度与接触操作所需的高柔性间的矛盾。力和位置混合控制没有很好的解决这个问题。

9.4 空间机器人的阻抗控制

Hogan在1985年提出了阻抗控制。该控制方法认为机器人的力控制不应单独地控制位置或力的轨迹，而应该调节它们的关系。该控制方法假设任何一种控制器都无法使其受控物理系统对环境产生有别于单纯物理系统反馈的输出。控制的目标系统必须是符合实际物理系统规律的。阻抗控制为避碰、有约束和无约束运动提供了一种统一的方法，能够实现系统由不接触到接触的稳定转换。阻抗控制可以任意配置任务空间不同方向的刚度，然后由于没有像力位混合控制那样针对任务的空间划分，它一般也不能保证位置控制自由度的高刚度，位置控制精度也会受到损失。

根据任务需求，阻抗可以被配置成多种形式，机器人最常见的期望阻抗为二阶线性模型，即可将机器人配置为多维的质量-弹簧-阻尼系统。根据选择控制量的不同，可将阻抗控制分为基于位置的阻抗控制和基于力的阻抗控制。基于位置的阻抗控制是通过跟踪期望阻抗系统的位置响应来实现的。在位置控制的基础上引入力反馈信号，并变换到关节空间获得关节位置或速度的调整量，即由力计算运动。基于力的阻抗控制不经过位置控制器，而是根据期望系统的运动计算驱动力和回复力。即由运动计算力，一般又可以分为基于雅克比转置的阻抗控制、基于动力学模型的阻抗控制等。

9.4.1　阻抗的概念及选择

阻抗是指器件或电路对流经它的给定频率的电流的抵抗能力。动力学系统的阻抗定义为系统所受外力的拉普拉斯变换与速度的拉普拉斯变换之比，即

$$\boldsymbol{Z}(s)=\frac{\boldsymbol{F}(s)}{\boldsymbol{V}(s)} \tag{9-28}$$

式中：$\boldsymbol{Z}$ 为阻抗；$\boldsymbol{F}$ 为系统受力；$\boldsymbol{V}$ 为系统速度。

一般地，人们期望机器人具有任务空间的二阶线性系统型阻抗，其频域下的期望阻抗为

$$\boldsymbol{Z}(s)=\boldsymbol{M}_{\mathrm{d}}(s)\cdot s+\boldsymbol{B}_{\mathrm{d}}(s)+\frac{\boldsymbol{K}_{\mathrm{d}}(s)}{s} \tag{9-29}$$

式中：$\boldsymbol{M}_{\mathrm{d}}$ 为正定的期望惯性矩阵；$\boldsymbol{B}_{\mathrm{d}}$ 为正定或半正定的期望阻尼矩阵；$\boldsymbol{K}_{\mathrm{d}}$ 为正定或半正定的期望刚性矩阵。

考虑存在期望运动和期望接触力偏置，则时域下的期望阻抗方程为

$$\boldsymbol{M}_{\mathrm{d}}(\ddot{\boldsymbol{x}}-\ddot{\boldsymbol{x}}_{\mathrm{c}})+\boldsymbol{B}_{\mathrm{d}}(\dot{\boldsymbol{x}}-\dot{\boldsymbol{x}}_{\mathrm{c}})+\boldsymbol{K}_{\mathrm{d}}(\boldsymbol{x}-\boldsymbol{x}_{\mathrm{c}})=\boldsymbol{F}_{\mathrm{d}}-\boldsymbol{F}_{\mathrm{e}} \tag{9-30}$$

式中：$\boldsymbol{x}_{\mathrm{c}}$ 是任务空间期望位姿；$\boldsymbol{F}_{\mathrm{d}}$ 是期望接触力。

期望阻抗需要通过阻抗控制算法来实现，即满足：

$$\lim_{t\to\infty}[\boldsymbol{M}_{\mathrm{d}}(\ddot{\boldsymbol{x}}-\ddot{\boldsymbol{x}}_{\mathrm{c}})+\boldsymbol{B}_{\mathrm{d}}(\dot{\boldsymbol{x}}-\dot{\boldsymbol{x}}_{\mathrm{c}})+\boldsymbol{K}_{\mathrm{d}}(\boldsymbol{x}-\boldsymbol{x}_{\mathrm{c}})-\boldsymbol{F}_{\mathrm{d}}+\boldsymbol{F}_{\mathrm{e}}]=0 \tag{9-31}$$

但是必须注意式(9－31)的收敛速度要高于期望阻抗系统的响应速度。

阻抗参数的取值无疑对任务的执行效果起到至关重要的作用。理论上，$\boldsymbol{M}_{\mathrm{d}}$、$\boldsymbol{B}_{\mathrm{d}}$、$\boldsymbol{K}_{\mathrm{d}}$ 可以取定义内的任意值，考虑现实因素，参数选择应该符合机器人的操作能力和任务需求的限制。

特别是，从操作能力上考虑，阻抗参数要在机器人能实现的范围内选择。比如惯性参数 $\boldsymbol{M}_{\mathrm{d}}$ 越小，机器人的机动能力越强，对外力的响应越快，然而需要的关节输出也越大，而受传感误差、通信延时等因素的影响，$\boldsymbol{M}_{\mathrm{d}}$ 选用过小，$\boldsymbol{B}_{\mathrm{d}}$、$\boldsymbol{K}_{\mathrm{d}}$ 选用过大时很容易引起振荡。

而从任务需求上考虑，应通过选择最优的阻抗使得指标最高，不同的指标可能对应不同的最优阻抗。Hogan 指出，如果期望机器人末端对环境传递最大的功率，则机器人阻抗应等于环境阻抗。这可以通过与电路系统的类比来理解，机器人与环境构成的动力学回路非常类似电路，力对应电压，速度对应电流，机械阻抗对应电路阻抗，则最大功率必然取于两个阻抗相等时。但一般并不追求机器人输出最大的功率，任务关心的常是控制的精度。Anderson 和 Spong 提出的对偶定理，认为机器人和环境的阻抗可以分为感性(惯性)($\lim\limits_{s\to 0}\boldsymbol{Z}(s)=0$)、阻性($\lim\limits_{s\to 0}\boldsymbol{Z}(s)=$ 常数)和容性($\lim\limits_{s\to 0}\boldsymbol{Z}(s)=\infty$)三种，而为了得到无稳态误差的力或位置的控制，容性的环境应采用感性的机器人阻抗，感性的环境应采用容性的机器人阻抗，这也可以通过与电路的类比得出。另外，Hogan 还指出，若想获得最高的位置和力的精度，机器人的阻抗应为环境阻抗的倒数。但是一般情况下，环境的阻抗并不能精确获得，因此阻抗参数的选择应尽可能满足上述条件，一般可定性地选取，例如对于刚度较大的环境则用较柔的机器人阻抗，对于柔性的环境则使用相对更刚的机器人阻抗。

9.4.2　基于位置的阻抗控制

目前，已经有多种型号的多维力 / 力矩传感器成熟应用，用于测量机器人末端所受到的

力和力矩。基于位置的阻抗控制方法是直接将力反馈信号用到运动控制环路中。力信号对应到位置环路即刚度控制,对应到速度环路即阻尼控制,二者兼有即为阻抗控制。基于位置的阻抗控制的基本思想是从式(9-30)的期望阻抗中解出笛卡儿空间的速度,见式(9-32),忽略加速度,然后变换到关节速度或求出关节位置,最后通过位置级的关节控制器实现,其简要的控制框图如图 9-6 所示。

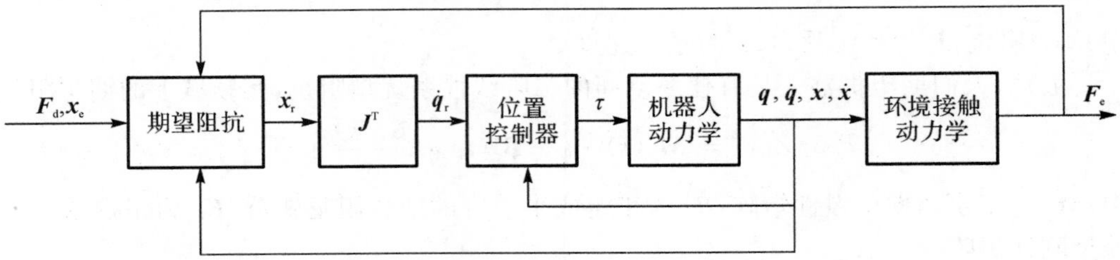

图 9-6　基于位置的阻抗控制

以速度为控制量的控制律由式(9-32)、式(9-33)给出

$$\dot{x}_r = \dot{x}_c - B_d^{-1}[K_d(x - x_c) - (F_c - F_e)] \tag{9-32}$$

$$\dot{q}_r = J^{-1}\dot{x}_r \tag{9-33}$$

式中:$\dot{x}_r$ 为笛卡儿空间期望参考速度;K_p、K_i 在关节伺服控制器中确定。这种阻抗控制一般不指定期望惯量矩阵,由于力控制环是通过位置环实现的,受位置环响应的影响,系统会表现出一定的惯性特性,同样由于位置环响应速度的限制,以上方法得到的阻抗控制只能是近似的,一般得不到全局收敛性。但是,上述控制方案的最大优点是容易实现,在位置环的基础上稍作改动即可。传统上大多工业机器人只支持位置控制,由于关节力控制响应速度和精度不够以及减速器等因素的影响,很难实现基于力的控制。随着关节驱动设计水平的提升,基于力的控制已具备实现条件,基于力的阻抗控制可以使机器人更柔顺,将动力学模型应用于控制算法可以使机器人具有更高的响应速度、精度和稳定性。

9.4.3　基于雅可比转置的阻抗控制

如果从式(9-30)解出笛儿尔空间的期望力,忽略惯性项,再由关节空间与笛卡儿空间静力的对应关系变换到关节空间,则可得到另一种阻抗控制实现方式。基于雅可比转置的阻抗控制框图如图 9-7 所示,其控制律如下式:

$$F_r = -B_d(\dot{x} - \dot{x}_c) - K_d(x - x_c) + F_d \tag{9-34}$$

$$\tau = J^T F_r \tag{9-35}$$

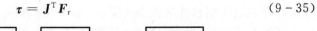

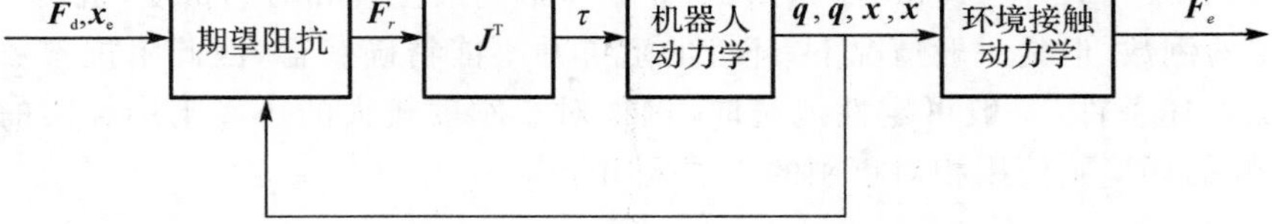

图 9-7　基于雅可比转置的阻抗控制

这种算法相当于带力偏置的笛卡儿空间的 PD 控制，它假定关节的驱动力最终完全转化为笛卡儿空间的接触力，忽略了惯性力、重力、摩擦等的影响，得到的期望阻抗也是近似的，可通过摩擦、重力补偿或全面前馈的方式来提高性能。

9.4.4　基于动力学模型的阻抗控制

基于位置的阻抗控制、基于雅克比转置的阻抗控制两种阻抗控制的特点是简单、容易实现，但它们都是在很大程度的假设下建立的，从其闭环方程中得不出期望阻抗的收敛性。归根结底，它们的控制没有利用系统的动力学方程，是不考虑动力学方程的阻抗控制。基于动力学模型的阻抗控制将动力学模型应用到控制算法中，利用特定的控制理论设计出性能更优的控制算法，其稳定性、收敛性等都可以得到严格证明。其控制框图如图 9－8 所示，其中期望阻抗反馈环路常被称为“外环”，而控制器反馈环路被称为“内环”。基于动力学模型的算法可以有多种，对于空间自由漂浮机器人，受欠驱动特性的影响，其控制方式可能与固定基座情况有所不同。本节介绍基于反馈线性化的针对固定基座和自由漂浮机器人的阻抗控制方法。

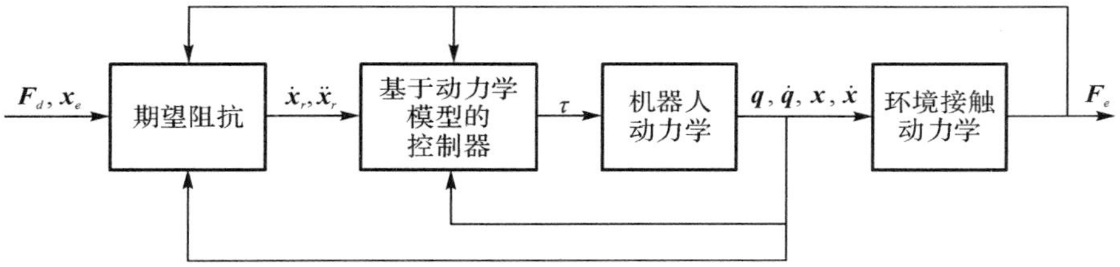

图 9－8　基于动力学模型的阻抗控制

9.4.4.1　基于反馈线性化的固定基座机器人阻抗控制方法

反馈线性化是非线性系统最常用的设计方法之一，通过引入系统状态反馈或输出反馈到控制律中，可以将系统的非线性部分消掉，得到线性的闭环系统，再用线性系统理论进行设计。

例如取控制律为

$$\boldsymbol{\tau} = \boldsymbol{J}^{\mathrm{T}}(\overline{\boldsymbol{H}}\boldsymbol{u} + \overline{\boldsymbol{C}}\dot{\boldsymbol{x}} + \overline{\boldsymbol{G}} + \boldsymbol{F}_{\mathrm{e}}) \tag{9-36}$$

则闭环系统变为

$$\ddot{\boldsymbol{x}} = \boldsymbol{u} \tag{9-37}$$

即通过反馈消掉了非线性部分。再通过设计中间变量 $\boldsymbol{u}$ 可实现不同的控制目的。从期望阻抗式(9－30) 中解出加速度，得

$$\ddot{\boldsymbol{x}} = \ddot{\boldsymbol{x}}_{\mathrm{c}} - \boldsymbol{M}_{\mathrm{d}}^{-1}[\boldsymbol{B}_{\mathrm{d}}(\dot{\boldsymbol{x}} - \dot{\boldsymbol{x}}_{\mathrm{c}}) + \boldsymbol{K}_{\mathrm{d}}(\boldsymbol{x} - \boldsymbol{x}_{\mathrm{c}}) - \boldsymbol{F}_{\mathrm{d}} + \boldsymbol{F}_{\mathrm{e}}] \tag{9-38}$$

因此，可选取线性控制律：

$$\boldsymbol{u} = \ddot{\boldsymbol{x}}_{\mathrm{c}} - \boldsymbol{M}_{\mathrm{d}}^{-1}[\boldsymbol{B}_{\mathrm{d}}(\dot{\boldsymbol{x}} - \dot{\boldsymbol{x}}_{\mathrm{c}}) + \boldsymbol{K}_{\mathrm{d}}(\boldsymbol{x} - \boldsymbol{x}_{\mathrm{c}}) - \boldsymbol{F}_{\mathrm{d}} + \boldsymbol{F}_{\mathrm{e}}] \tag{9-39}$$

即可实现阻抗控制。控制律中所用的所有变量均可测或能够由可测量计算得到。

如果令期望的惯性矩阵等于机械臂固有的无源惯性矩阵，即 $\boldsymbol{M}_{\mathrm{d}} = \overline{\boldsymbol{H}}$，用反馈线性化方

法可得到控制律为

$$\boldsymbol{\tau}=\boldsymbol{J}^{\mathrm{T}}[\overline{\boldsymbol{H}}\ddot{\boldsymbol{x}}_{\mathrm{c}}-\boldsymbol{B}_{\mathrm{d}}(\dot{\boldsymbol{x}}-\dot{\boldsymbol{x}}_{\mathrm{c}})-\boldsymbol{K}_{\mathrm{d}}(\boldsymbol{x}-\boldsymbol{x}_{\mathrm{c}})+\overline{\boldsymbol{C}}\dot{\boldsymbol{x}}+\overline{\boldsymbol{G}}+\boldsymbol{F}_{\mathrm{d}}] \tag{9-40}$$

可以看出：其中的接触力被消除了，可以省去力传感器，此时闭环方程变为

$$\overline{\boldsymbol{H}}(\ddot{\boldsymbol{x}}-\ddot{\boldsymbol{x}}_{\mathrm{c}})+\boldsymbol{B}_{\mathrm{d}}(\dot{\boldsymbol{x}}-\dot{\boldsymbol{x}}_{\mathrm{c}})+\boldsymbol{K}_{\mathrm{d}}(\boldsymbol{x}-\boldsymbol{x}_{\mathrm{c}})=\boldsymbol{F}_{\mathrm{c}}-\boldsymbol{F}_{\mathrm{e}} \tag{9-41}$$

此算法本质上等同于带前馈的基于雅可比转置的阻抗控制。虽然不需要使用力传感器，但是其容易受摩擦、建模误差的干扰而使接触力稳态误差增大。

9.4.4.2 基于反馈线性化的自由漂浮机器人阻抗控制

上述阻抗控制方法没有考虑基座自由漂浮的影响，适用于固定机器人和某些特殊条件下的空间机器人。空间的微重力和漂浮基座等特点对机器人系统存在很大影响，此时控制算法的设计要根据空间机器人的动力学模型来完成。

自由漂浮空间机器人的动力学模型为

$$\begin{bmatrix}\boldsymbol{H}_{\mathrm{b}} & \boldsymbol{H}_{\mathrm{b}m}\\ \boldsymbol{H}_{\mathrm{b}m}^{\mathrm{T}} & \boldsymbol{H}_{m}\end{bmatrix}\begin{bmatrix}\ddot{\boldsymbol{x}}_{\mathrm{b}}\\ \ddot{\boldsymbol{q}}\end{bmatrix}+\begin{bmatrix}\boldsymbol{c}_{\mathrm{b}}\\ \boldsymbol{c}_{m}\end{bmatrix}=\begin{bmatrix}\boldsymbol{F}_{\mathrm{b}}\\ \boldsymbol{\tau}_{m}\end{bmatrix}+\begin{bmatrix}\boldsymbol{J}_{\mathrm{b}}^{\mathrm{T}}\\ \boldsymbol{J}_{m}^{\mathrm{T}}\end{bmatrix}\boldsymbol{F}_{\mathrm{e}} \tag{9-42}$$

记 $\boldsymbol{H}=\begin{bmatrix}\boldsymbol{H}_{\mathrm{b}} & \boldsymbol{H}_{\mathrm{b}m}\\ \boldsymbol{H}_{\mathrm{b}m}^{\mathrm{T}} & \boldsymbol{H}_{m}\end{bmatrix}$，从式(9-42)中解出 $\ddot{\boldsymbol{x}}_{\mathrm{b}}$，即

$$\begin{aligned}\ddot{\boldsymbol{x}}_{\mathrm{b}}&=[\boldsymbol{I}_6\quad \boldsymbol{O}_{6\times n}]\begin{bmatrix}\ddot{\boldsymbol{x}}_{\mathrm{b}}\\ \ddot{\boldsymbol{q}}\end{bmatrix}\\ &=[\boldsymbol{I}_6\quad \boldsymbol{O}_{6\times n}]\boldsymbol{H}^{-1}\left(\begin{bmatrix}\boldsymbol{O}_{6\times n}\\ \boldsymbol{I}_6\end{bmatrix}\boldsymbol{\tau}+\begin{bmatrix}\boldsymbol{F}_{\mathrm{b}}\\ \boldsymbol{O}_{n\times 1}\end{bmatrix}+\begin{bmatrix}\boldsymbol{J}_{\mathrm{b}}^{\mathrm{T}}\\ \boldsymbol{J}_{m}^{\mathrm{T}}\end{bmatrix}\boldsymbol{F}_{\mathrm{e}}-\begin{bmatrix}\boldsymbol{c}_{\mathrm{b}}\\ \boldsymbol{c}_{m}\end{bmatrix}\right)\end{aligned} \tag{9-43}$$

记 $\boldsymbol{\Phi}=[\boldsymbol{I}_6\quad \boldsymbol{O}_{6\times n}]\boldsymbol{M}^{-1}\begin{bmatrix}\boldsymbol{O}_{6\times n}\\ \boldsymbol{I}_n\end{bmatrix}\in\mathbb{R}^{6\times n}$，当 $n=6$ 时，$\boldsymbol{\Phi}$ 为可逆矩阵；当 $n>6$ 时，容易证明存在 $\boldsymbol{\Phi}^{+}\in\mathbb{R}^{n\times 6}$ 且 $\boldsymbol{\Phi}\boldsymbol{\Phi}^{+}=\boldsymbol{I}_6$，则利用反馈线性化方法可取

$$\boldsymbol{\tau}=\boldsymbol{\Phi}^{+}\left\{\boldsymbol{u}+[\boldsymbol{I}_6\quad \boldsymbol{O}_{6\times n}]\boldsymbol{H}^{-1}\left(-\begin{bmatrix}\boldsymbol{F}_{\mathrm{b}}\\ \boldsymbol{O}_{n\times 1}\end{bmatrix}-\begin{bmatrix}\boldsymbol{J}_{\mathrm{b}}^{\mathrm{T}}\\ \boldsymbol{J}_{m}^{\mathrm{T}}\end{bmatrix}\boldsymbol{F}_{\mathrm{e}}+\begin{bmatrix}\boldsymbol{c}_{\mathrm{b}}\\ \boldsymbol{c}_{m}\end{bmatrix}\right)\right\} \tag{9-44}$$

则闭环系统方程为

$$\ddot{\boldsymbol{x}}_{b}=\boldsymbol{u} \tag{9-45}$$

令

$$\boldsymbol{u}=\boldsymbol{J}_{\mathrm{b}}^{-1}[\ddot{\boldsymbol{x}}_{\mathrm{c}}-\boldsymbol{B}_{\mathrm{d}}(\dot{\boldsymbol{x}}-\dot{\boldsymbol{x}}_{\mathrm{c}})-\boldsymbol{K}_{\mathrm{d}}(\boldsymbol{x}-\boldsymbol{x}_{\mathrm{c}})+\boldsymbol{F}_{\mathrm{d}}-\boldsymbol{F}_{\mathrm{e}}-\dot{\boldsymbol{J}}_{\mathrm{b}}\dot{\boldsymbol{x}}_{\mathrm{b}}-\boldsymbol{J}_{m}\ddot{\boldsymbol{q}}-\dot{\boldsymbol{J}}_{m}\dot{\boldsymbol{q}}] \tag{9-46}$$

记 $\boldsymbol{x}_{\mathrm{e}}$ 为 $\boldsymbol{x}$，则

$$\boldsymbol{M}_{\mathrm{d}}(\ddot{\boldsymbol{x}}-\ddot{\boldsymbol{x}}_{\mathrm{c}})+\boldsymbol{B}_{\mathrm{d}}(\dot{\boldsymbol{x}}-\dot{\boldsymbol{x}}_{\mathrm{c}})+\boldsymbol{K}_{\mathrm{d}}(\boldsymbol{x}-\boldsymbol{x}_{\mathrm{c}})=\boldsymbol{F}_{\mathrm{d}}-\boldsymbol{F}_{\mathrm{e}} \tag{9-47}$$

由此得到了空间自由浮动机器人系统的阻抗控制算法。

此种方法实现的期望阻抗是精确的，考虑了空间浮动基座机器人完整的动力学模型，且不需要求解广义雅可比矩阵，实际上动力学模型式(9-42)就包含了广义雅可比矩阵所用的动量和角动量守恒的约束条件。

9.5 空间机器人的分离运动控制

9.5.1 分解运动控制原理

在实际机器人控制中，机器人和各个关节的运动不是相互独立的，而是协调运动的，即对各关节以协调的位置和速度进行控制，十分有必要进行分解运动控制。

分解运动意味着各关节电机联合运动，并分解为沿各笛卡儿坐标轴的独立可控运动。这就要求几个关节的驱动电机必须以不同的时变速度同时运行，以便实现沿各坐标轴方向所要求的协调运动。这种运动允许操作人员沿着机器人跟随任意方向的路径来指定方向与速度。由于操作人员通常比较适应采用笛卡儿坐标而不是机器人的关节角坐标，所以分解运动控制能够很大的简化为完成某个任务而对运动顺序提出的技术要求。

一般机器人的期望运动是按照末端执行器（抓手、夹手）以笛卡儿坐标表示的轨迹来规定的，而伺服控制系统却要求参考输入按关节坐标指定。要在笛卡儿坐标空间内设计出有效的控制，处理好这两个坐标系之间的数学关系是很重要的。

下面回顾一下六自由度机器人关节坐标系和笛卡儿坐标系间的基本运动学理论，以帮助理解分解运动控制方法。

设该 6 自由度机器人末端执行器为夹手。夹手相对于固定参考坐标系的位置可通过对夹手建立正交坐标系来实现。可利用横滚角 $\varphi(t)$、俯仰角 $\theta(t)$、偏航角 $\psi(t)$ 三个角度和 $p_x(t)$、$p_y(t)$、$p_z(t)$ 三个位置平移量通过齐次变换矩阵来表示。

机器人的夹手相对参考坐标系可分别定义位置矢量、欧拉角矢量、速度矢量和角速度矢量，即

$$\begin{cases} \boldsymbol{p}(t) \triangleq [p_x(t) \quad p_y(t) \quad p_z(t)] \\ \boldsymbol{\Gamma}(t) \triangleq [\psi(t) \quad \theta(t) \quad \varphi(t)] \\ \boldsymbol{v}(t) \triangleq [v_x(t) \quad v_y(t) \quad v_z(t)] \\ \boldsymbol{\Omega}(t) \triangleq [\omega_x(t) \quad \omega_y(t) \quad \omega_z(t)] \end{cases} \tag{9-48}$$

速度矢量和角速度矢量可表示为

$$\begin{bmatrix} \boldsymbol{v}(t) \\ \boldsymbol{\Omega}(t) \end{bmatrix} = \boldsymbol{J}(\boldsymbol{q})\dot{\boldsymbol{q}} \tag{9-49}$$

若逆雅可比矩阵对 $\boldsymbol{q}(t)$ 存在，那么机械手的关节速度 $\dot{\boldsymbol{q}}$ 为

$$\dot{\boldsymbol{q}}(t) = \boldsymbol{J}^{-1}(\boldsymbol{q}) \begin{bmatrix} \boldsymbol{v}(t) \\ \boldsymbol{\Omega}(t) \end{bmatrix} \tag{9-50}$$

根据需要的夹手线速度和角速度要求，式(9-50)能够计算出各关节的速度，并指明关节电机必须保持的速度，以保证夹手沿着期望的笛卡儿方向实现稳定运动。

进一步地，对式(9-49)所表示的速度矢量求导，即可得到夹手的加速度：

$$\begin{bmatrix} \dot{\boldsymbol{v}}(t) \\ \dot{\boldsymbol{\Omega}}(t) \end{bmatrix} = \dot{\boldsymbol{J}}(\boldsymbol{q}, \dot{\boldsymbol{q}}) \boldsymbol{J}^{-1}(\boldsymbol{q}) \begin{bmatrix} \boldsymbol{v}(t) \\ \boldsymbol{\Omega}(t) \end{bmatrix} + \boldsymbol{J}(\boldsymbol{q})\ddot{\boldsymbol{q}}(t) \tag{9-51}$$

根据式(9-51)，可计算夹手的加速度：

$$\ddot{\boldsymbol{q}}(t)=\boldsymbol{J}^{-1}(\boldsymbol{q})\begin{bmatrix}\dot{\boldsymbol{v}}(t)\\ \dot{\boldsymbol{\Omega}}(t)\end{bmatrix}-\boldsymbol{J}^{-1}(\boldsymbol{q})\dot{\boldsymbol{J}}(\boldsymbol{q},\dot{\boldsymbol{q}})\boldsymbol{J}^{-1}(\boldsymbol{q})\begin{bmatrix}\boldsymbol{v}(t)\\ \boldsymbol{\Omega}(t)\end{bmatrix} \tag{9-52}$$

上述关节坐标系和笛卡儿坐标系间的运动学关系，将用于本节中的各种分解运动控制方法，用于求出机械臂末端夹手在笛卡儿坐标系中运动时的分解运动方程。

9.5.2 分解运动速度控制

分解运动速度控制意味着各关节电机的运动联合进行，并以不同的速度同时运行，以保证夹手沿笛卡儿坐标轴稳定运动。

分解运动速度控制先把期望的夹手(或其他末端工具)运动分解为各关节的期望速度，然后对各关节实行速度伺服控制。一台 6 自由度机器人笛卡儿坐标系下的坐标与其关节角坐标的数学关系具有本质的非线性，可表示为

$$\boldsymbol{x}(t)=\boldsymbol{f}[\boldsymbol{q}(t)] \tag{9-53}$$

式中：$\boldsymbol{f}[\boldsymbol{q}]$为非线性矢量值函数；$\boldsymbol{x}(t)$为笛卡儿坐标；$\boldsymbol{q}(t)$为广义坐标。

对于一台 6 自由度机器人，9.5.1 节推导了其线速度和角速度与关节速度的关系。对于更一般的讨论，如果假定机器人具有 m 个自由度，而世界坐标系(笛卡儿坐标系)具有 n 维，那么，关节角与世界坐标系的关系则由与式(9-53)类似的非线性函数来表示。若该式求导，则有

$$\dot{\boldsymbol{x}}(t)=\boldsymbol{J}(\boldsymbol{q})\dot{\boldsymbol{q}}(t) \tag{9-54}$$

式中：$\boldsymbol{J}(q)$为关于 $\boldsymbol{q}(t)$的雅可比矩阵。可以看出，当进行速度控制时，两者具有线性关系。如果 $\boldsymbol{x}(t)$和 $\boldsymbol{q}(t)$具有相同维数，即 $m=n$ 时，机器人为非冗余的。而且其雅可比矩阵能够在一个特别的非奇异位置求逆，即

$$\dot{\boldsymbol{q}}(t)=\boldsymbol{J}^{-1}(\boldsymbol{q})\dot{\boldsymbol{x}}(t) \tag{9-55}$$

若给出沿世界坐标系的期望速度，利用式(9-55)就能够很容易求得实现期望工具运动的各关节转动速度的组合。

分解运动速度控制的框图如图 9-9 所示。

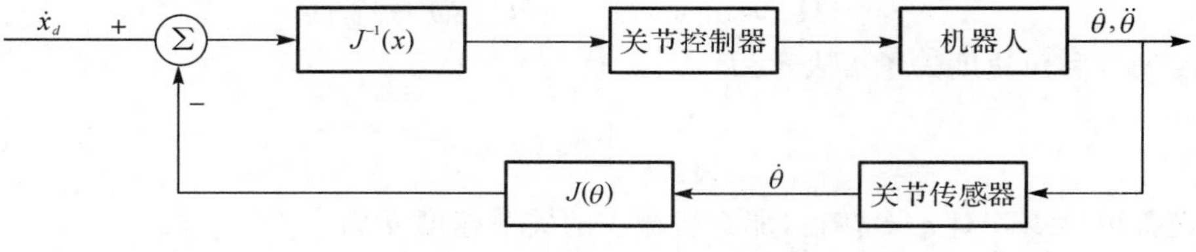

图 9-9 分解运动速度控制框图

若 $m>n$，则机械手为冗余的，其逆雅可比矩阵不存在。这简化了求通用逆雅可比矩阵问题。在这种情况下，若 $\boldsymbol{J}(\boldsymbol{q})$的秩为 n，则可引入一个拉格朗日乘子 $\boldsymbol{\lambda}$ 至代价判据，以形成误差判据，并对此误差判据最小化，就可求得 $\dot{\boldsymbol{q}}(t)$，即有

$$\boldsymbol{C}=\frac{1}{2}\dot{\boldsymbol{q}}^{\mathrm{T}}\boldsymbol{A}\dot{\boldsymbol{q}}+\boldsymbol{\lambda}^{\mathrm{T}}[\dot{\boldsymbol{x}}-\boldsymbol{J}(\boldsymbol{q})\dot{\boldsymbol{q}}] \tag{9-56}$$

式中：$\boldsymbol{A}$ 为 $m\times m$ 维对称正定矩阵；$\boldsymbol{C}$ 为代价判据。分别关于 $\dot{\boldsymbol{q}}(t)$和 $\boldsymbol{\lambda}$ 对 $\boldsymbol{C}$ 进行最小化，

可得

$$\begin{cases}\dot{\boldsymbol{q}}(t)=\boldsymbol{A}^{-1}\boldsymbol{J}^{\mathrm{T}}(\boldsymbol{q})\boldsymbol{\lambda}\\ \dot{\boldsymbol{x}}(t)=\boldsymbol{J}(\boldsymbol{q})\dot{\boldsymbol{q}}(t)\end{cases} \tag{9-57}$$

则

$$\boldsymbol{\lambda}=[\boldsymbol{J}(\boldsymbol{q})\boldsymbol{A}^{-1}\boldsymbol{J}^{\mathrm{T}}(\boldsymbol{q})]^{-1}\dot{\boldsymbol{x}}(t) \tag{9-58}$$

$$\dot{\boldsymbol{q}}(t)=\boldsymbol{A}^{-1}\boldsymbol{J}^{\mathrm{T}}(q)[\boldsymbol{J}(\boldsymbol{q})\boldsymbol{A}^{-1}\boldsymbol{J}^{\mathrm{T}}(\boldsymbol{q})]^{-1}\dot{\boldsymbol{x}}(t) \tag{9-59}$$

9.5.3　分解运动加速度控制

分解运动加速度控制把分解运动速度控制的概念扩展到加速度控制层面。对于直接涉及机器人位置和方向的位置控制问题，这是一个可供选择的替代方案。分解运动加速度控制首先计算出末端执行器的控制加速度，然后把它分解为相应的各关节加速度，再按照动力学方程计算出控制力矩。

机器人末端速度（含线速度、角速度）与关节角速度之间的关系如下式所示

$$\dot{\boldsymbol{x}}(t)=\boldsymbol{J}(\boldsymbol{q})\dot{\boldsymbol{q}}(t) \tag{9-60}$$

式(9-60)是分解运动速度控制的基础，其关节速度可由机器人末端速度求解得到。进一步扩展该思想，将其用于加速度层面。对式(9-60)求导，得

$$\ddot{\boldsymbol{x}}(t)=\boldsymbol{J}(\boldsymbol{q})\ddot{\boldsymbol{q}}(t)+\dot{\boldsymbol{J}}(\boldsymbol{q},\dot{\boldsymbol{q}})\dot{\boldsymbol{q}}(t) \tag{9-61}$$

分解运动加速度控制的指导思想是要将机器人的末端位置误差和方向误差减少到零。如果其末端运动的笛卡儿坐标系是预先规划好的，那么其末端的期望位置$\boldsymbol{p}_{\mathrm{d}}(t)$、期望速度$\boldsymbol{v}_{\mathrm{d}}(t)$和期望加速度$\dot{\boldsymbol{v}}_{\mathrm{d}}(t)$对于基坐标系来说都是已知的。为了减少位置误差，可对机器人的各关节驱动器施加控制力，使末端的实际加速度满足以下方程

$$\dot{\boldsymbol{v}}(t)=\dot{\boldsymbol{v}}_{\mathrm{d}}(t)+k_1[\boldsymbol{v}_{\mathrm{d}}(t)-\boldsymbol{v}(t)]+k_2[p_{\mathrm{d}}(t)-p(t)] \tag{9-62}$$

式中：k_1 和k_2 为比例系数。令$e_{\mathrm{p}}(t)=\boldsymbol{p}_{\mathrm{d}}(t)-\boldsymbol{p}(t)$，式(9-62)可改写为

$$\ddot{\boldsymbol{e}}_{\mathrm{p}}(t)+\boldsymbol{k}_1\dot{\boldsymbol{e}}_{\mathrm{p}}(t)+\boldsymbol{k}_2e_{\mathrm{p}}(t)=0 \tag{9-63}$$

为确保位置误差较近收敛，应选择合适的比例系数，使得上述方程的特征根实部为负。

同理，为减少方向误差，其角加速度应满足：

$$\dot{\boldsymbol{\omega}}(t)=\dot{\boldsymbol{\omega}}_{\mathrm{d}}(t)+\boldsymbol{k}_1[\boldsymbol{\omega}_{\mathrm{d}}(t)-\boldsymbol{\omega}(t)]+\boldsymbol{k}_2e_\theta \tag{9-64}$$

式中：$\boldsymbol{\omega}_{\mathrm{d}}(t)$和$\dot{\boldsymbol{\omega}}_{\mathrm{d}}(t)$分别为期望角速度和期望角加速度；$e_\theta$ 为末端期望方向与实际方向的偏差。

令$\boldsymbol{v}_{\mathrm{d}}(t)$和$\boldsymbol{\omega}_{\mathrm{d}}(t)$组成六维速度矢量，位置误差和方向误差组成误差矢量，如下式所示

$$\dot{\boldsymbol{x}}_{\mathrm{d}}(t)=\begin{bmatrix}\boldsymbol{v}_{\mathrm{d}}(t)\\ \boldsymbol{\omega}_{\mathrm{d}}(t)\end{bmatrix},\quad \boldsymbol{e}(t)=\begin{bmatrix}\boldsymbol{e}_{\mathrm{p}}(t)\\ \boldsymbol{e}_\theta(t)\end{bmatrix} \tag{9-65}$$

则

$$\ddot{\boldsymbol{x}}(t)=\ddot{\boldsymbol{x}}_{\mathrm{d}}(t)+\boldsymbol{k}_1[\dot{x}_{\mathrm{d}}(t)-\dot{\boldsymbol{x}}(t)]+\boldsymbol{k}_2\boldsymbol{e}(t) \tag{9-66}$$

进一步将广义速度和广义加速度代入式(9-66)，并求解关节角加速度，可得：

$$\ddot{\boldsymbol{q}}(t)=\boldsymbol{J}^{-1}(\boldsymbol{q})\{\ddot{\boldsymbol{x}}_{\mathrm{d}}(t)+\boldsymbol{k}_1[\dot{\boldsymbol{x}}_{\mathrm{d}}(t)-\dot{\boldsymbol{x}}(t)]+\boldsymbol{k}_2\boldsymbol{e}(t)-\dot{\boldsymbol{J}}(\boldsymbol{q},\dot{\boldsymbol{q}})\dot{\boldsymbol{q}}(t)\}-\boldsymbol{k}_1\dot{\boldsymbol{q}}(t)+\boldsymbol{J}^{-1}(\boldsymbol{q})[\ddot{\boldsymbol{x}}_{\mathrm{d}}(t)+\boldsymbol{k}_1\dot{\boldsymbol{x}}_{\mathrm{d}}(t)+\boldsymbol{k}_2\boldsymbol{e}(t)-\dot{\boldsymbol{J}}(\boldsymbol{q},\dot{\boldsymbol{q}})\dot{\boldsymbol{q}}(t)] \quad (9-67)$$

式(9-67)即为分解运动加速度控制的基础公式。可以看出,为计算每个关节的作用力矩,需要用到基于牛顿-欧拉方程建立的递归形式的机器人动力学模型。与分解运动速度控制类似,分解运动加速度控制也需要考虑奇异性的问题。分解运动加速度控制的框图如图9-10所示。

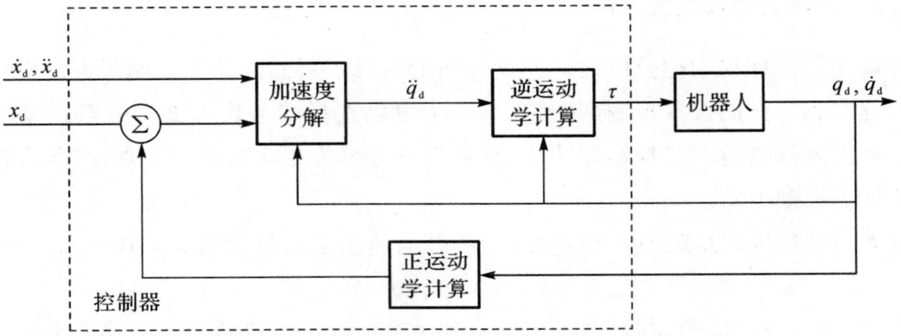

图 9-10 分解运动加速度控制系统框图

9.5.4 分解运动力控制

分解运动力控制的概念是要确定施加于机器人各关节驱动器的控制力矩,使机器人的末端执行器或工具执行期望的笛卡儿位置控制。该控制方法的优点在于:它不是以机器人复杂的动力学运动方程为基础的,而仍然具有补偿机器人臂型结构变化、连杆重力和内摩擦的能力。

分解运动力控制是建立在分解力矢量 $\boldsymbol{F}$(由腕力传感器获得)和关节驱动器的关节力矩 $\boldsymbol{\tau}$ 之间关系的基础上的。两者之间的关系为

$$\boldsymbol{\tau}(t)=\boldsymbol{J}^{\mathrm{T}}(\boldsymbol{q})\boldsymbol{F}(t) \quad (9-68)$$

该控制技术由笛卡儿位置控制和力收敛控制构成。位置控制计算出加于末端执行器(工具)的期望力和力矩,以便跟踪某个期望的笛卡儿轨迹。力收敛控制确定每个驱动器需要的关节力矩,使末端执行器(工具)能够维持由位置控制得到的期望力和力矩。图9-11表示出一个分解运动力控制的控制系统框图。

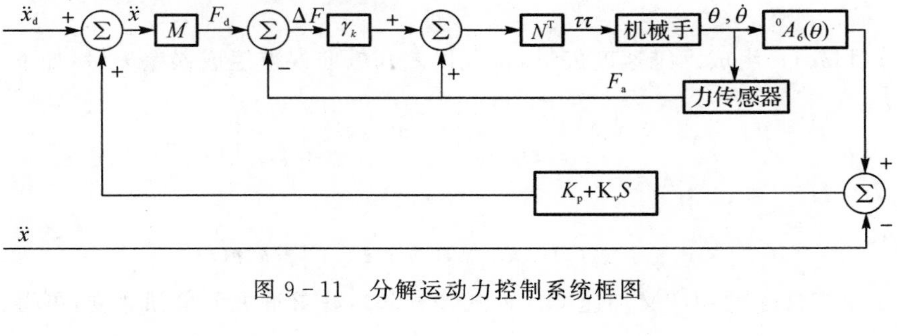

图 9-11 分解运动力控制系统框图

笛卡儿位置控制部分可以得到校正位置误差所需要的期望笛卡儿力和力矩，下面进行简要分析。分解运动加速度控制的目的在于跟踪末端执行器的笛卡儿位置，令$\boldsymbol{x}_d(t)$表示机器人末端的位置和姿态，$\dot{\boldsymbol{x}}_d(t)$和$\dot{\boldsymbol{x}}_d(t)$分别表示期望的速度和期望的加速度，基于比例微分控制方法，为保证系统渐近收敛，可设置实际的笛卡儿空间加速度为

$$\ddot{\boldsymbol{x}}(t)=\ddot{\boldsymbol{x}}_d(t)+\boldsymbol{k}_v[\dot{\boldsymbol{x}}_d(t)-\dot{\boldsymbol{x}}(t)]+\boldsymbol{k}_p[\boldsymbol{x}_d(t)-\boldsymbol{x}(t)] \tag{9-69}$$

令 $\boldsymbol{M}$ 为由负载质量、负载惯量组成的广义质量矩阵，应用牛顿方程，推导期望的关节力矩为

$$\boldsymbol{\tau}(t)=\boldsymbol{J}^{\mathrm{T}}(\boldsymbol{q})\boldsymbol{M}\dot{\boldsymbol{x}}(t) \tag{9-70}$$

一般情况下，与机器人的质量相比，负载质量是可以忽略不计的。这时，分解运动力控制工作良好。不过，若负载质量接近机械手质量，则手臂位置通常不收敛于期望位置。这是因为有些关节力矩被用于连杆加速。为了补偿这些负载和加速的作用，把力收敛控制引入分解运动力控制，作为它的第二部分。

力收敛控制方法是以罗宾斯-门罗随机近似方法为基础的，它确定实际笛卡儿力 $\boldsymbol{F}_a$ 使得受观测的手臂笛卡儿力 $\boldsymbol{F}_o$(由腕力传感器测量)收敛于(由上述位置控制技术得到的)期望笛卡儿力 $\boldsymbol{F}_d$。如果被测力矢量 $\boldsymbol{F}_o$ 和期望笛卡儿力之间的误差大于用户设计的阈值 $\Delta\boldsymbol{F}(k)=\boldsymbol{F}_d(k)-\boldsymbol{F}_o(k)$，那么，实际笛卡儿力由下式加以校正：

$$\boldsymbol{F}_a(k+1)=\boldsymbol{F}_a(k)+\gamma_k\Delta\boldsymbol{F}(k) \tag{9-71}$$

式中：$\gamma_k=1/(k+1)$，$k=1,\cdots,N$。N 值的选择是以力收敛为基础的，根据计算机仿真研究表明，N 取 1 和 2 就能够提供相当好的力矢量收敛。

具有力收敛控制的分解运动力控制的主要优点：这种控制方法能够推广至各种不同的负载条件和任何自由度数的机械手，而不增加计算的复杂性。

9.6　空间机器人的协调控制

空间机器人系统由航天器基座与机械臂组成，航天器基座与机械臂之间存在动力学耦合：机械臂的运动会对基座产生反作用力/力矩，而与环境力/力矩相比，该作用力/力矩大得多，会引起基座质心位置和姿态的变化；而基座质心位置和姿态的变化，又反过来影响机械臂末端的位置和姿态。有多位学者提出将整个空间机器人系统作为整体来考虑，重点考虑动力学耦合，设计多输入多输出控制系统。上述方案非常先进，但是，考虑到实际的星载计算能力和执行机构能力，在当前乃至较长时间内很难实现。当前较为现实的方法是由卫星姿态控制系统和机械臂控制系统共同分担系统的控制任务，这两套控制系统在硬件和功能上相对独立，但它们之间可定时通信，相互交换状态和数据，实现整个空间机器人系统的协调控制。

9.6.1　操作任务控制策略分析

航天器在执行不同的任务时，对控制性能的要求往往不同。按照非捕获任务和目标捕获任务分别分析其控制策略。

9.6.1.1 非捕获任务的控制策略

非捕获任务主要包括模块更换、利用手眼相机的视觉监测、对自身或已对接目标卫星的其他维修任务等。此时主要考虑的问题是在不影响机器人执行任务的同时，如何抵抗由于机械臂运动产生过大干扰力/力矩，保持基座姿态的稳定。在控制精度要求方面，基座姿态所需的控制精度和稳定度也随任务不同而不同。一般来说，相对于对地观测卫星/遥感卫星，执行在轨操作任务的空间机器人，其基座姿态无需要求太高的控制精度和稳定性，这些指标主要取决于姿态测量元件的可测量范围、太阳能电池帆板对太阳的指向精度以及数据通信天线的跟踪特性等。而在对基座姿轨控及机械臂控制分系统的功能要求方面，为了抵抗由于机械臂运动产生的干扰力/力矩，保持基座姿态的稳定，机器人控制器与基座控制器需要协同完成如下功能：

(1)机械臂控制器根据机械臂的规划轨迹(位置、速度、加速度)，实时估计机械臂运动产生的反作用力/力矩，通过总线(如 $RS422$ 总线)传给基座控制器，基座控制器将其作为前馈补偿量，控制基座姿态的稳定；

(2)基座姿态控制器实时将基座状态(姿态、角速度等)传给机械臂控制器，机械臂控制器判断机械臂运动所产生的干扰力/力矩是否过大，由此调整机械臂的运动轨迹，如减小运动速度或改变运动路径等。

9.6.1.2 自由漂浮目标捕获任务的控制策略

自由漂浮目标捕获过程包括跟踪、接近及停靠阶段，视觉伺服目标捕获阶段，目标捕获后阶段等。各阶段的控制策略均不相同。

1.跟踪、接近及停靠阶段

当空间机器人距离捕获目标很远时，需要首先接近被捕获目标到空间机器人能对其实施抓捕的距离，如两星表面相距 3 m 左右。这期间需要经历远、中、近距离的跟踪接近，以及最终的高精度停靠与保持等过程。在此过程中，机械臂一般处于臂型锁定状态。此时，上述阶段可视作传统航天器交会过程，采用航天器基座控制模式，控制方案也与常规交会对接过程控制方案类似。

2.视觉伺服目标捕获阶段

当基座相对被捕获目标处于高精度相对位姿保持状态后，需要解锁机械臂，控制其运动到预设的初始状态，使机器人手眼相机建立与被捕获目标的正常测量关系，进而实施基于视觉伺服的目标捕获任务。

3.目标捕获后阶段

空间机器人捕获并锁紧目标实现捕获后，机械臂末端与目标相固连，实际上形成了一个新的空间机器人系统，只不过质量分配与原空间机器人系统不同，此种情况下的控制策略与非目标捕获任务的控制策略相同，即机器人控制器实时估计其运动产生的干扰力矩，作为基座姿态控制的前馈补偿量；而基座控制器将其姿态控制状态实时传给机器人控制器，作为其是否调整机械臂轨迹的判断条件。这里需要注意的是：如果目标的质量、惯量特性未知，需要首先采用动力学参数辨识方法，辨识其质量、惯量特性参数。

很显然，上述阶段中，较为特殊的是视觉伺服目标捕获阶段，下面进行详细分析。在这一阶段，基座的控制可以采用如下 3 种策略：

(1)基座位姿稳定模式：基座继续维持相对位置、姿态的 6 自由度稳定控制，机械臂以极缓慢速度接近目标到手爪可闭合的范围，然后关闭姿轨控系统，再合拢手爪、锁紧目标实现捕获；

(2)基座姿态稳定模式：基座进行 3 自由度的相对姿态控制，机械臂以较缓慢速度接近目标到手爪可闭合的范围，然后关闭姿轨控系统，再合拢手爪、锁紧目标实现捕获；

(3)基座无控模式：基座姿轨控均关闭，机械臂以较快速度接近目标到手爪可闭合的范围，然后合拢手爪、锁紧目标，之后重新开启基座的姿轨控系统，稳定捕获后组合体的姿态。

需要注意的是：不论上述哪一种控制策略，在手爪合拢前(甚至要提前)均需要关闭基座姿态控制系统，以避免由于基座控制的不恰当，导致机械臂末端或基座自身与目标相碰撞。

进一步分析，在实际应用中，第一种与第二种控制策略并不适用，因为该两种控制策略均要求机械臂运动缓慢，否则机械臂产生的干扰力、力矩过大，基座姿轨控执行机构无法保证基座的稳定，而这将导致捕获过程消耗时间过长。另外，第一种策略要消耗较多的控制燃料，而且由于位置控制需要利用推力器，安全性得不到保证；而第二种策略，较长的时间意味着目标有可能已远远飘出机械臂的工作空间导致捕获的失败(相对位置没有受控)，或接近工作空间边界导致机械臂关节需要很大的控制力矩。而前两种控制策略的好处是机械臂的运动规划较为简单，可采用类似于地面固定基座机器人的规划与控制方法，而在第三种控制策略下，基座是自由漂浮的，空间机器人的规划和控制较复杂。

9.6.2 基于前馈补偿的协调控制

9.6.2.1 基座/机械臂耦合分析

假设某空间机器人系统由航天器基座及 n 自由度机械臂组成，空间机械臂为由 n 个转动关节组成的串联机械臂。航天器基座本体定义为连杆 0，而其质心称为关节 0，最靠近基座的关节称为关节 1，与其相连的杆件称为连杆 1。为方便讨论包括机械臂和航天器基座在内的空间机器人系统的耦合动力学，将整个系统相对于惯性系的总角动量 $\boldsymbol{H}_{\mathrm{Rs}}^{i}$ 分为以下两个部分：

(1)机械臂相对于基座不运动时，系统相对于惯性系的角动量矢量 $\boldsymbol{H}_{\mathrm{s}}^{i}$；

(2)机械臂相对于基座运动产生的附加角动量 $\boldsymbol{H}_{\mathrm{a}}^{\mathrm{s}}$。

当系统不受外力矩时(若受外力，其等效力矩为 0 时也属于此情况)，系统角动量守恒，因此有如下关系：

$$\boldsymbol{H}_{\mathrm{Rs}}^{i}=\boldsymbol{H}_{\mathrm{s}}^{i}+\boldsymbol{H}_{\mathrm{a}}^{\mathrm{s}}=\text{常数} \tag{9-72}$$

当机械臂运动产生的角动量由 $\boldsymbol{H}_{\mathrm{a}}^{\mathrm{s}}(t)$ 变为 $\boldsymbol{H}_{\mathrm{a}}^{\mathrm{s}}(t+\Delta t)=\boldsymbol{H}_{\mathrm{a}}^{\mathrm{s}}(t)+\boldsymbol{h}_{\mathrm{a}}^{\mathrm{s}}(t+\Delta t)$ 时，可得

$$\boldsymbol{H}_{\mathrm{s}}^{i}(t+\Delta t)=\boldsymbol{H}_{\mathrm{s}}^{i}(t)-\boldsymbol{h}_{\mathrm{a}}^{\mathrm{s}}(t+\Delta t) \tag{9-73}$$

若整个系统的惯性张量为 $\boldsymbol{I}_{\mathrm{s}}$，星体角速度为 $\boldsymbol{\Omega}_{\mathrm{s}}$，则有 $\boldsymbol{H}_{\mathrm{s}}^{i}(t)=\boldsymbol{I}_{\mathrm{s}}(t)\boldsymbol{\Omega}_{\mathrm{s}}(t)$。则

$$\boldsymbol{I}_{\mathrm{s}}(t+\Delta t)\boldsymbol{\Omega}_{\mathrm{s}}(t+\Delta t)=\boldsymbol{I}_{\mathrm{s}}(t)\boldsymbol{\Omega}_{\mathrm{s}}(t)-\boldsymbol{h}_{\mathrm{a}}^{\mathrm{s}}(t+\Delta t) \tag{9-74}$$

$$\boldsymbol{\Omega}_{\mathrm{s}}(t+\Delta t)=\boldsymbol{H}_{\mathrm{s}}^{i}(t+\Delta t)\boldsymbol{I}_{\mathrm{s}}^{-1}(t+\Delta t)=[\boldsymbol{H}_{\mathrm{s}}^{i}(t)-\boldsymbol{h}_{\mathrm{a}}^{\mathrm{s}}(t+\Delta t)]\boldsymbol{I}_{\mathrm{s}}^{-1}(t+\Delta t) \tag{9-75}$$

式中：$\boldsymbol{I}_{\mathrm{s}}^{-1}$ 为整个系统惯性张量的逆矩阵。式(9－75)说明当卫星姿态不受控时，机械臂运

动会导致卫星姿态角速度的变化，其性质与反作用飞轮对卫星姿态的控制相似。

9.6.2.2 常规姿态控制下机械臂运动产生的扰动分析

当外部干扰力矩 $\boldsymbol{T}_{\mathrm{d}}$、机械臂反作用力矩 $\boldsymbol{T}_{\mathrm{a}}$ 和姿态控制力矩 $\boldsymbol{T}_{\mathrm{c}}$ 作用在基座上时，基座姿态运动可表示为

$$\boldsymbol{H}_{\mathrm{s}}^{i}(t)=\boldsymbol{H}_{\mathrm{s}}^{i}(0)+\int \boldsymbol{T}_{\mathrm{a}}\mathrm{d}t+\int \boldsymbol{T}_{\mathrm{d}}\mathrm{d}t+\int \boldsymbol{T}_{\mathrm{c}}\mathrm{d}t=\boldsymbol{I}_{\mathrm{s}}(t)\boldsymbol{\Omega}_{\mathrm{s}}(t) \tag{9-76}$$

采用三轴零动量的姿态控制方式，基座各轴姿态都可实现独立控制。将单轴控制情况表示为如下的频域形式：

$$I_{\mathrm{s}}(s)\theta_{\mathrm{s}}(s)s^2=sH_{\mathrm{s0}}+T_{\mathrm{a}}(s)+T_{\mathrm{d}}(s)+T_{\mathrm{c}}(s) \tag{9-77}$$

式中：$\theta_{\mathrm{s}}(s)$是基座绕某轴的姿态角；H_{s0}为绕该轴的角动量初值，通常为 0。则

$$I_{\mathrm{s}}(s)\theta_{\mathrm{s}}(s)s^2=T_{\mathrm{a}}(s)+T_{\mathrm{d}}(s)+T_{\mathrm{c}}(s) \tag{9-78}$$

对于对地定向卫星，其在轨道面的速度方向上的轨道旋转速度会影响角动量变化，但是由于其值很小，可以忽略不计。因此，在以下推导中，将 s 域的 $\theta_{\mathrm{s}}(s)$中的 s 略去。

基座姿态控制是通过作用在基座星体上的控制力矩 T_{c} 实现的，假设其反馈控制律为：

$$T_{\mathrm{c}}=(k_{\mathrm{p}}+k_{\mathrm{d}}s)\theta_{\mathrm{e}} \tag{9-79}$$

式中：θ_{e} 是期望姿态角 θ_{c} 和当前姿态测量角 θ_{m} 的差。不妨假设期望姿态角 θ_{c} 为 0，且姿态测量精度极高，即 $\theta_{\mathrm{m}}=\theta_{\mathrm{s}}$，则闭环控制下，航天器基座姿态运动动力学为

$$\theta_{\mathrm{s}}=(T_{\mathrm{d}}+T_{\mathrm{a}})/(I_{\mathrm{s}}s^2+k_{\mathrm{d}}s+k_{\mathrm{p}}) \tag{9-80}$$

9.6.2.3 基于前馈补偿的控制器设计

在前文基座、机械臂耦合分析的基础上，进一步设计协调控制器。首先设计基于干扰力矩前馈补偿的协调控制器。

式(9-80)表明，采用常规的姿态控制方法时，机械臂运动产生的干扰力矩 T_{a} 和环境干扰力矩 T_{d} 均被当成基座的外部干扰力矩，基座态控制的目的是产生能同时抵消 T_{a} 和 T_{d} 的控制，以保证基座姿态的稳定。由前面的分析可知，与环境力矩相比，机械臂运动产生的干扰力矩要大很多，因此对基座姿态执行机构的控制能力提出了更高的要求。当干扰力矩超出其控制能力时，无法实现有效控制。实际上，由于机械臂的运动轨迹是通过一定的规划算法产生的，因此各关节下一个时刻的位置、速度、加速度期望值是已知的。基于此，下一个时刻机械臂运动产生的干扰力矩是可预估的。若将此干扰力矩作为前馈补偿量，可大大改善控制性能。

假设机械臂干扰力矩的估计值为 $\hat{T}_{\mathrm{a}}$，可采用如下的控制律代替上述的 PD 控制律：

$$T_{\mathrm{c}}=(k_{\mathrm{p}}+k_{\mathrm{d}}s)\theta_{\mathrm{e}}-\hat{T}_{\mathrm{a}} \tag{9-81}$$

若干扰力矩估计准确，可得

$$I_{\mathrm{s}}(s)\theta_{\mathrm{s}}(s)s^2\approx T_{\mathrm{d}}(s)-(k_{\mathrm{p}}+k_{\mathrm{d}}s)\theta_{\mathrm{s}} \tag{9-82}$$

$$\theta_{\mathrm{s}}(s)\approx T_{\mathrm{d}}/(I_{\mathrm{s}}s^2+k_{\mathrm{d}}s+k_{\mathrm{p}}) \tag{9-83}$$

式(9-83)表明，将机械臂干扰力矩的预估值作为前馈补偿量叠加到基座的 PD 控制律后，机械臂运动产生的实际干扰力矩 T_{a} 被补偿量 $\hat{T}_{\mathrm{a}}$ 抵消了，PD 控制器的控制力只需要克服环境干扰力矩 T_{d}，即可实现基座姿态的稳定控制，这实际上等价于常规航天器的姿态控

制过程，对执行机构的控制能力没有提出更高要求。当然，此方法的前提是所预估的干扰力矩要足够准确，未被补偿的部分仍作为外部干扰产生作用。补偿程度越高，基座姿态的控制效果越好。基于干扰力矩前馈补偿的控制框图如图 9－12 所示。

由前面的推导可知，当机械臂运动产生的干扰力矩准确估计后，采用基于干扰力矩前馈补偿的协调控制，可抵消机械臂的干扰力矩。干扰力矩预估的准确性决定了补偿的程度。若要计算干扰力矩，需要用到空间机器人系统所有状态变量：基座质心位置、姿态、关节角的位置、速度、加速度等数据，而基座上一般只安装有位置、速度的传感器，加速度数据只能通过数值差分的形式得到，传感器测量的噪声、采样频率，大大影响了数值差分的精度。因此，将机械臂运动产生的干扰作用表示为角动量的形式更合适。另外，对于卫星姿态控制来说，虽然根据控制律产生的是姿态控制力矩，但以飞轮为代表的姿态控制执行机构，是通过吸收角动量来产生控制作用的，因此，发给飞轮的指令以角动量的形式更为方便。以角动量形式估计反作用力并进行前馈补偿的控制器结构如图 9－13 所示，下面介绍基于角动量前馈补偿的协调控制器。

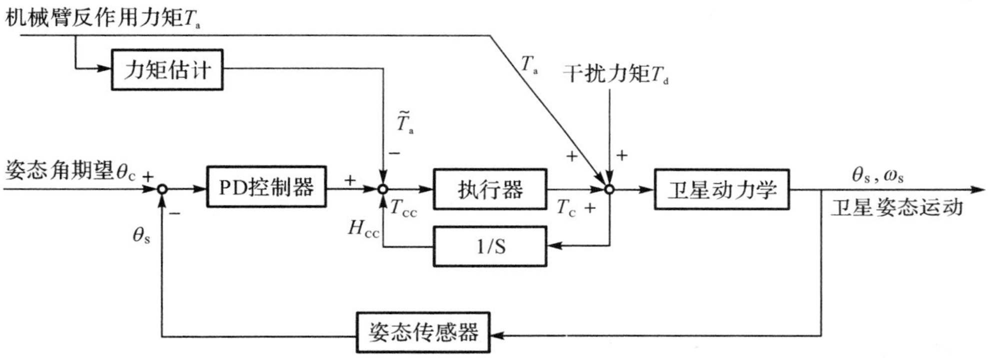

图 9－12　基于干扰力矩前馈补偿的协调姿态控制框图

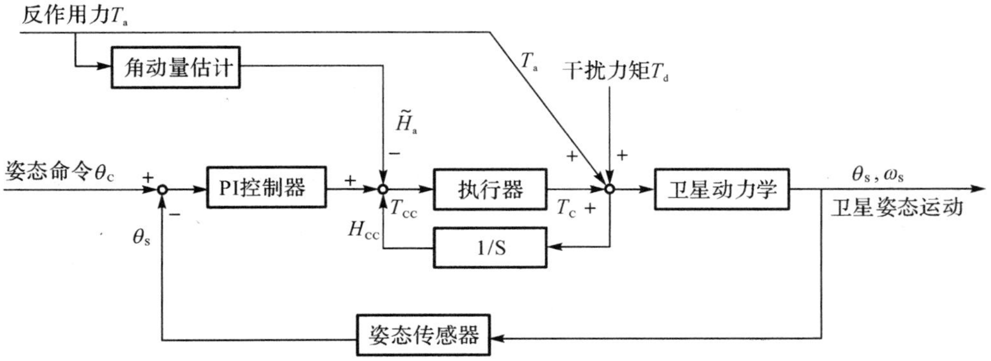

图 9－13　基于角动量计算的协调姿态控制框图

9.6.2.4　机械臂运动干扰角动量估计

在基于前馈补偿的协调控制器设计中，干扰角动量的估计十分关键。目前，国内外学者也提出了很多估计方法，但需要注意的是，估计方法需要考虑有限的星载计算机处理能力。

首先，定义从机械臂末端杆件到连杆 i 的集合为“等效连杆集 i”，其整体质量、等效质心位置矢量和绕等效质心的转动惯量（等效转动惯量）分别记为 $\widetilde{m}_i$，$\tilde{\boldsymbol{r}}_i$ 和 $\widetilde{I}_i$。关节 i 的旋转角和旋转轴矢量分别记为 θ_i 和 $\boldsymbol{z}_i$，系统质心的线速度记为 $\tilde{\boldsymbol{v}}_0$，基座旋转角速度和质心运动线速度分别记为 $\boldsymbol{\omega}_0$，$\boldsymbol{v}_0$。如图 9－14 所示。基于上述定义，可计算整个空间机器人系统的线动量矢量 $\boldsymbol{P}_{\mathrm{Rs}}^i$ 和角动量矢量 $\boldsymbol{H}_{\mathrm{Rs}}^i$。

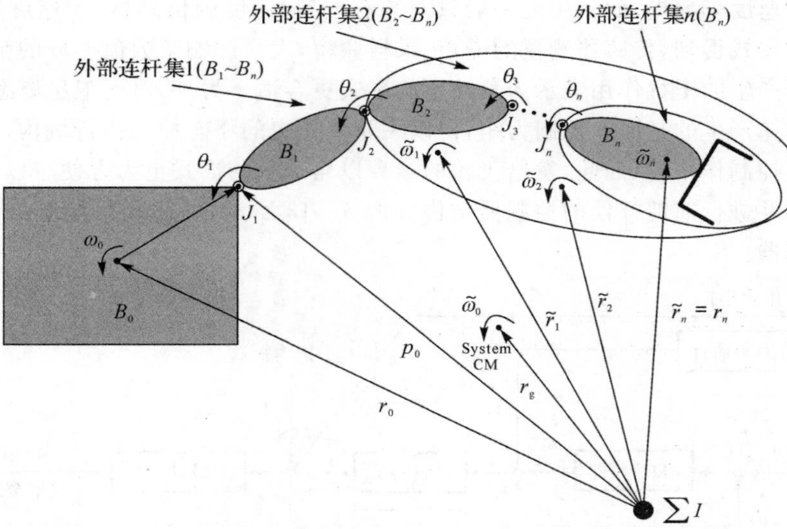

图 9－14　空间机器人结构及符号定义

等效连杆集 i 的等效质心相对于前一个连杆的线速度为

$$\tilde{\boldsymbol{v}}_i^{i-1} = \boldsymbol{\theta}_i \boldsymbol{z}_i \times (\tilde{\boldsymbol{v}}_i - \boldsymbol{p}_i) \tag{9-84}$$

采用等效连杆集方法后的系统线动量和角动量为

$$\begin{cases} \boldsymbol{P}_{Rs}^i = \widetilde{\boldsymbol{m}}_0 \boldsymbol{v}_0 + \sum\limits_{i=1}^{n} \widetilde{\boldsymbol{m}}_i \boldsymbol{v}_i^{i-1} \\ \boldsymbol{H}_{Rs}^i = \widetilde{\boldsymbol{I}}_0 \boldsymbol{\omega}_0 + \sum\limits_{i=1}^{n} [\widetilde{\boldsymbol{I}}_i \boldsymbol{\theta}_i \boldsymbol{z}_i + \widetilde{\boldsymbol{m}}_i (\tilde{\boldsymbol{r}}_i - \boldsymbol{r}_0) \times \tilde{\boldsymbol{v}}_i^{i-1}] \end{cases} \tag{9-85}$$

式（9－85）等价于前文空间机器人运动学建模中利用各连杆的线动量和角动量之和推导的公式，如下式所示

$$\begin{cases} \boldsymbol{P}_{\mathrm{Rs}}^i = \sum\limits_{i=0}^{n} m_i \dot{\boldsymbol{r}}_i \\ \boldsymbol{H}_{\mathrm{Rs}}^i = \sum\limits_{i=0}^{n} (\boldsymbol{I}_i \boldsymbol{\omega}_i + \boldsymbol{r}_i \times m_i \dot{\boldsymbol{r}}) \end{cases} \tag{9-86}$$

由于机械臂运动部分产生的角动量 $\boldsymbol{H}_{\mathrm{a}}^i$ 等于整个空间机器人的角动量 $\boldsymbol{H}_{\mathrm{Rs}}^i$ 减去机械臂相对卫星静止情况下系统的角动量 $\widetilde{\boldsymbol{I}}_0 \boldsymbol{\omega}_0$，即“等效连杆集 0”按 $\boldsymbol{\omega}_0$ 转动产生的角动量，因此，

$$H_a^s = \sum_{i=1}^{n} [\tilde{I}_i \theta_i z_i + \tilde{m}_i (\tilde{r}_i - r_0) \times \tilde{v}_i^{i-1}] \tag{9-87}$$

等效连杆集 i 的等效转动惯量 $\tilde{I}_i$ 与机械臂的关节角、基座姿态角有关。计算十分复杂。这也导致角动量的实时估计计算量过大。

实际上，借鉴式(9-86)，角动量可采用以下式近似计算：

$$H_a^s = \sum_{i=1}^{n} (I_i \omega_i + r_i \times m_i \dot{r}_i) = \sum_{i=1}^{n} [I_i (\omega_0 + \sum_{k=1}^{i} \dot{\theta}_k z_k) + r_i \times m_i \dot{r}_i] \tag{9-88}$$

该近似计算公式不仅包含了机械臂相对基座运动部分的角动量，也包含了机械臂相对惯性空间运动部分的角动量（$\sum_{i=1}^{n} (r_i \times m_i \dot{r}_i)$ 的一部分）以及基座相对惯性空间转动的角动量（$\sum_{i=1}^{n} I_i \omega_0$）。

以机械臂相对于基座不运动的特殊情况为例，此时，$\theta_i = 0 (i = 1, \cdots, n)$，则

$$\dot{r}_i = v_0 + \omega_0 \times (r_i - r_0) \tag{9-89}$$

因此，

$$H_a^s \approx \sum_{i=1}^{n} \{ I_i \omega_0 + r_i \times m_i [v_0 + \omega_0 \times (r_i - r_0)] \} \tag{9-90}$$

又因为当机械臂相对基座不运动时，$H_a^s = 0$。因此，误差项为式(9-90) 的右半部分。为减小误差，可将 $\sum_{i=1}^{n} I_i \omega_0$ 部分去掉，并用各连杆相对于基座的线速度

$$\dot{r}_i^0 = \sum_{k=1}^{i} [z_k \times (r_k - p_k)] \dot{\theta}_k$$

代替各连杆相对于惯性系的线速度 $\dot{r}_i$。则

$$\begin{aligned} H_a^s &\approx \sum_{i=1}^{n} (I_i \sum_{k=1}^{i} \dot{\theta}_k z_k + m_i r_i \times \dot{r}_i^0) \\ &= \sum_{i=1}^{n} \{ I_i \sum_{k=1}^{i} \dot{\theta}_k z_k + m_i r_i \times \sum_{k=1}^{i} [z_k \times (r_k - p_k)] \dot{\theta}_k \} \end{aligned} \tag{9-91}$$

但是，按式(9-91)计算，所需要的运算量仍然很大。为进一步降低计算量，可进一步采用更加简化的估计方法。

习　题

1. 绘制机器人单关节控制器的控制框图，并简要分析。
2. 简要分析多关节控制器的控制原理，并论述其应用的必要性。
3. 机器人运动学建模的准确性与传统方式的笛卡儿空间位置控制是否有关？为什么？
4. 机器人刚度的组成是什么？柔顺控制的应用前景如何？
5. 简述 R-C 力和位置混合控制的原理，并绘制其控制框图。
6. 简要论述分离运动控制的原理。
7. 为什么空间机器人要采用协调控制方式？基于前馈补偿协调控制的优势是什么？

第10章 空间机器人地面试验技术

10.1 空间机器人仿真技术

10.1.1 仿真在机器人研制中的作用

由于机器人本身的复杂性和空间机器人研制所面临的验证问题的特殊性，仿真成为了空间机器人研制的必要环节。在研制空间机器人的初始阶段，需要基于先验知识，通过计算机建立一个虚拟的、反映设计人员所关心问题的仿真模型，并通过仿真对系统设计进行验证，帮助提高效率。目前的基于模型的设计思想，其核心要素就是仿真。

在传统机电产品设计中，仿真的优点如下：

(1)预见性。在复杂系统设计的初始阶段，仿真能够通过建模及仿真对设计进行分析、验证，并通过改变仿真模型的结构和调整参数来优化系统设计。

(2)全面性。仿真能对系统全局或某一部分进行不同环境和条件下的分析，实现性能评价及不同工作环境下的性能分析等。

(3)经济性。仿真通常只需在计算机上进行，建立数学模型的代价比建立实际试验系统小得多，且重复试验的成本相对更小。从时间成本上看，搭建复杂系统的仿真模型也比建立真实系统要快得多。

(4)重复性。仿真可以对结果进行复现，便于判断故障原因等。

(5)安全性。仿真可以减少或避免试验的危险。数学仿真与实物测试相比几乎不存在危险。

(6)交互性。通过实时仿真，可以将人的操作引入系统，实现闭环验证也可以通过虚拟现实技术，为人提供直观的感受。

对于空间机器人的研制，除上述优点外，由于空间机器人的特殊性，仿真还具有不可替代性。

按仿真时间与实际时间的关系，仿真可分为实时仿真和非实时仿真。非实时仿真中仿真时间独立于物理时间，又可分为超实时仿真和欠实时仿真。实时仿真中仿真时间与实际时钟同步，对模型也增加了实时计算要求。非实时仿真没有严格的时间要求，在计算中可采用变步长求解器，而实时仿真一般采用定步长计算，且求解时间需小于计算步长。需要特别说明的是：一般来说，在仿真之前，最核心的难题之一是花费大量时间、资金、精力建立一个准确的仿真模型。仿真模型的准确性更加关键。当这个模型的重要性大到影响任务成败时，花费在证明结果准确上的精力可能比建模本身还要大。

目前，空间机器人综合采用数学仿真、部件级试验、系统级试验、半物理试验等组合的方式进行综合验证，如图 10-1 所示。首要原则是在轨任务的地面验证全覆盖、功能/性能的地面测试全覆盖，其他原则包括优先采用物理试验方法、优先使用硬件系统进行系统级物理测试等。在上述数学仿真验证、半物理仿真验证和试验验证的基础上，还需要进一步进行原材料验证、元器件/组件验证、单机测试与验证、单机专项试验、单机环境试验、单机间接口匹配试验、系统联试、机器人系统功能与性能验证、机器人系统专项试验、机器人系统环境试验、与其他系统接口匹配性试验等。

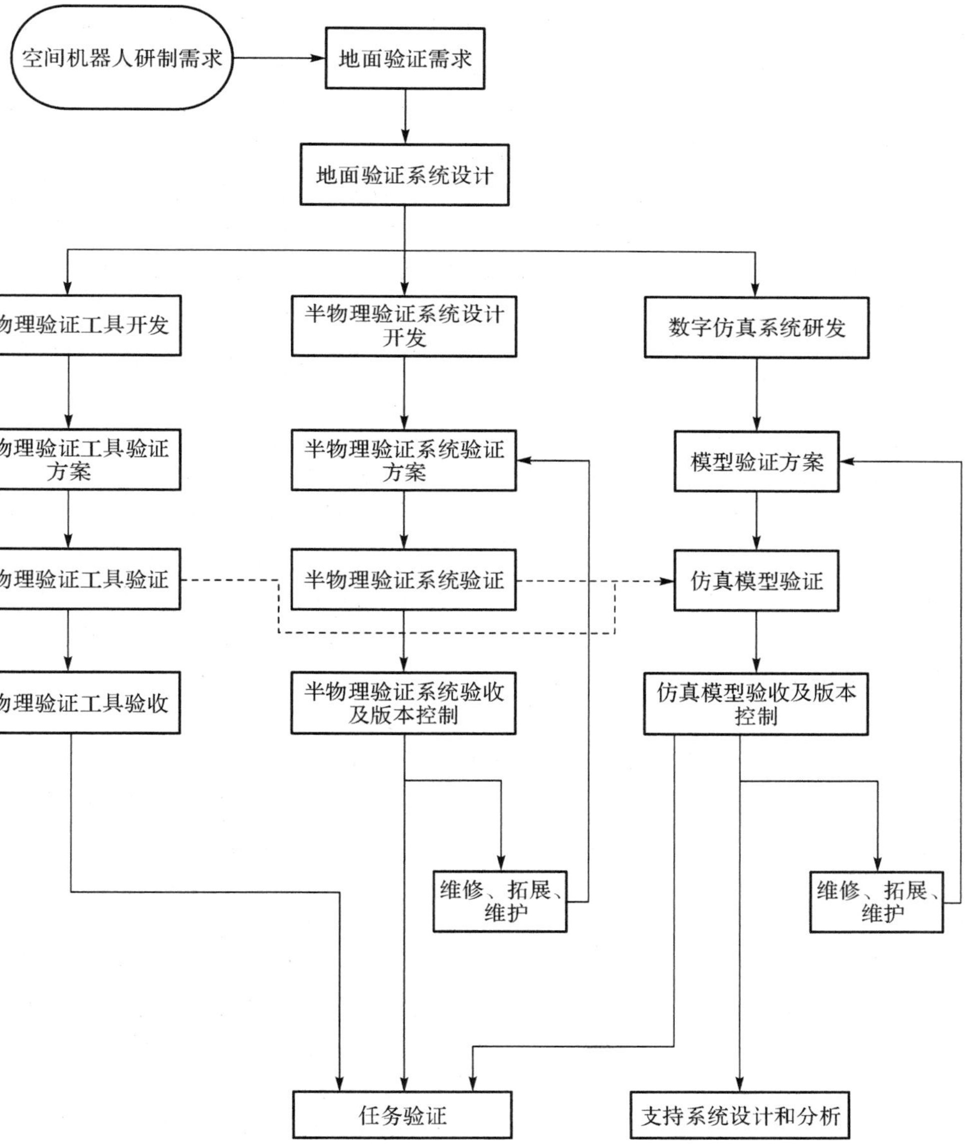

图 10-1　空间机器人地面验证方法

一般来说，空间机器人的系统级任务验证是以仿真为中心的，它除了支撑产品设计分析外，还支撑验证及测试。对于在地面无法全物理开展的验证项，验证方法为“仿真验证任务，试验验证仿真”。

10.1.2 常用的仿真建模软件

机器人仿真需要覆盖机器人涉及的各个方面，包括结构、机构、电气控制、光学、热力学等。除了系统级的仿真软件外，还有针对单机、部件级的仿真软件，如基于有限元的结构力学分析软件、电路的仿真和设计软件等。下面介绍 3 种常用的仿真建模软件。

MATLAB 是美国 MathWorks 公司出品的商业数学软件，用于算法开发数据可视化、数据分析以及数值计算的高级计算语言和交互式环境，主要包括 MATLAB 和 Simulink 两部分。自 1984 年发布以来，MATLAB 软件已经发行了数十个版本，并不断丰富完善。

除了软件平台外，MATLAB 针对许多专门的领域都开发了功能强大的模块集和工具箱。这些模块多由领域内的专家开发，并经过了大量用户的不断验证。这些模块可以帮助用户节省大量基础算法开发时间，用户可以站在更高的起点上工作，将开发的精力更多地专注于产品。在机器人动力学方面，MATLAB 软件中提供了 SimMechanics，该模块是 Simulink 环境下的多体系统仿真工具，支持运动学、动力学计算、状态测量三维场景可视化、CAD 模型导入等功能。在机器人控制方面，MATLAB 软件中集成了专用的控制工具箱，该工具箱在控制系统设计、嵌入式代码生成、半物理仿真等方面具有成熟的方法和配套的接口。

SimulationX 软件是由德国 ITI 公司开发的，主要用于机械控制、液压、热、电、磁等多领域、多学科综合仿真。SimulationX 软件是基于标准的物理对象建模语言 Modelica 的大型工程软件，在统一的平台上实现了多学科领域系统工程的建模和仿真。与其他仿真平台软件相似，SimulationX 的模型库包含大量标准元件、模块和功能众多的软件接口，可满足用户在不同应用领域的各种需求。相比于其他系统仿真软件，该软件的主要特点：①基于 Modelica 语言的开放平台；②内含丰富且专业的商业模型库；③具有丰富的建模方式；④具有强大的分析功能；⑤具有丰富的软件接口。

在机器人系统研发中，应用 SimulationX 软件可辅助系统的动态行为分析和评价以及控制器研发，具体研发应用包括但不限于以下方面：①开发机器人系统专用模型库与系统模型；②进行设计方案比选，确定最优系统构造；③进行系统主要参数敏感性分析，辅助系统设计；④辅助控制策略与控制器研发；⑤规划任务仿真与效果分析等。

机械系统动力学自动分析（Automatic Dynamic Analysis of Mechanica Systems，Adams）软件，是美国机械动力公司（现已并入美国 MSC 公司）开发的分析软件。该软件采用“虚拟样机”理念和技术，迅速发展成为计算机辅助工程（CAE）领域中使用范围最广、应用行业最多的机械系统动力学仿真工具，占据了全球 CAE 分析领域绝大部分的市场份额，被广泛应用于航天、航空、汽车、铁道、兵器、船舶、电子、工程设备及重型机械等行业。

Adams 软件使用交互式图形环境和零件库、约束库、力库，创建完全参数化的机械系统几何模型，其求解器采用多刚体系统动力学理论中的拉格朗日方程方法，建立系统动力学方程，对虚拟机械系统进行静力学、运动学和动力学分析，输出位移、速度、加速度和反作用力曲线。Adams 软件的仿真可用于预测机械系统的性能、运动范围、碰撞检测、峰值载荷以及计算有限元的输入载荷等。Adams 由基本模块、扩展模块、接口模块、专业领域模块及工具箱 5 类模块组成。它一方面是虚拟样机分析的应用软件，用户可以运用该软件非常方便地对虚拟机械系统进行静力学、运动学和动力学分析，另一方面，又是虚拟样机分析开发工具，其开放性的程序结构和多种接口，可以成为特殊行业用户进行特殊类型虚拟样机分析的二次开发工具平台。

10.1.3　空间机器人动力学建模示例

在多刚体建模中，Adams 软件基于拉格朗日方程法建立微分方程，用刚体的质心笛卡儿坐标和反映刚体方位的欧拉角作为广义坐标，采用修正的牛顿-拉夫森迭代算法迅速准确的求解运动学、静力学非线性代数方程组。对于动力学微分方程，根据机械系统的特性，Adams 软件提供了不同的积分算法。对刚性系统，常采用变系数的向后微分公式(BDF)刚性积分程序，它是自动变阶、变步长的预估校正法，在积分的每一步采用了修正的牛顿-拉夫森迭代算法。

利用 Adams 软件进行空间机器人系统动力学建模与仿真的主要步骤如下：

首先，建立空间机器人系统各连杆的三维实体模型，并对各杆件进行装配。Adams/View 模块提供了常用的建模界面，可以建立规则物体(如连杆)的实体模型，也可以通过布尔运算工具组合出较复杂外形的物体。若主要关注相对运动关系和动力学特性，对外形逼真程度要求不高，此建模功能已足够。若要求外形尺寸与实际情况一致，可先采用 ProE、UG、Catia、Solidworks 等建模软件建立实体模型后，再导入 Adams 软件中。

其次，定义各杆件坐标系和质量属性。按从本体到机器人末端执行器的连接顺序依次定义，如图 10-2 所示。例如：基座 B_0，连杆 B_1，…，末端手爪 B_6。完整描述刚体 B_i 的运动特性，主要需要定义如下 3 个坐标系。

(1)Z_{b_ai}，与前一个连杆(B_{i-1})相连的坐标系。原点为关节 i 的位置，Z_i 轴为关节 i 的旋转轴，X_i 轴指向刚体的长度方向，Y_i 轴由右手定则确定。

(2)Z_{b_cmi}，连杆(即 B_i)的质心坐标系，指向一般与 Z_{b_ai} 相同。

(3)Z_{b_bi}，与后一个连杆(即 B_{i+1})相连的坐标系，指向一般与 Z_{b_ai} 相同。

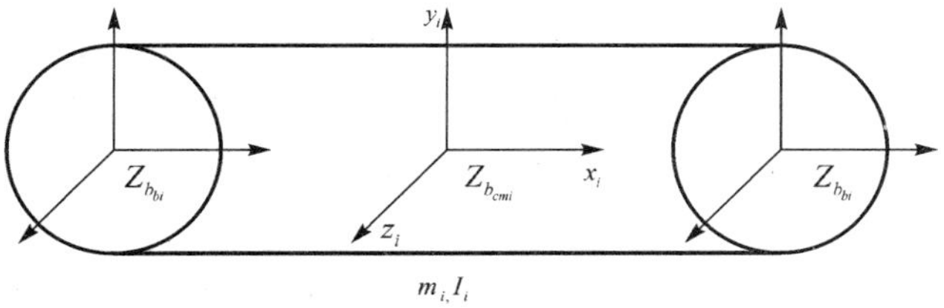

图 10-2　Adams 软件中连杆的定义

再按实际情况给每个刚体赋予质量、惯量数据，并设计相邻杆件之间的装配关系。例如，刚体 B_{i-1} 与刚体 B_i 通过旋转关节 J_i 连接，Z_{b_bi-1} 的原点与 Z_{b_ai} 的原点重合，且 Z_{b_bi-1} 绕坐标系的 Z_i 轴旋转 θ_i 角度后与 Z_{b_ai} 重合。此时，θ_i 即为旋转关节 J_i 的关节转角。

在 Adams 软件中，为实现闭环控制的仿真，可按下面两式依次测出关节的位置和角速度：

$$\begin{cases}\theta_i = \mathrm{AZ}(Z_{b\_bi}, Z_{b\_ai-1}) \\ \dot{\theta}_i = \mathrm{WZ}(Z_{b\_bi}, Z_{b\_ai-1}, Z_{b\_bi})\end{cases} \tag{10-1}$$

最后，在 Adams 软件中还需要建立卫星的轨道坐标系(GMAR)以及固定在卫星上的坐标系(BMAR)(初始指向与 GMAR 相同)，则卫星的姿态角和姿态角速度可表示为

$$\begin{cases}q_j = A_j(\mathrm{BMAR}, \mathrm{GMAR}), \\ \dot{q}_j = W_j(\mathrm{BMAR}, \mathrm{GMAR}, \mathrm{BMAR}),\end{cases} \quad j = X, Y, Z \tag{10-2}$$

假设机器人各关节、卫星姿态都采用 PD 控制，控制规律分别表示如下：

$$\begin{cases}\tau_i = k_{\mathrm{p}i}(\theta_{i\mathrm{d}} - \theta_i) + k_{\mathrm{d}i}(\dot{\theta}_{i\mathrm{d}} - \dot{\theta}_i) \\ \tau_j = k_{\mathrm{p}j}(q_{i\mathrm{d}} - q_j) + k_{\mathrm{d}j}(\dot{q}_{j\mathrm{d}} - \dot{q}_j)\end{cases} \tag{10-3}$$

为实现微重力环境下的动力学仿真，可通过设定重力加速度的数值来实现，如设置 $g=0$。实现闭环控制的方案有两种：一是使用 Adams 与 MATLAB 进行联合仿真，能够实现比较复杂的控制器，但由于两个软件的数据要互相传递，仿真速度较慢，调参效率低；二是使用 Adams/View 中的控制工具箱直接在该环境下实现控制，仿真速度快。期望的关节角和角速度可通过 MATLAB 等软件规划好，并按一定格式存为 txt 文件，通过 import testdata 功能将关节数据以样条的形式导入。卫星的姿态控制也可以采用类似的方案实现。

需要注意的是：上述动力学模型可进行一些简单的闭环仿真，所用的机械臂运动轨迹也为离线规划轨迹。对于较为详细的仿真，如发射入轨、航天器姿态/轨道机动、跟踪接近及位置保持、目标自主抓捕等仿真需求，需要建立复杂的姿态/轨道动力学、环境干扰力矩、执行机构(飞轮、推力器、磁力矩器等)、敏感器(地球敏感器、太阳敏感器、星敏感器、陀螺光学相机)等模型，并设计复杂的图形数字控制(GNC)算法以及协调控制算法等，在上述模型中很难实现。针对此问题，可以采用 MATLAB 建立详细的模型进行仿真分析，也可使用 MATLAB 和 Adams 开展联合仿真试验。

10.1.4 硬件在环内的仿真实验

硬件在环内仿真实验系统采用原型样机与数学模型相结合的方式，也能进行微重力环境下的空间机器人地面仿真实验。该系统主要用于验证空间机器人的规划和控制方法，其基本原理：通过精确的动力学模型，计算微重力环境下空间机器人的运动情况，再通过原型样机(或者采用运动学等效方式的工业机器人)来实现这一运动，有两种典型的实现方法，如图 10-3 所示。

方案(a)中，机器人 A 用于模拟真实空间机器人，其基座固定在 6 DOF 机器人机器人 B(固定于地面)的末端，通过控制机器人 B 末端的运动轨迹模拟真实空间机器人基座的运动情况。机器人 A 及其基座的运动通过空间机器人的动力学模型计算。目标星模拟器固定于另一个 6 DOF 目标机器人 T 上，通过控制目标机器人 T 末端的运动模拟目标星的实际运动。

方案(b)中，机器人 A 直接固定于地面(即认为地面为空间基座)，其运动情况根据空间

机器人的动力学方程计算出。而目标的运动，其动力学模型计算出，并通过相对运动关系，计算出目标星相对于空间基座(在此为地面)的运动，该相对运动通过机器人 T 来实现。

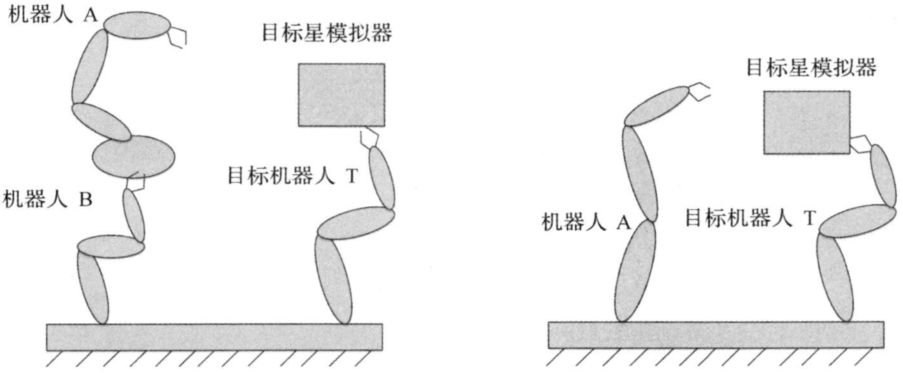

图 10-3　两种典型的硬件在环内仿真实验示意

两种方案各有优缺点，方案(a)中，地面观察者经历了真实的从惯性空间观察目标捕获的过程；而方案(b)中，则相当于观察者位于空间基座，观察目标捕获的过程。另外，方案(a)需要三个机器人，其中两个串联在一起，需要进行专门的设计；而方案(b)采用现存的两个工业机器人就能建起来。

该实验系统建立在两个关键技术之上：动力学模拟和运动学等效。所谓动力学模拟，即整个空间系统(空间基座、空间机械臂、空间目标)的运动根据其动力学模型计算得到，以模拟微重力环境下的空间系统的行为。而运动学等效指空间机器人末端的运动通过工业机器人的末端实现，而目标的运动则通过另一台工业机器人来实现。空间机器人的动力学方程采用本书前文所推导的方程，当给定控制力/力矩时，可以计算空间基座以及机械臂关节角的运动。

以方案(b)思想建立地面实验系统。在该实验系统中，空间系统的运动由两个工业机器人来实现，分别称为捕获机器人(Capturing Robot，Robot C)和目标机器人(Target Robot，Robot T)。另外，真实的空间机器人(Robot S)，其末端效应器安装于 Robot C 上，而目标星模拟器安装在 Robot T 上。

令 $\sum_{\rm I}$、$\sum_{\rm I}$ 和 $\sum_{\rm H}$ 分别表示惯性系、空间机械臂的末端坐标系以及空间目标的手柄坐标系，$\sum_{\rm B}$、$\sum_{\rm C}$ 和 $\sum_{\rm T}$ 分别表示 Robot S、Robot C 及 Robot T 的基座坐标系。根据观察者位于惯性系还是位于空间基座，有两种运动学等效模式，分别如图 10-4 和图 10-5 所示(图中的虚线部分表示为真实的空间系统)。

对于第一种模式，观察者位于惯性空间，如图 10-4 所示，Robot C 和 Robot T 的基座固定在惯性空间，即 $\sum_{\rm C}$ 和 $\sum_{\rm T}$ 与 $\sum_{\rm I}$ 固连在一起，而 $\sum_{\rm B}$ 相对于 $\sum_{\rm T}$ 自由漂浮。在此模式中，Robot C 用来实现 Robot S 末端相对于惯性系的运动，据 Robot S 末端的实际运动给出；而 Robot T 用来实现目标星相对于惯性系的运动，根据目标星的动力学模型计算得到。

第二种运动学等效模式与第一种等效模式不同，观察者位于空间基座，如图 10-5 所示，$\sum_{C}$ 与 $\sum_{T}$ 相对于 $\sum_{B}$ 固定。也就是说，Robot C 和 Robot T 分别用于实现空间机械臂末端执行器以及空间目标相对于空间基座的运动。相对运动可以根据末端效应器、空间目标以及空间基座的绝对运动计算出。

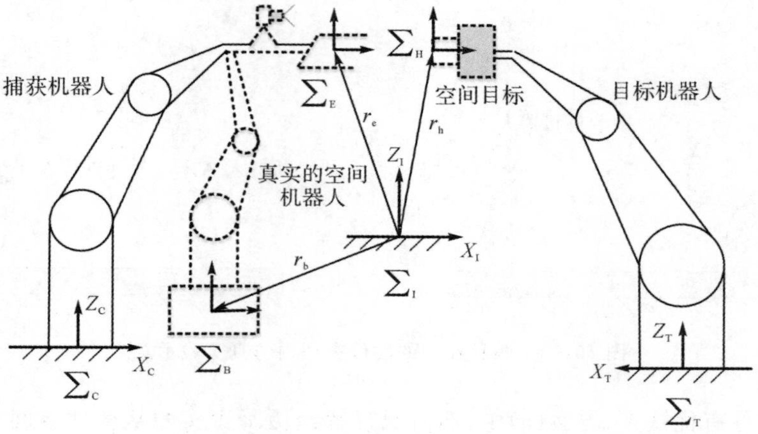

图 10－4　观察者位于惯性空间的运动学等效模式

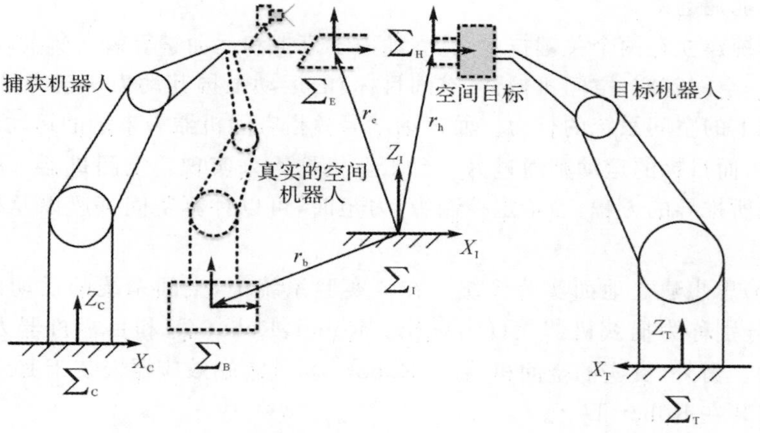

图 10－5　观察者位于空间基座的运动学等效模式

空间机器人机构试验测试内容主要包括机构功能/性能测试、环境适应性试验及可靠性试验等。本节重点介绍功能/性能测试。

功能/性能测试是为验证机构功能以及针对指标要求而进行的验证试验，功能/性能指标包括系统分解至单机的设计指标、单机设计规范和单机设计时确定的要求和需要检查的项目。功能/性能测试通常是在环境适应性试验前、后分别进行，或在环境适应性试验过程中进行。由于空间机器人机械系统的核心部件为关节、末端执行器。相应的测试也围绕上述两部分展开。

10.1.5　关节功能/性能测试

10.1.5.1　刚度测试

刚度主要影响机器人关节的固有频率，包含由被驱动对象惯量和关节扭转刚度决定的系统固有频率，以及由多个关节轴线相互交叉组成的机械系统的高阶模态频率。由于模态频率影响系统的带宽上限，因而更高刚度的关节能够使机器人获得更高的伺服性能。

关节的扭转刚度是决定关节输出动态特性的重要指标之一。根据关节结构组成形式的不同，扭转刚度由传力路径上的部组件共同决定，如电机扭转刚度、行星传动刚度、谐波减速器刚度、连接法兰扭转刚度等。测量关节刚度时，可采用图 10－6 所示的布局形式。保持关节输入端制动，在关节输出端按一定梯度施加力矩载荷，同时记录各载荷对应的输出轴转角，可以得到输出轴转角随负载力矩值变化的曲线，即关节扭转刚度曲线。通常关节扭转刚度具有非线性的特点，在低负载条件下受回差、传动间隙等因素的影响刚度较低，增大负载进入弹性范围后，刚度提高并趋于稳定。

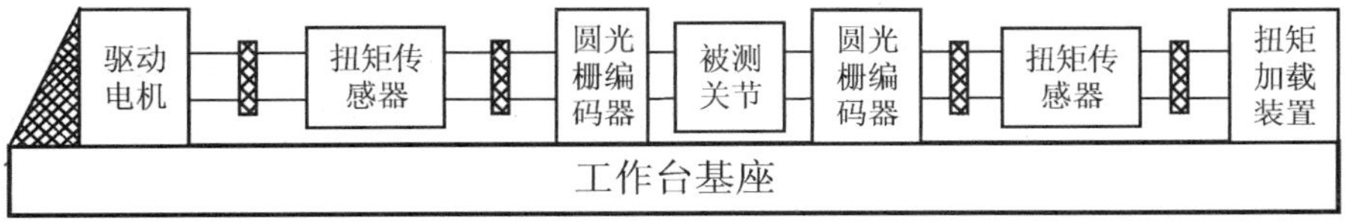

图 10－6　关节测试平台

10.1.5.2　关节传动误差测试

关节传动误差测试主要包括传动精度测试和关节回差测试。

关节的实际运动角度与给定的目标角度之间的差值，即为关节的运动精度。测试时，可采用图 10－6 所示的测试设备，根据给定的运动曲线以及实测的关节角度输出曲线，比较二者的差别，得出关节的运动精度。运动精度包括空载和负载运动精度。

关节回差测试有输入端测试法和输出端测试法两种。简单地讲，输入端测试法是输入轴正、反转动相同角度，测量输出端的首、末位置角度变化量；输出端测试法是在输出端加载正、负扭矩，测量输出轴的角度变化量。两种测试方法，均可按实际需求加载一定载荷。

10.1.5.3　力矩特性测试、关节输出特性测试

力矩特性是指关节的输出力矩特性。输出力矩包括额定输出力矩、最大输出力矩、连续堵转力矩以及制动释放反向驱动力矩等。在每种输出力矩工况下，测定对应的转速。测试布局同样可参照图 10－6。

额定输出力矩：指关节在额定工作状态下提供的最大输出力矩。其测试方法：在额定电压下，在输出端用力矩电机加载，直到输入电流达到额定电流值，达到热平衡后测量此时输出轴的力矩，即额定输出力矩。

最大输出力矩：指关节在工作时所能提供的最大力矩。其测试方法：在额定电压下，在输出端用力矩电机加载，测量输出轴的转速和扭矩，通过力矩-转速特性曲线，可以得到规定转速下的最大输出扭矩值。

连续堵转力矩：输出端力矩电机提供阻力矩，利用温度传感器测量关节电机的温度，保证在稳定温升不超过允许值的情况下使关节电机长期堵转，由此测得的最大力矩即堵转力矩。

制动释放反向驱动力矩：将关节电机从制动状态变为释放状态，在被测关节的输出端沿某一方向逐渐加载，直至被测关节输入端转动，记录此时输出端的扭矩传感器的读数值，然后，再次将关节电机从制动状态变为释放状态，在输出端沿另一方向逐渐加载，直至被测关节输入端转动，记录此时输出端的扭矩传感器的读数值；最后，取两次测量的较大值作为被测关节的制动释放反向驱动力矩。

速度平稳性主要描述关节在不同速度和载荷下的速度波动情况。在特定载荷下，将关节速度在可调整范围内分成若干组，并获得不同速度下的速度波动值，即可绘制速度平稳性曲线。

10.1.6 末端执行器功能/性能测试

末端执行器的测试项目主要包括操作容差、操作力、操作时间以及操作连接刚度等。末端执行器的操作位姿容差涉及 6 个自由度，组合工况较多，通常会根据末端执行器的设计特点，选取较恶劣工况进行测试。测试平台有多自由度机械臂及并联机构等类型，既可以模拟位姿关系，也可以施加多个自由度上的力/力矩载荷进而实现对末端操作容差、操作力和操作时间等技术指标的试验验证。

图 10-7 所示为一种 6 自由度机械臂末端执行器测试平台。它由 2 个 6 自由度机械臂、六维力传感器、末端执行器以及操作目标等部分组成，末端执行器和操作目标通过六维力传感器与机械臂连接。其中，与末端执行器连接的机械臂用于模拟空间机器人末端基座的运动特性；与目标连接的机械臂用于模拟空间被操作目标基座的运动、初始位姿、质量、运动特性等。测试平台的工作原理：末端执行器对目标进行操作时，与末端执行器连接的机械臂根据六维力检测到的动态力，实时模拟空间机器人负载条件下的在轨运动，同时固定目标的机械臂根据检测到的动态力，模拟目标受迫条件下的在轨运动，两者相互作用，共同实现末端执行器在轨操作目标的地面半物理仿真验证。该测试系统具有仿真操作空间大、系统控制简单等优点。

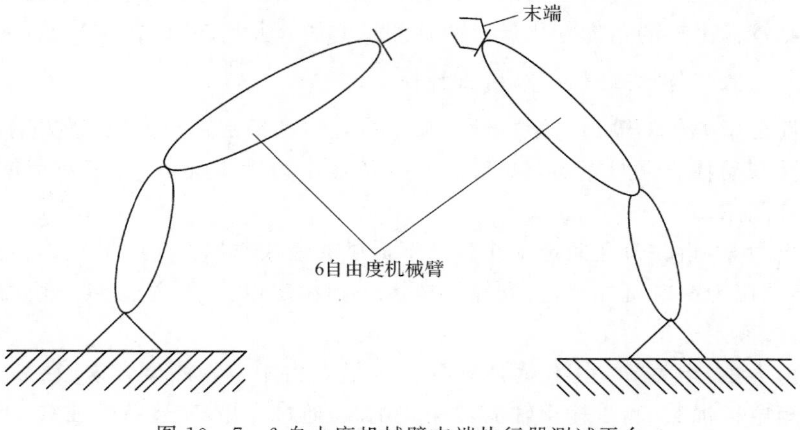

图 10-7　6 自由度机械臂末端执行器测试平台

末端执行器并联机构测试平台如图 10-8 所示。它由 2 套并联机构、六维力传感器末端执行器以及操作目标等组成。末端执行器和目标通过六维力传感器分别与并联机构连接，与末端连接的并联机构用于模拟空间机器人的运动特性，与目标连接的并联机构用于模拟空间真实目标的初始位姿、质量、运动特性等。工作时，末端执行器对目标进行操作，末端执行器连接的并联机构根据操作力，实时模拟空间机器人负载条件下的在轨运动，同时固定目标的并联机构也根据作用反力，模拟目标受迫条件下的在轨运动，进而实现末端执行器在轨操作目标地面半物理仿真验证的目的。该测试系统具有连接刚度大、动态响应速度快等优点。

此外，需要注意的是：有连接目标需求的末端执行器，连接刚度通常需单独进行测试。

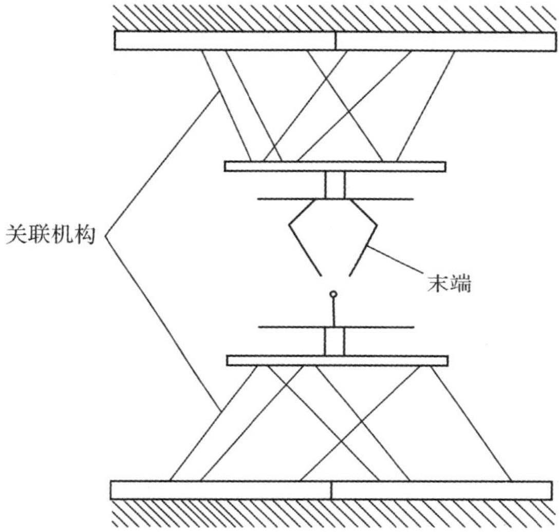

图 10-8　末端执行器并联机构测试平台

10.2　微重力模拟实验方法

10.2.1　失重飞机模拟方法

根据动力学原理，在地球引力范围内，只有当物体加速或减速过程中所受的惯性力与地球引力相抵消时，才能使物体处于真实的失重状态，即表观重力为零。依据上述原理，飞机在地球引力场内飞行时，通过特定的操作可以在短时间产生类似自由落体的状态，形成一种失重环境。失重飞机就是能够完成这种飞行的飞机，一般由现有飞机改装而成，每个架次可以连续进行多次抛物线飞行，在每个抛物线飞行时，出现“超重—失重—超重”交替的变化，其示意图及过程如图 10-9 所示。

失重飞机对失重环境的模拟过程并不复杂，首先飞机沿抛物线轨迹飞行到特定位置，之后飞机引擎推力减小直至到零，在此情况下飞机及其载荷进入自由落体状态，此时飞机及载荷的表观重力为零。飞机失重抛物线飞行可分为平飞加速段、爬升加速段、失重飞行段、俯冲改出段四个段。失重飞机一次常规飞行需 2～3 h,一次飞行中可进行多次失重实验或航天员训练。

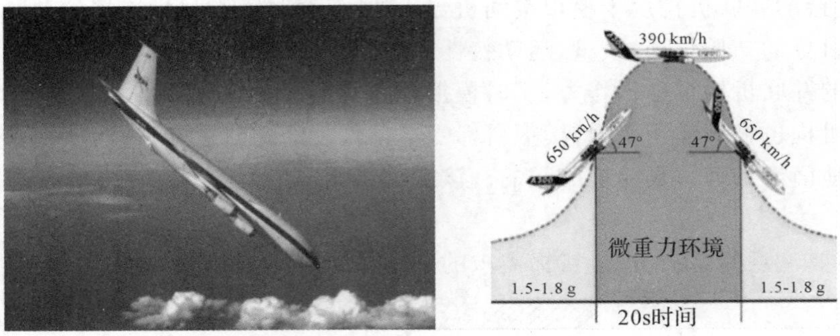

图 10-9　失重飞机及其实验过程示意

利用失重飞机进行的微重力模拟具有时间窗口灵活、实验装置设计自由度大、研制周期短、失重过程可重复等优点,可以用于进行微重力环境下的生命体特性实验、简单空间机构操作实验、仪器对接实验、零部件更换实验等。这种方法已被美国、俄罗斯和欧空局等广泛采用,并取得了大量极具价值的成果。但是这种方式的失重时间很短,每次最长几十秒,不适合长时间连续实验。此外,飞机飞行过程中受气流的影响,可能会发生抖动,进而导致重力水平不能达到理想的失重水平。

10.2.2　落塔实验模拟方法

落塔法是通过在微重力塔(井)中执行自由落体运动,从而产生微重力实验环境的一种方法。一般通过在地面上建造高塔或者挖深井(可利用废弃的矿井)来实施。目前美国、日本、德国、中国等都建立了微重力落塔。

为了模拟空间的微重力环境,应该保证实验过程的抗干扰、抗震和精密测试等要求,这就对落塔的建筑和质量提出了特殊要求,致使设施的建设费用昂贵,但相对于卫星、航天飞机乃至失重飞机,还是较为高效、经济的。落塔的优点是实验费用低,实验的时间选择和实验次数不受过多限制,实验重复性好,有利于实验结果的分析。此外,落塔还有微重力水平高、初始条件易于保证、数据采集方便、费用低、易于操作、干扰小等优点。但是落塔实验也存在不足之外,例如,失重时间短导致需要较长失重时间的实验无法在落塔中进行,使其应用遇到了很大的局限性。

美国国家航空航天局路易斯研究中心拥有一座 145 m 深的落井,坐落于俄亥俄州布鲁克,最初是用于太空飞行组件和流体系统在失重或微重力环境下的研究和开发,1966 年建成以来一直运作至今。该落井可完成如微重力下的燃烧和流体物理研究,未来空间任务的新技术开发,并用于开发和测试飞行实验硬件,设计新型航天器等。路易斯研究中心还有一个 24 m 的小型落塔,可用于微重力下的燃烧和流体动力学研究。美国国家航空航天局马歇尔空间飞行中心 100 m 微重力落塔位于阿拉巴马州亨菠维尔市,该设备主要用于与型号研制有关的工程研究。

德国不莱梅应用空间技术和微重力中心的落塔是目前国际上最大的地面微重力研究实

验装置之一。该设备实行自动和集中控制，每天可进行 3～4 次自由落体试验，此外，其备有多个实验舱，用户可同时平行进行试验的准备与调试工作，加快了试验工作的进展。自 1990 年 9 月正式投入运行以来，它已完成了许多重要的研究计划，取得了一系列成果，对空间科学研究和发展作出了巨大贡献，已成为世界瞩目的微重力研究中心和基地。德国 713.5 m 高的 FAMEX 落塔设备位于下萨克森州哈茨山巴特格鲁郊区，是由矿井改建而成，如图 10－10 所示。它的自由落体时间为 11 s，微重力水平为10^{-4}～10^{-5} g，1993 年年底投入使用，重点进行微重力物理、化学、生物的基础研究，也进行材料加工方法、工艺过程、推进剂流体行为、燃烧等应用与实用研究。

1991 年，日本微重力中心在北海道上砂川建成了目前世界上最大的 710 m 自由落体试验设备，其微重力水平达10^{-4} g，微重力时间为 10 s，试验载荷为 1 000 kg，减速过载小于 10 g。该落塔由煤矿竖井改造而成，由日本石川一播磨重工业公司承建，目前主要进行燃烧、流体物理、空间材料加工等基础研究。

我国也有多个微重力落塔。中国科学院国家微重力实验室落塔高度超过百米，其自由落体实验设施的主要技术性能：微重力时间为 3.5 s，微重力水平为10^{-5} g，减速过载近似半正弦波，平均为 8 g，峰值为 12 g。该实验设施由实验舱组件、减速回收系统、释放系统、控制系统测量系统以及辅助设施组成，如图 10－10 所示。实验舱为内外舱间抽真空等的双层套舱结构，选用轴对称气动外形以减少气动阻力。内舱中装有实验装置，实验时内舱在外舱内真空环境下随外舱一起自由下落，以确保内舱的微重力模拟水平。中国科学院工程热物理研究所的小型落塔高 22 m，自由落体实验设施有效落差为 18 m，可提供 1.7 s 的微重力时间，微重力水平为10^{-4} g。

图 10－10　德国 Bremen 落塔、我国的微重力落塔及落舱

10.2.3　吊丝系统模拟方法

吊丝系统是指通过滑轮组及吊丝将实验目标与重力补偿装置连接起来，利用重力补偿装置抵消实验目标的重力，使其获得地面模拟微重力环境效应的实验系统。

吊丝系统的基本原理是利用重力补偿装置补偿实验目标向下的重力。它一般是由吊丝、滑轮、滑动小车、导轨等组成，通过随动控制方法使吊丝保持竖直，并控制向上的拉力始终等于实验目标的重力。该系统包括一个克服重力的补偿系统和一个可跟踪实验目标运动的水平移动系统，重力补偿系统包括配置机构伸缩杆和一系列滑轮。重力补偿主要有两种形式，即主动重力补偿和被动重力补偿。这两者的不同之处在于抵消重力的拉力是否来自可控的电机，主动式通过控制电机使拉力保持恒定，吊丝在控制系统作用下上下伸缩，当实验目标受外力作用时，其自身重力不影响它的运动，所以主动式在控制吊丝随实验目标伸缩时能保持恒定的张力。被动式主要是通过配重块被动克服实验目标的重力，保持吊丝恒张力，实验装置相对简单，但控制精度较差。主动式补偿精度一般能达到 1%，被动式补偿可以达到 8%，且吊丝越长，偏角越小，模拟精度就越高。

吊丝系统广泛应用在航天器三维空间模拟、空间机器人逼近及捕获目标等地面微重力验证实验中。其主要优点是结构相对简单，易于实现，实验时间不受限制且可以进行三维空间微重力环境模拟；需要投入的成本较小，工程实现时间短，可行性强；设备总体和部件的可靠性要求不很严格，可以充分保证设备和实验人员的安全；实验时间可以自由调节并可进行重复实验。其主要缺点是重力补偿精度不够高，难以辨识吊丝系统的动摩擦力并在其控制系统中准确补偿，且实验目标可能与吊丝系统之间存在着耦合振动，可能使整个系统不稳定。吊丝系统无法实现自由漂浮空间机器人基座的自由漂浮，不能进行流体力学、热力学、生物学(如生长发育)和一些航天医学实验等。

卡耐基梅隆大学研制了两种吊丝系统：工作在笛卡儿坐标系下的台架实验系统与工作在球坐标系下的悬臂实验系统，用于 SM2(Self Mobile Space Manipulator)的实验。

台架实验系统基于一个水平运动航车改造而成，如图 10 - 11 所示，可以调节 X、Y、Z 三个自由度，支撑滑轮正下方的旋转接头可以提供偏航自由度，链环下方的球形关节可以提供另外两个自由度。运轮为连接到机器人上的支撑光缆提供了一个悬挂点，并带有一个能够测量光缆与垂线方向偏差的两轴角度传感器。支撑电缆通过一组滑轮将水平和纵向运动解耦。以角度传感器测得的信号为基础，伺服电机通过传送带来驱动运轮在的 X、Y 方向上的运动，来保证运轮始终保持在机器人的正上方并且平衡力始终在垂线方向上。重力平衡通过安放在地面上的平衡锤机械结构提供，使用一对内外径比为 1∶10 的光缆卷筒来连接平衡锤和支撑光缆。

悬臂实验系统是为进行一端固定在悬臂转轴下方的机器人的相关实验而开发出的，如图 10 - 12 所示。这个系统运动空间受限，但是速度快于基于笛卡儿坐标系的台架实验系统，并且为机器人和负载提供了两个在悬臂上的独立的支撑点。这两套系统拥有重叠的工作空间，并且可以一起使用来获得更大的系统灵活性，比如支撑机器人两端或者机器人和负载。悬臂实验系统与台架实验系统具有相同的运轮和轨道，纵向和水平方向运动的解耦和台架系统类似。

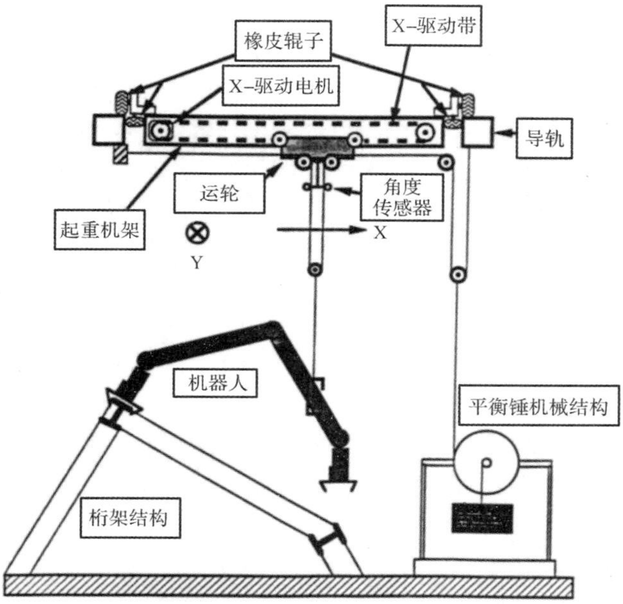

图 10－11　台架实验系统

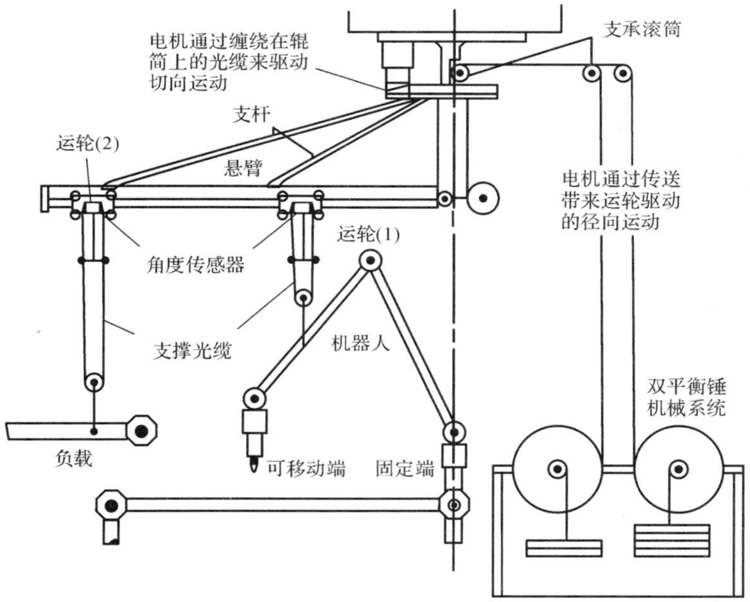

图 10－12　悬臂实验系统

航天科技集团 502 所研制了舱外自由移动机器人(EMR)吊丝实验系统，如图 10－13 所示。EMR 机器人的本体为 5 自由度对称结构，两端分别安装手爪和相机。机器人手脚共用，是行走机器人的最简结构。其吊丝实验系统利用钢丝绳、滑轮和配重块平衡机器人的重量,在三维空间内模拟空间失重环境,并通过随动系统根据二维角度传感器的测量值,控制直线传动单元运动,实现悬挂机器人的钢丝与垂线重合。该吊丝系统包括克服重力的重力补偿系统、可控跟踪机器人运动的水平移动系统及相应的传感器系、控制系统组成。

图 10－13　EMR 吊丝实验系统

10.2.4　气浮模拟方法

气浮模拟方法是依靠压缩空气在气浮轴承与轴承座之间形成的气膜,使模拟台体浮起,从而实现失重和无摩擦的相对运动条件,以模拟航天器在外层空间所受扰动力矩很小的力学环境。按气浮模拟的自由度划分,可分为单轴气浮台、三轴气浮台、三自由度气浮台、五自由度气浮台等。

单轴气浮台是指台体仅能围绕垂直支撑面的轴旋转的气浮设备。由航天器姿态动力学方程可知,航天器绕其俯仰轴的运动是近似独立的。故单轴气浮台主要用于模拟航天器俯仰轴的运动。其简要流程:台上的测角装置实时测得台体角位移,陀螺测得台体角速度,测量部件可获得实时姿态信息,星载计算机进行实时处理,并输出相应控制指令和控制量,执行机构的控制力矩可直接作用在单轴气浮台上,以进行姿态控制单通道仿真,或执行部件的单元测试。某卫星试验用的大型单轴气浮台仿真系统的主要配置如图 10－14 所示。

三轴气浮台是在单轴转动的基础上又增加绕平行于支撑面的本体轴的转动,分别模拟航天器的俯仰轴和滚动轴。这两个转动,即滚转角和俯仰角,合称为倾斜角,其最大转动角可根据实验要求设定。倾斜角的范围对于气浮台来说是非常重要的,它和负载能力一起成为测试台有效性的衡量标准。三轴气浮台主要用于大型卫星、航天器姿态控制的全物理、半物理仿真实验。

单轴气浮台和三轴气浮台都是姿态运动模拟装置,其基座均固定于地面,无法实现平动运动的模拟。为实现对平动运动的模拟,在保留的姿态运动模拟的基础上,增加了对平动运动模拟的功能。三自由度气浮平台就是典型的一类可平动气浮台,包含 2 个平动自由度和绕自身转动自由度。

三自由度气浮平台由一个刚性框架结构件及安装在其上的各种测量、控制部件组成。框架结构的底部装有气垫，用来把该刚体支撑在花岗石平台上，以降低刚体平动时的摩擦力；主要的测量与控制部件包括激光测距仪（可由试验任务替换）、卫星导航接收机、角速度测量系统、冷气推力器、带无线网络的测控计算机以及其他实验装置等。

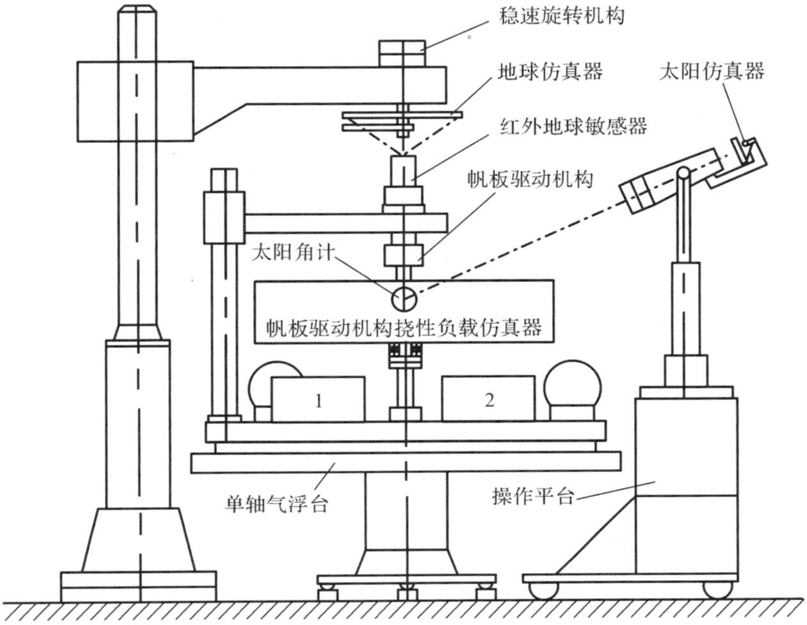

图 10-14　单轴气浮台仿真系统的主要配置

5 自由度气浮平台则是在 3 自由度气浮平台的基础上，增加三轴姿态运动的模拟，包含 2 个平动自由度和 3 个转动自由度，用来模拟航天器相对轨道运动和姿态运动，包括气垫平台和三轴气浮台两部分。气垫平台通过支撑将三轴气浮台安装其上，气垫平台底面通过气垫使 5 自由度气浮平台在花岗石平台平动，如图 10-15 所示。

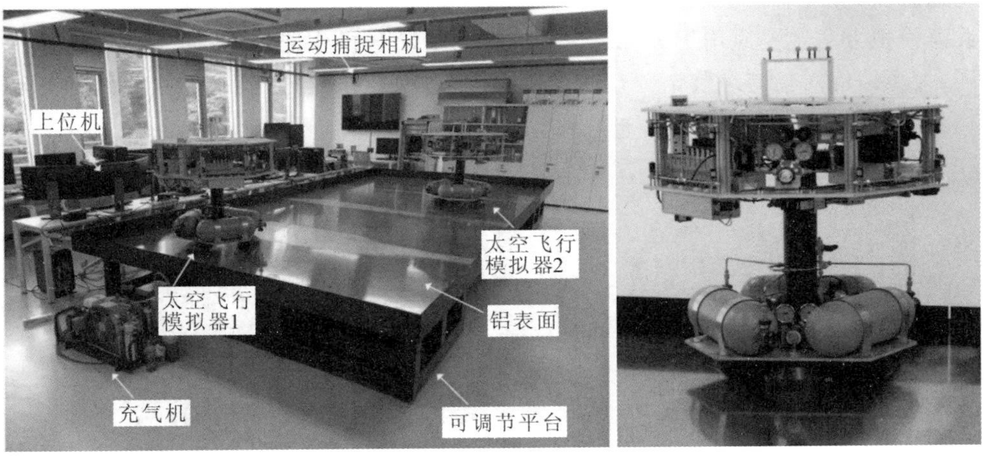

图 10-15　5 自由度气浮台

10.2.5　液浮模拟方法

当物体处于液体中时，若物体的密度与液体的密度相同，则物体可在液体中任意一点悬浮。液浮模拟方法又称中性浮力模拟方法，就是利用液体对物体的浮力抵消物体的重力，使物体处于悬浮状态。实验过程中将试件（包括航天器实物或实验模型）或者受训航天员浸没在液体（例如：水）中，利用精确调整配重或漂浮体，使其所受的浮力与重力相同，平衡于液体中任何点，以实现模拟微重力环境效应的目的。这种方法并没有消除重力对于物体及其组织的作用，因此，它不同于真实的失重环境，只是对失重效应的模拟。

液浮模拟方法的突出优点包括：

(1)模拟微重力时间不受限制。

(2)实验对象可在没有任何约束的三维空间进行试验，这与太空条件十分相似。

(3)允许用原尺寸结构的整机和部件做试验，保证模拟效果的逼真度

但是不同于空间的真空环境，中性浮力的介质是液体，一般为水环境，由于介质的固有特性，会对其中的试件运动产生影响，使实验结果不同于真实空间环境的结果。

首先，浮力是一种表面力，该力对组成试件的各质量单元的重力没有影响，实验过程中试件内部的部件不具有微重力效应，不能从力学本质上进行失重模拟。

其次，由于水介质固有的黏滞效应，会对运动于其中的试件产生阻滞作用，对实验结果产生影响。对于航天员的训练，实践证明：当进行 0.3～0.6 m/s 之间的慢速运动时，模拟才是比较逼真的，所以操作、活动速度不能太快。此外，试件还必须具有良好的水密性。

最后，试件在水介质中运动，除了受到水阻力之外，由于运动加速还会引起周围介质的加速而产生流体力学的附加力，该附加力是加速度的函数，从而产生“视质量”和“视惯性矩”。视质量是物体的实际质量加上流体力学的质量。视惯性矩是物体的实际惯性矩加上流体力学的惯性矩。“视质量”和“视惯性矩”也会对实验产生影响，但可以通过建立精确的模型来克服。

除了以上不足之处外，中性浮力实验过程中还存在配平困难，重浮心重合困难、精度有限等问题。

液浮模拟方法主要应用于训练航天员的空间活动与操作能力，空间结构设计评价和性能验证，大型结构对接与组装试验，航天器维修程序检定试验等。图 10－16 即为液浮模拟失重状态下航天员的训练。

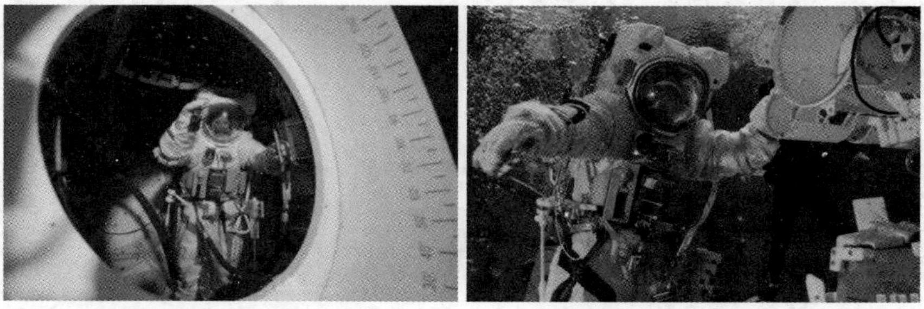

图 10－16　液浮模拟失重状态下航天员的训练

10.2.6　混合悬浮模拟方法

混合悬浮模拟方法的基本原理：基于液体力，并结合某些非接触力特性，形成混合悬浮力共同作用于物体上达到完全克服物体重力的效果，从而实现空间微重力效应的模拟。混合浮力作用过程中，液体浮力占总悬浮力的大部分，而非接触悬浮力只占小部分，但它却弥补了液体浮力可控性差的不足。

在构建混合悬浮系统时，引入以下需要考虑的因素：液体浮力和非接触力、表面（集中）力和场力、不可控力和可控力、试件在实验环境中不同的诱导力效。

基于电磁和液浮的混合悬浮方法，结合了液浮与电磁悬浮的优缺点，主要优点如下：

（1）在模拟的微重力环境下，可以提供足够大的三维实验空间可供大型试件在 6 个自由度下长时间地、无限制地连续实验，可与轨道上的航天器同步进行空间活动、操作演示。

（2）微重力水平较高。相对于中性浮力模拟的微重力水平，通过电磁力对剩余重力的精确配平，可以提高微重力模拟的水平。

（3）可在线调控微重力状态。利用液体浮力进行粗配平后，剩余重力可以通过电磁力来配平，可实时调整电压电流，改变电磁力的大小，实现微重力状态的在线调控。

（4）可实现试件高度的稳定和任意改变。利用可变电磁力，可实现实验过程中试件高度的任意调节和稳定悬浮，有利于执行长时间的操作实验和演示。

其主要缺点如下：

（1）试件的受力环境复杂。浮力是一种表面力，不能从力学本质上进行失重效应的模拟，且电磁力具有很强的非线性特性。

（2）实验环境中存在液体阻力和流场扰动，会影响实验效果降低实验的逼真度。

（3）对试件提出了水密、隔磁等约束条件。此外，为产生所需电磁力，要求试件用铁磁性材料制作或者在恰当的位置安装铁磁性材料，所以试件与原型结构不同。

10.3　环境试验

空间机器人与地面机器人的不同之处主要在于所处的环境不同。面向在轨服务的空间机器人在发射前，必须在地面试验设备中经受各种环境模拟试验，以确保其可靠性。空间机器人研制、发射至少要经历 3 个阶段的环境，即地面环境、发射环境和轨道环境（空间环境）。其中以空间环境最为重要，因素最复杂，影响最大，投资最多。经验证明：航天器故障的 70％是由空间环境影响造成的。环境试验直接关系到所研制空间机器人的性能、寿命、可靠性和安全性等，乃至导致任务的成败。

10.3.1　试验阶段划分

航天产品的研制一般要经 3 个阶段，即方案阶段、初样阶段和正样阶段。下面分别叙述空间机器人在这 3 个阶段的试验情况。

方案阶段也称模样阶段，是空间机器人原理样机的研制阶段，其所用元器件、原材料和零部件不做特殊要求，可以是普通工业级产品。方案阶段试验集中在空间机器人本身的原理验证方面，试验内容主要包括空间机器人在微重力试验平台的功能试验，基于手眼视觉的目标捕获试验以及内部线缆的扰动力矩测试等。

初样阶段是面向空间环境的空间机器人地面试验样机研制阶段，其所用元器件、原材料和零部件均与航天产品一致。初样阶段的环境试验通常为鉴定级试验，其量级等于最高预示环境加上环境设计余量，目的是检验空间机器人设计和工艺的合理性，验证其在地面模拟空间环境下能否达到所规定的功能和性能要求，并为正样产品的确认提供依据。空间机器人在初样阶段的试验主要包括 EMC 试验、力学试验（含加速度、冲击、正弦振动和随机振动试验）、热真空试验、热平衡试验、老炼试验、寿命试验以及带电粒子辐照试验等。

正样阶段是面向空间环境的空间机器人飞行样机研制阶段，正样产品是最终定型的航天产品。正样阶段的环境试验为验收级试验，其量级等于最高预示环境，目的是暴露正样产品在材料、工艺和质量方面的缺陷，排除产品的早期失效。产品应在多次验收试验后不允许出现潜在的损伤及性能降级。空间机器人正样阶段的试验主要包括力学试验、热真空试验和老炼试验等。

10.3.2 试验项目说明

10.3.2.1 EMC 试验

电磁兼容性（EMC）试验的目的是检验空间机器人的电磁兼容性，验证其设计的合理性。在进行 EMC 试验时，空间机器人分两种工作方式进行测试。

方式 1：空间机器人工作在空载状态，此时线路电源上电，电机电源未上电，关节和手爪工作在待机模式。

方式 2：空间机器人工作在伺服状态，此时线路电源上电，电机电源上电。

某典型的 EMC 试验过程如下：

（1）将空间机器人置于 EMC 试验室；

（2）令空间机器人分别处于空载状态和伺服状态，测试其内部电子、电气设备和互连电缆等无意发射的电场辐射、电源线传导发射；

（3）令空间机器人分别处于空载状态和伺服状态，测试空间机器人电场辐射敏感度、电源线传导敏感度、电缆束注入传导敏感度以及电缆和电源线阻尼正弦瞬变传导敏感度等。

10.3.2.2 加速度试验

加速度试验的目的是验证空间机器人承受发射时加速度环境的能力。某典型的试验方法如下：

（1）将空间机器人安装在试验台上，其安装方式与星上安装方式一致；

（2）启动离心机，依次完成 X、Y 和 Z 方向的加速度试验。

（3）试验过程中所有电气组件（包括全部冗余电路）断电，在进行完每个方向的试验后要通电检测其敏感参数是否有故障。

10.3.2.3 冲击试验

冲击试验的目的是验证空间机器人承受发射时冲击环境的能力。某典型的试验方法如下：

(1)选择与空间机器人质量相近的配重进行调台；

(2)满足试验条件要求后，将空间机器人安装在试验台上，其安装方式与星上安装方式一致；

(3)启动机械摆式冲击台，依次完成 X、Y、Z 方向的冲击试验；

(4)试验过程中所有电气组件(包括全部冗余电路)断电，在进行完每个方向的试验后要通电检测其敏感参数是否有故障。

10.3.2.4　正弦和随机振动试验

正弦和随机振动试验的目的是验证空间机器人承受正弦和随机振动环境的能力。某典型的试验方法如下：

(1)将空间机器人安装在试验台上，其安装方式与星上安装方式一致；

(2)启动 T 型振动台，依次完成 X、Y、Z 方向的振动试验；

(3)试验过程中所有电工和电子组件，包括全部冗余电路，都要通电连续监测其敏感参数是否有间歇性故障。

10.3.2.5　热真空试验

热真空试验的目的是在真空和符合在轨温度范围的热循环条件下，暴露组件材料、工艺和制造质量方面的潜在缺陷。某典型的试验方法如下：

(1)将空间机器人与热真空试验辅助设备放进热真空罐内；

(2)启动热真空罐，按照热真空试验剖面的要求升温和降温，并将真空度保持在 1×10^{-3} Pa 以下；

(3)在进入每个循环的温度保持阶段后，依次对关节和手爪进行上电带负载测试；

(4)在达到规定的循环次数后，试验结束。

10.3.2.6　热平衡试验

热平衡试验是通过模拟空间机器人在运行轨道上的极端工况，来获取空间机器人温度分布，验证热设计的正确性，并为整星热控状态的修改以及热网络数学模型的修正提供依据。

空间机器人需要在真空罐内运动以获得各种典型特征姿态，模拟在轨的真实状况，因此，需研制相应的工装。然而，由于采用工装，无法模拟边界热流，故边界热流(主要是卫星)对空间机器人外热流的影响应附加在其外表面的模拟外热流中。外热流的模拟通过表面接触式电加热器来实现，不需要在机械手周围设置支架及在表面安装热流计，因而对空间机器人表面不会产生任何遮挡。某典型的热平衡试验试验过程如下：

(1)将空间机器人与热平衡试验辅助设备放进热真空罐内；

(2)按照在轨温度条件和试验工况对空间机器人加载外热流并将真空度保持在 1×10^{-3} Pa 以下；

(3)空间机器人运动到典型的特征构型；

(4)测量对应特定构型及特定工况下空间机器人内部测点以及外部测点的温度；

(5)将所测温度与经分析得到的温度进行比较，修正热模型。

10.3.2.7 老炼试验

老炼试验的目的是剔除空间机器人电路板组件的早期失效，提高其可靠性。某典型的老炼试验过程如下：

(1)将空间机器人所有电路板连同所控制电机均放入高低温箱中进行试验(无真空要求)，为防止低温结露，将电路板用防静电袋套装，内部充入氮气并加入干燥剂；

(2)按照老炼试验剖面对空间机器人电路组件进行升温和降温操作；

(3)在进入每个循环的温度保持阶段后，应对主份电路和备份电路进行测试；

(4)在达到规定的循环次数后，试验结束。

10.3.2.8 寿命试验

寿命试验的目的是通过在空间机器人寿命试验过程中对机构功能和性能的测试，掌握活动摩擦副(轴承、齿轮)的磨损对机构功能和性能的影响以及关节转动对内部走线的影响。某典型的空间机器人寿命试验方法如下：

(1)将空间机器人活动部件(关节和手爪)放入热真空罐中；

(2)启动热真空罐，按照寿命试验剖面的要求升温和降温，并将真空度保持在 1×10^{-3} Pa 以下；

(3)关节和手爪进行周期循环运动；并且关节每转动一定角度进行一次关节启动电流测试，每次进入高温和低温保持状态，要进行一次手爪启动电流测试；

(4)在达到规定的循环次数后，试验结束，记录测试结果。

习　　题

1.请简要分析仿真技术在空间机器人研制中的重要性。

2.常见的微重力模拟试验方法有哪些？它们的优缺点是什么？

3.空间机器人研制过程需要经历哪些阶段？

参考文献

[1]SHAN M, GUO J, GILL E. Review and comparison of active space debris capturing and removal methods[J]. Progress in Aerospace Sciences, 2016, 80: 18－32.

[2]梁斌,徐文福.空间机器人:建模、规划与控制[M].北京:清华大学出版社,2017.

[3]CASTET J F, SALEH J H. Satellite reliability: statistical data analysis and modeling [J]. Journal of Spacecraft and Rockets, 2009, 46(5): 1065－1076.

[4]李于衡,杨开忠,单长胜,等.地球同步轨道废弃卫星清理方法初步研究[J].中国科学:技术科学,2011,41(2):205－212.

[5]霍江涛,秦大国,祁先锋.空间碎片概况研究[J].装备指挥技术学院学报,2007(5):56－60.

[6]ELLERY A, KREISEL J, SOMMER B. The case for robotic on-orbit servicing of spacecraft: Spacecraft reliability is a myth[J]. Acta Astronautica, 2008, 63(5/6): 632－648.

[7]KESSLER D J, COUR PALAIS B G. Collision frequency of artificial satellites: the creation of a debris belt[J]. Journal of Geophysical Research: Space Physics, 1978, 83 (A6): 2637－2646.

[8]SMITH D A, MARTIN C, KASSEBOM M, et al. A mission to preserve the geostationary region[J]. Advances in Space Research, 2004, 34(5): 1214－1218.

[9]李大明,饶炜,胡成威,等.空间站机械臂关键技术研究[J].载人航天,2014,20(3):238－242.

[10]WU E C, HWANG J C, CHLADEK J T. Fault-tolerant joint development for the space shuttle remote manipulator system: analysis and experiment[J]. IEEE Transactions on Robotics and Automation, 1993, 9(5): 675－684.

[11]REMBALA R, OWER C. Robotic assembly and maintenance of future space stations based on the ISS mission operations experience[J]. Acta Astronautica, 2009, 65(7/8): 912－920.

[12]XU Y, BROWN H B, FRIEDMAN M, et al. Control system of the self-mobile space manipulator[J]. IEEE Transactions on Control Systems Technology, 1994, 2(3): 207－219.

[13]BLUETHMANN W, AMBROSE R,DIFTLER M, et al. Robonaut: a robot designed to work with humans in space[J]. Autonomous Robots, 2003, 14: 179－197.

[14]AMBROSE R O, ALDRIDGE H, ASKEW R S, et al. Robonaut: NASA's space humanoid[J]. IEEE Intelligent Systems and Their Applications, 2000, 15(4): 57－63.

[15]RODERICK S, ROBERTS B, ATKINS E, et al. The ranger robotic satellite servicer and its autonomous software-based safety system[J]. IEEE Intelligent Systems, 2004, 19(5): 12－19.

[16]CARIGNAN C R, AKIN D L. The reaction stabilization of on-orbit robots[J]. IEEE

Control Systems Magazine, 2000, 20(6): 19 - 33.
[17]BOSSE A B, BARNDS W J, BROWN M A, et al. SUMO: spacecraft for the universal modification of orbits[C]//Conference on Spacecraft Platforms and Infrastructure. Bellingham: SPIE, 2004: 36 - 46.
[18]蔡自兴,谢斌.机器人学[M].3版.北京:清华大学出版社,2015.
[19]刘宏,刘宇,姜力.空间机器人及其遥操作[M].哈尔滨:哈尔滨工业大学出版社,2012.
[20]陈钢,梁常春.空间机器人总论[M].北京:人民邮电出版社,2021.
[21]吴宏鑫.航天控制的发展方向——航天器智能自主控制[J].控制工程,2001(5):40 - 46.
[22]李智斌.航天器智能自主控制技术发展现状与展望[J].航天控制,2002(4):1 - 7.
[23]史建国,高晓光.飞行器突发威胁下的智能自主航路规划技术[J].火力与指挥控制,2010,35(3):39 - 41.
[24]屠善澄.卫星姿态动力学与控制[M].北京:中国宇航出版社,2002.
[25]邓正隆.惯性技术[M].哈尔滨:哈尔滨工业大学出版社,2006.
[26]毛晓楠,梁为升,郑循江.基于并行运算体系结构的星敏感器图像处理算法[J].宇航学报,2011,32(3):613 - 619.
[27]魏新国,张广军,江洁.星敏感器中星图图像的星体细分定位方法研究[J].北京航空航天大学学报,2003(9):812 - 815.
[28]FISCHLER M A, BOLLES R C. Random sample consensus: a paradigm for model fitting with applications to image analysis and automated cartography[J]. Communications of the ACM, 1981, 24(6): 381 - 395.
[29]徐文福.空间机器人目标捕获的路径规划与实验研究[D].哈尔滨:哈尔滨工业大学,2007.
[30]郝颖明,朱枫,欧锦军.目标位姿测量中的三维视觉方法[J].中国图象图形学报,2002(12):26 - 30.
[31]崔乃刚,王平,郭继峰,等.空间在轨服务技术发展综述[J].宇航学报,2007(4):805 - 811.
[32]陈小前,袁建平,姚雯.航天器在轨服务技术[M].北京:中国宇航出版社,2009.
[33]王保丰,李广云,陈继华,等.航天器交会对接中测量靶标的两种设计方法[J].宇航学报,2008(1):162 - 166.
[34]张庆君,胡修林,叶斌,等.基于双目视觉的航天器间相对位置和姿态的测量方法[J].宇航学报,2008(1):156 - 161.
[35]MONTENBRUCK O, EBINUMA T, LIGHTSEY E G, et al. A real-time kinematic GPS sensor for spacecraft relative navigation[J]. Aerospace Science and Technology, 2002, 6(6): 435-449.
[36]HABLANI H B, TAPPER M L, DANA-BASHIAN D J. Guidance and relative navigation for autonomous rendezvous in a circular orbit[J]. Journal of Guidance, Control, and Dynamics, 2002, 25(3): 553 - 562.

[37]熊有伦. 机器人学[M]. 武汉:华中科技大学出版社,2018.

[38]YUAN J S. Closed-loop manipulator control using quaternion feedback[J]. IEEE Journal on Robotics and Automation, 1988, 4(4): 434 - 440.

[39]BERENSON D, SRINIVASA S, KUFFNER J. Task space regions: a framework for pose-constrained manipulation planning[J]. The International Journal of Robotics Research, 2011, 30(12): 1435 - 1460.

[40]CHEAH C C. Task-space PD control of robot manipulators: unified analysis and duality property[J]. The International Journal of Robotics Research, 2008, 27(10): 1152 - 1170.

[41]PETERS J, SCHAAL S. Learning to control in operational space[J]. The International Journal of Robotics Research, 2008, 27(2): 197 - 212.

[42]MANOCHA D, CANNY J F. Efficient inverse kinematics for general 6R manipulators[J]. IEEE Transactions on Robotics and Automation, 1994, 10(5): 648 - 657.

[43]VAFA Z, DUBOWSKY S. The kinematics and dynamics of space manipulators: the virtual manipulator approach[J]. The International Journal of Robotics Research, 1990, 9(4): 3 - 21.

[44]UMETANI Y, YOSHIDA K. Resolved motion rate control of space manipulators with generalized Jacobian matrix[J]. IEEE Transactions on Robotics and Automation, 1989, 5(3): 303 - 314.

[45]UMETANI Y, YOSHIDA K. Continuous path control of space manipulators mounted on OMV[J]. Acta Astronautica, 1987, 15(12): 981 - 986.

[46]XU W, LIU Y, LIANG B, et al. Non-holonomic path planning of a free-floating space robotic system using genetic algorithms[J]. Advanced Robotics, 2008, 22(4): 451 - 476.

[47]XU W, LI C, WANG X, et al. Study on non-holonomic cartesian path planning of a free-floating space robotic system[J]. Advanced Robotics, 2009, 23(1/2): 113 - 143.

[48]FERNANDES C, GURVITS L, LI Z. Near-optimal nonholonomic motion planning for a system of coupled rigid bodies[J]. IEEE Transactions on Automatic Control, 1994, 39(3): 450 - 463.

[49]DUBOWSKYS S, TORRES M. Path planning for space manipulators to minimizing spacecraft attitude disturbance[C]//Proceedings of the IEEE International Conference on Robotics and Automation. Piscataway: IEEE, 1991: 2522 - 2528.

[50]YOSHIDA K, HASHIZUME K, ABIKO S. Zero reaction maneuver: flight validation with ETS-Ⅶ space robot and extension to kinematically redundant arm[C]//Proceedings of the IEEE International Conference on Robotics and Automation. Piscataway: IEEE, 2001: 441 - 446.

[51]YAMADA K, YOSHIKAWA S, FUJITA Y. Arm path planning of a space robot with angular momentum[J]. Advanced Robotics, 1994, 9(6): 693 - 709.

[52]SUZUKI T, NAKAMURA Y. Planning spiral motion of nonholonomic space robots [C]//Proceedings of the IEEE International Conference on Robotics and Automation. Piscataway: IEEE, 1996: 718 - 725.

[53]PAPADOPOULOS E, TORTOPIDIS I, NANOS K. Smooth planning for free-floating space robots using polynomials[C]//Proceedings of the 2005 IEEE International Conference on Robotics and Automation. Piscataway: IEEE, 2005: 4272 - 4277.

[54] TORTOPIDIS I, PAPADOPOULOS E. On point-to-point motion planning for underactuated space manipulator systems[J]. Robotics and Autonomous Systems, 2007, 55(2): 122 - 131.

[55]ANGELES J. Fundamentals of robotic mechanical systems: theory, methods, and algorithms[M]. 3rd ed. New York: Springer-Verlag, 2006.

[56]PAPADOPOULOS E, DUBOWSKY S. Dynamic singularities in free-floating space manipulators[J]. ASME Journal of Dynamic Systems, Measurement and Control, 1993, 115(1): 44 - 52.

[57]徐文福,李立涛,梁斌,等. 空间 3R 机器人工作空间分析[J]. 宇航学报,2007(5):1389 - 1394.

[58]PAPADOPOULOS E G. Path planning for space manipulators exhibiting nonholonomic behavior[C]//Proceedings of the IEEE/RSJ International conference on Intelligent Robots and Systems. Piscataway: IEEE, 1992: 669 - 675.

[59]UMETANI Y, YOSHIDA K. Workspace and manipulability analysis of space manipulator[J]. Transactions of the Society of Instrument and Control Engineers, 1990, 26(2): 188 - 195.

[60]BOTTURI D, MARTELLI S, FIORINI P. A geometric method for robot workspace computation[C]//Proceedings of the International conference on Advanced Robotics. Piscataway: IEEE,2003:17 - 22.

[61]HOSSAIN M A, FERDOUS I. Autonomous robot path planning in dynamic environment using a new optimization technique inspired by bacterial foraging technique[J]. Robotics and Autonomous Systems, 2015, 64: 137 - 141.

[62]LIU S, QIU Z, ZHANG X. Singularity and path-planning with the working mode conversion of a 3-DOF 3-RRR planar parallel manipulator[J]. Mechanism and Machine Theory, 2017, 107: 166 - 182.

[63]LIU H, LAI X, XU W. Time-optimal and jerk-continuous trajectory planning for robot manipulators with kinematic constraints[J]. Robotics and Computer-Integrated Manufacturing, 2013, 29(2): 309 - 317.

[64]ROSSI C, SAVINO S. Robot trajectory planning by assigning positions and tangential velocities[J]. Robotics and Computer-Integrated Manufacturing, 2013, 29(1): 139-156.

[65]KOHRT C, STAMP R, PIPE A G, et al. An online robot trajectory planning and programming support system for industrial use[J]. Robotics and Computer-Integrated Manufacturing, 2013, 29(1): 71-79.

[66]REVELES D, WENGER P. Trajectory planning of kinematically redundant parallel manipulators by using multiple working modes[J]. Mechanism and Machine Theory, 2016, 98: 216-230.

[67] HIRZINGER G, BRUNNER B, LAMPARIELLO R, et al. Advances in orbital robotics[C]//Proceedings of the IEEE International Conference on Robotics and Automation. Piscataway IEEE, 2000: 898-907.

[68]NAKAMURA Y, MUKHERJEE R. Nonholonomic path planning of space robots via a bidirectional approach[J]. IEEE Transactions on Robotics and Automation, 1991, 7(4): 500-514.

[69]XU W F, LIANG B, LI C, et al. Non-holonomic path planning of free-floating robot based on genetic algorithm[J]. Advanced Robotics, 2008, 22(4): 451-476

[70]XU W, LI C, LIANG B, et al. Target berthing and base reorientation of free-floating space robotic system after capturing[J]. Acta Astronautica, 2009, 64(2/3): 109-126.

[71]徐文福,强文义,李成,等.自由漂浮空间机器人路径规划研究进展[J].哈尔滨工业大学学报,2009,41(11):1-12.

[72]XU W, LIANG B, LI C, et al. Path planning of free-floating robot in cartesian space using direct kinematics[J]. International Journal of Advanced Robotic Systems, 2007, 4(1): 17-26.

[73]XU W, LI C, LIANG B, et al. The Cartesian path planning of free-floating space robot using particle swarm optimization[J]. International Journal of Advanced Robotic Systems, 2008, 5(3): 301-310.

[74]徐文福,刘宇,强文义,等.自由漂浮空间机器人的笛卡儿连续路径规划[J].控制与决策,2008(3):278-282.

[75]VAFA Z, DUBOWSKY S. On the dynamics of space manipulators using the virtual manipulator, with applications to path planning[J]. The Journal of the Astronautical Science, 1990, 38(4): 441-472.

[76]YOSHIDA K, KURAZUME R, UMETANI Y. Dual arm coordination in space free-flying robot[C]//IEEE International Conference on Robotics and Automation. Piscataway: IEEE, 1991: 2516-2521.

[77]HUANG P, XU Y, LIANG B. Dynamic balance control of multi-arm free-floating space robots[J]. International Journal of Advanced Robotic Systems, 2005, 2(2): 117 - 124.

[78]HOLLAND J H. Adaptation in natural and artificial system[M]. Cambridge: The MIT Press, 1992.

[79]GOLDBERG D E. Genetic algorithms in search, optimization, and machine learning [M]. Boston: Addison-Wesley Professional, 1989.

[80]SHEPPERD S W. Quaternion from rotation matrix[J]. AIAA Journal of Guidance, Control, and Dynamics, 1979, 12(1): 44-48.

[81]PAPADOPOULOS E, DUBOWSKY S. On the nature of control algorithms for free-floating space manipulators[J]. IEEE Transactions on Robotics and Automation, 1991, 7(6): 750 - 758.

[82]PANDEY S, AGRAWAL S K. Path planning of free floating prismatic-jointed manipulators[J]. Multibody System Dynamics, 1997(1): 127 - 140.

[83]APUL R. Manipulator Cartesian path control[J]. IEEE Transactions on Systems, Man, and Cybernetics, 1979, 9(11): 702 - 711.

[84]TAYLOR R H. Planning and execution of straight line manipulator trajectories[J]. IBM Journal of Research and Development, 1979, 23(4): 424 - 436.

[85]刘延柱,戈新生,潘振宽. 多体系统动力学[M]. 2 版. 北京:高等教育出版社,2014.

[86]JAIN A, RODRIGUEZ G. Diagonalized Lagrangian robot dynamics[J]. IEEE Transactions on Robotics and Automation, 1995, 11(4): 571 - 584.

[87]洪嘉振. 计算多体系统动力学[M]. 北京:高等教育出版社,1999.

[88]PARK F C, BOBROW J E, PLOEN S R. A lie group formulation of robot dynamics [J]. The International Journal of Robotics Research, 1995, 14(6): 609 - 618.

[89]FARSONI S, LANDI C T, FERRAGUTI F, et al. Compensation of load dynamics for admittance controlled interactive industrial robots using a quaternion-based kalman filter[J]. IEEE Robotics and Automation Letters, 2017, 2(2): 672 - 679.

[90]WANG H. Adaptive control of robot manipulators with uncertain kinematics and dynamics[J]. IEEE Transactions on Automatic Control, 2016, 62(2): 948 - 954.

[91]MARTIN A, EMAMI M R. Dynamic load emulation in hardware-in-the-loop simulation of robot manipulators[J]. IEEE Transactions on Industrial Electronics, 2010, 58(7): 2980 - 2987.

[92]MURRAY R M, LI Z, SASTRY S S. A mathematical introduction to robotic manipulation[M]. Boca Raton: CRC press, 1994.

[93]JU M S, MANSOUR J M. Comparison of methods for developing the dynamics of rigid-body systems[J]. The International Journal of Robotics Research, 1989, 8(6): 19 - 27.

[94]SILVER W M. On the equivalence of Lagrangian and Newton-Euler dynamics for manipulators[J]. The International Journal of Robotics Research, 1982, 1(2): 60 - 70.

[95]XU Y S, KANADE T. Space robotics: dynamics and control[M]. Norwell: Kluwer Academic Publishers, 1992.

[96]XU W, LIANG B, XU Y. Survey of modeling, planning, and ground verification of space robotic systems[J]. Acta Astronautica, 2011, 68(11/12): 1629 - 1649.

[97]SANTINI P, GASBARRI P. Dynamics of multibody systems in space environment; Lagrangian vs Eulerian approach[J]. Acta Astronautica, 2004, 54(1): 1 - 24.

[98]TSUCHIYA K. Breakwell memorial lecture: attitude dynamics of satellite: from spinning satellite to space robot[J]. Acta Astronautica, 2008, 62(2/3): 131 - 139.

[99]王耀兵.空间机器人[M].北京:北京理工大学出版社,2018.

[100]MITSUSHIGE O. Motion control of the satellite mounted robot arm which assures satellite attitude stability[J]. Acta Astronautica, 1997, 41(11): 739 - 750.

[101]ODA M, OHKAMI Y. Coordinated control of spacecraft attitude and space manipulators[J]. Control Engineering Practice, 1997, 5(1): 11 - 21.

[102]于喜海,陈金盾,孙海龙,等.失重模拟技术的发展及其比较研究[J].环模技术,1998(2):22 - 28.

[103]齐乃明,张文辉,高九州,等.空间微重力环境地面模拟试验方法综述[J].航天控制,2011,29(3):95 - 100.

[104]WHITE G C, XU Y. An active vertical - direction gravity compensation system[J]. IEEE transactions on instrumentation and measurement, 1994, 43(6): 786 - 792.

[105]朱战霞,袁建平.航天器操作的微重力环境构建[M].北京:中国宇航出版社,2013.